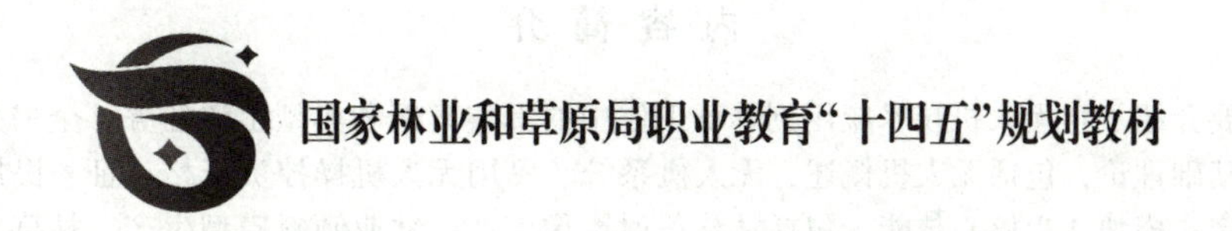

林草无人机应用

陈月明　丁晓纲　主编

中国林業出版社
CFPH China Forestry Publishing House

内容简介

本教材主要介绍了将无人机技术应用到林草工作中的真实案例和典型工作任务。全书共分为 2 个模块，模块 1 为基础理论，包括无人机概述、无人机系统、民用无人机操控员资格认证、民用无人机操控员管理相关规定；模块 2 为核心技能，包括林草正射影像生产、林业倾斜模型生产、林草无人机灾害防治应用、林草无人机影像应用、林草无人机倾斜摄影三维模型应用。本教材配套操作过程视频、课件等教学资源。

本教材可作为高等职业院校林草相关专业的教材和教学参考用书，也可作为从事森林资源经营管理方面的管理人员、科研人员的参考书、工具书。

图书在版编目（CIP）数据

林草无人机应用 / 陈月明，丁晓纲主编. — 北京 ：中国林业出版社，2024. 12. —（国家林业和草原局职业教育"十四五"规划教材）. — ISBN 978-7-5219-3064-1

Ⅰ. F326. 25

中国国家版本馆 CIP 数据核字第 2025DK7769 号

策划编辑：田　苗　郑雨馨

责任编辑：郑雨馨

责任校对：苏　梅

封面设计：北京智周万物文化传播有限公司

出版发行：中国林业出版社

（100009，北京市西城区刘海胡同 7 号，电话 83223120）

电子邮箱：jiaocaipublic@ 163. com

网址：https：//www. cfph. net

印刷：北京印刷集团有限责任公司

版次：2024 年 12 月第 1 版

印次：2024 年 12 月第 1 次

开本：787mm×1092mm　1/16

印张：12. 25

字数：300 千字

定价：49. 00 元

数字资源

《林草无人机应用》编写人员

主　　编： 陈月明　丁晓纲

副 主 编： 邢海涛　师靖雄　杨　繁　陈　芳

编写人员：（按姓氏拼音排序）

车显荣　广东生态工程职业学院

陈　芳　福建林业职业技术学院

陈月明　广东生态工程职业学院

程杰军　广州成至智能机器科技有限公司

丁晓纲　广东生态工程职业学院

郭训斌　江西环境工程职业学院

何　潇　广州成至智能机器科技有限公司

柯碧英　广东生态工程职业学院

林世滔　江西环境工程职业学院

刘　勇　广东生态工程职业学院

吉绪发　广东南方数码科技有限公司

师靖雄　云南林业职业技术学院

王海滢　广西生态工程职业技术学院

邢海涛　云南林业职业技术学院

杨　繁　湖北生态工程职业技术学院

周　鹏　广东生态工程职业学院

前　言

我国的森林资源面积广、密度大，如何有效监测成了一个难题。传统的人工调查方式难以满足新时代条件下森林资源保护的要求。因此，采用无人机遥感技术进行森林资源调查、生态环境监测、森林防火、病虫害防治等，成为现代森林管理中的重要手段。无人机遥感技术在中低空能够实时成像，同时利用红外成像技术快速获取大量数据，在车人难以到达的森林地区也可完成实时监测和调查，从而实现高效、准确、低成本的森林管理。

国内无人机教育处于起步阶段，林业职业院校缺乏林草无人机应用的工作手册式教材。编者总结多年林草无人机应用教学和实践工作成果编成本书，希望学生通过本教材的学习，掌握必要的理论知识和技能，为将来从事林草无人机应用的相关工作打下坚实的基础。

本教材吸纳了无人机搭载、林草生态产业集群龙头企业参加编写，做到了校企合作共同开发，体现了新技术、新工艺、新规范、新标准；对接企业的真实项目生产任务；教材内容与林草企业及行业技能大赛标准要求一致，对接无人机驾驶员资格证书、等级证书考取；每个项目配套有二维码链接的操作微视频案例、课件、数据等数字资源，以大量的插图和表格形式说明各项技术工作的内容、特点、程序步骤，力求达到“无师自通”的学习效果，充分体现“互联网+职业教育”新要求；教材中蕴含工匠精神等思想政治教育元素，课程教学与思想政治教育同向同行。本教材编写重点在不同型号的无人机、不同软件的操作使用，使学生更好地掌握无人机与软件操作应用，从而在实际工作中，能够根据具体情况解决问题，具有使用无人机摄影测量技术完成林草生产工作任务的能力。

教材由陈月明、丁晓纲担任主编，邢海涛、师靖雄、杨繁、陈芳担任副主编，具体分工如下：陈月明负责项目 1 中任务 1-4、项目 2、项目 4 中任务 4-1、4-2 的编写及全书统稿，丁晓纲负责项目 5 中任务 5-1 的编写并参与大纲及教材内容体系的编写，杨繁负责单元 1~4 的编写，邢海涛负责单元 5 中 5. 1~5. 4 的编写，师靖雄负责项目 1 中任务 1-1、1-2、1-3 的编写，王海滢负责单元 5 中 5. 5 的编写，陈芳负责项目 3 的编写，何潇、程杰军负责项目 3 中任务 3-2、项目 5 中任务 5-2 的编写，刘勇参与项目 5 中任务 5-1 的编写，林世滔、郭训斌参与大纲及教材内容体系、项目 4 的编写，吉绪发参与大纲及教材内容体系、项目 5 中任务 5-1 的编写，柯碧英、周鹏、车显荣负责收集配套的实训项目图片、整理实际案例和操作流程并编辑了教材中的图表、照片和视频资源。

本教材在编写过程中，受到广东省林业调查规划院、广州成至智能机器科技有限公司、广东省林业科学研究院等林草、无人机企业、事业单位的大力支持，在此表示诚挚的感谢!

由于时间和水平有限，书中难免有错漏之处，敬请广大读者提出宝贵意见，以便再版时修正。

编 者

2024. 12. 20

目　　录

模块2　核心技能

模块1 基础理论

单元1 无人机概述

学习目标

知识目标：

1. 了解无人机的定义与我国无人机的发展史。
2. 熟悉无人机的分类及特点。

技能目标：

能够正确区分无人机与航模。

素质目标：

1. 培养总体国家安全观。
2. 培养创新思维与探索精神。
3. 培养民族自豪感，坚定文化自信。

1.1 无人机的定义

无人机(Unmanned Aircraft，UA)是指由控制站管理(包括远程操纵或自主飞行)的航空器，也称远程驾驶航空器(Remotely Piloted Aircraft，RPA)。进入21世纪后，无人机基于其时效性、灵活性等特征，应用领域不断扩大，从单一的军事侦察拓展到了遥感探测、农林植保、航拍摄影、物流货运、灾害调查、气象监测等领域，无人机的发展进入了一个崭新的时代。

1.2 中国无人机发展史

无人机一词最早在军事中出现，在近代局部军事冲突中无人机被广泛使用。随着消费级民用无人机的快速发展，无人机首先在航拍领域得到了广泛应用，随后不断在农业植保、能源巡检、航空测绘等领域发展壮大。

1982年，中国在军用侦察-5型无人机的基础上，开发研制了民用D-4型无人机并首飞成功，该机是一种小型低空低速多用途无人机。D-4型无人机可以执行航拍、测绘、遥感、探矿、植保等多种任务。

2007—2012 年，民用无人机制造企业大量涌现，2008 年，面向民用领域中空长航时的黔中 1 号无人机顺利首飞。

无人机作为新时代科技的产物，市场应用场景多，增长潜力大，随着技术的不断革新，个人端与应用端的适用性逐渐深化，全球的无人机市场飞速发展。2012 年以来，以大疆产品为代表的无人机向消费级市场开拓，使无人机真正走进大众视野。Phantom3 型无人机的问世，让航拍成为流行。零度智控、极飞、极翼、一电科技等众多企业的参与，使无人机市场进一步扩大。《中国低空经济发展研究报告(2024)》显示，受到民用无人机产业高速发展、低空空域改革试点工作持续深化等影响，2023 年我国低空经济产值已突破 5000 亿元大关，展现了这一新兴产业强劲的发展势头和巨大的市场潜力。

1.3　无人机分类

1.3.1　按飞行平台构型分类

(1)固定翼无人机

固定翼无人机机翼平伸于机体两侧且相对固定，飞机靠螺旋桨或者涡轮发动机产生的推力向前飞行，升力来自于机翼与空气的相对运动。常见的机翼有平直翼、后掠翼、三角翼等。

(2)旋翼无人机

旋翼无人机又分为单旋翼和多旋翼，其中单旋翼无人机又称为无人直升机。单旋翼无人机只有一个主旋翼，是利用高速旋转的主旋翼产生升力的一种飞机。通过调整主旋翼的角度和尾桨的转速(或螺距)，可以控制无人机的飞行姿态。

(3)无人飞艇

无人飞艇是一种利用轻于空气的气体提供升力的空中平台，采用气囊或类似结构作为浮力装置，通过螺旋桨或推进器产生升力和推进力，以实现垂直起降和水平飞行。无人飞艇通过气囊结构和推进系统的组合，具有垂直起降、水平飞行和长航时能力。它在多个领域具有潜在的应用价值，但在设计、控制和操作方面也面临一些挑战，如飞行稳定性、自主导航和空域管理，不属于主要应用类型。

(4)伞翼无人机

伞翼无人机是一种基于伞翼结构设计的无人机系统。伞翼无人机利用机翼产生升力，该升力通过机翼的弧形外形和气动设计优化，能够在较低的飞行速度下维持稳定的升力效果，从而提供较长的飞行时间和较大的有效载荷能力。常用于军事侦察、搜索和救援任务以及民用航空领域中的气象观测等，是一种创新的未来航空平台，发展前景广阔。

(5)扑翼无人机

扑翼无人机是一种模仿鸟类或昆虫翅膀运动原理设计的无人机系统，通过扑动机翼产生升力和推进力，并通过翅膀的变形来实现飞行姿态的控制。

1.3.2 按用途分类

(1)军用无人机

主要用途是军事侦察、通信、信息对抗、运输与攻击等，这一类无人机是最早期的应用类型，如靶机、通信中继无人机、侦察无人机等。

(2)民用无人机

民用无人机又分为工业级无人机、消费级无人机，是执行除军事、海关、公共安全之外任务的无人机。本教材所提及的无人机，如无特殊指定，一般是指民用无人机。工业级无人机主要用途是应用于某个行业或特殊场景，如农业无人机、气象无人机、测绘无人机、植保无人机(图 1-1-1)等，有一定的专业性和特殊性，可根据不同的使用场景切换工作模式或任务载荷。目前以多旋翼无人机、固定翼无人机和混合式无人机 3 类为主，其中六旋翼、八旋翼居多，产品价格远高于消费级无人机。

消费级无人机主要用于满足消费者的娱乐消费需求，目前以多旋翼无人机为主，以四旋翼无人机居多。对于大部分消费者来说价格在可接受范围内，主要用途是航拍摄影、飞行训练和娱乐(图 1-1-2)。

图 1-1-1　植保无人机(T40)

图 1-1-2　航拍无人机(Phantom4 系列)

1.3.3 按性能指标分类

根据工业和信息化部 2020 年发布的《民用无人机生产制造管理办法(征求意见稿)》第五条，民用无人机分为微型、轻型、小型、中型、大型 5 种类型。

(1)微型无人机

空机重量小于 0. 25kg，设计性能同时满足飞行真高不超过 50m、最大平飞速度不超过 40km/h 的无人机。

(2)轻型无人机

同时满足空机重量不超过 4kg，最大起飞重量不超过 7kg，最大平飞速度不超过 100km/h，具备符合空域管理要求的空域保持能力和可靠被监视能力的无人机，但不包括微型无人机。

(3) 小型无人机

空机重量不超过 15kg 或最大起飞重量不超过 25kg 的无人机，但不包括微型、轻型无人机。

(4) 中型无人机

最大起飞重量超过 25kg 但不超过 150kg，且空机重量超过 15kg 的无人机。

(5) 大型无人机

最大起飞重量超过 150kg 的无人机。

1.4　无人机与航空模型

无人机和航空模型关系密切，航空模型从空气动力学外形、无线遥控等方面为无人机的发展打下了坚实的基础。近年来，无人机的发展趋于功能化，与行业应用紧密结合，逐渐与航空模型拉开了距离。二者虽然都属于不载人飞行器，但是二者之间有一个本质的区别，即航空模型虽然有动力装置，并且采用了无线电遥控操作方式，由地面点人为操控，但是没有配置飞行控制系统。

下面从二者的定义、飞行方式、任务用途、组成、使用及管理等方面进行详细对比。

1.4.1　定义不同

无人机是一种由无线电遥控设备或自身程序控制装置操纵的无人驾驶飞行器，而航空模型是一种重于空气的、有尺寸限制的、带有或不带有动力装置的、不能载人的航空器。

1.4.2　飞行方式不同

二者的区别在于是否有智能化的飞控系统，能否实现自主飞行。无人机可以实现自主飞行，而航空模型无法实现，须由人来通过遥控器控制。换言之，无人机的本身是带了“大脑”飞行，可能“大脑”受限于人工智能，没有人脑灵敏。但是航空模型的“大脑”始终在地面端，在操纵人员的手上。

1.4.3　任务用途不同

无人机有任务荷载系统，主要执行军事用途或民用特种用途；而航空模型一般无载荷系统，不具备航拍、遥感等任务功能，侧重于视距范围内的飞行运动、竞赛、爱好者研究交流以及个人娱乐，更接近于玩具。

1.4.4　组成不同

无人机的组成比航空模型复杂。航空模型由飞行平台、动力系统、视距内遥控系统组成。主要是满足大众的观赏性，追求的是外表的拟真或是飞行优雅等，科技含量并不高。

无人机系统由飞行平台、动力系统、飞控导航系统、链路系统、任务系统、地面站等组成。主要是为了完成特定任务，追求的是系统的任务完成能力，科技含量高。部分高档的航空模型和低档的无人机在飞行平台、动力系统部分并无太大区别。

1.4.5 使用不同

无人机多执行超视距任务，最大任务半径达上万千米。通过机载导航飞控系统自主飞行。通过链路系统上传控制指令和下载任务信息。航空模型通常在目视视距范围内飞行，控制半径小于800m，操作人员目视飞机，通过手中的遥控发射机操纵飞机，机上一般没有任务设备。很多无人机系统也有类似航空模型的能力，可以在视距内直接遥控操作。

1.4.6 管理不同

在中国，航空模型由国家体育总局航空无线电模型运动管理中心管理；民用无人机由中国民用航空局(以下简称民航局)统一管理，军用无人机由军方统一管理。

考核评价

姓名：		班级：		学号：		
课程任务：认识无人机				完成时间：		
评价项目	评价标准		分值	评价分数		
				自评	互评	师评
专业能力	1. 能够总结无人机发展轨迹		10			
	2. 能够正确进行无人机分类		10			
	3. 能够对比不同无人机产品性能		10			
	4. 能够从用户角度提出选购建议		10			
方法能力	1. 充分利用各种途径查找资料		5			
	2. 能够按照计划完成任务		5			
职业素养	1. 态度端正，不无故迟到、早退		5			
	2. 能做到安全生产、保护环境、爱护公物		5			
工作成果	无人机概述单元小结	条理清晰	10			
		内容全面	10			
		方法正确	10			
		格式编写符合要求	10			
合计			100			
总评分数				教师签名：		
总结与反思： 年　月　日						

注：总评分数=自评分数×20%+互评分数×20%+师评分数×60%。后文计算方法相同。

练习题

1. 请列举 3 个国内的无人机品牌，并进行分析对比。

2. 自行查阅国内某品牌消费级无人机产品系列，并简要分析各个型号产品特点，为无人机选购绘制思维导图。

3. 请对无人机、航空模型二者进行分析对比。

单元2 无人机系统

学习目标

知识目标：

1. 熟悉无人机系统构成。
2. 了解不同系统单元名称及工作原理。

技能目标：

1. 能够分辨多旋翼无人机各个系统单元名称及功能。
2. 能够进行模拟飞行。

素质目标：

1. 培养科技创新意识和实践精神。
2. 培养独立思考和解决问题的能力。

无人机系统(Unmanned Aircraft System，UAS)是指无人机以及与其相关的遥控站(台)、任务载荷、控制链路等组成的系统。无人机由飞控系统、动力系统、链路系统等共同构成，3个系统共同实现了无人机的各种功能。本单元主要以多旋翼无人机为主要机型进行介绍。多旋翼无人机的机身构造包括若干飞行器部件，如机架、起落架、动力系统、有效载荷、感知系统、调参接口、存储卡槽、按键等。具体名称可以参考教学中提供的用户手册。

2.1 飞控系统

飞控系统是整个无人机系统的核心，该系统能够实现无人机的起飞、空中飞行、稳定悬停、返场飞行等功能，对无人机实现全权控制与管理，是无人机执行任务的关键，可以视作飞行器的“大脑”。

飞行控制系统通过高效的控制算法内核，能够精准地感应并计算出无人机的飞行姿态等数据，再通过主控制单元实现精准定位悬停和自主平稳飞行。

飞行控制系统一般主要由主控单元、惯性测量单元(IMU)、全球定位系统(GNSS)、磁罗盘模块构成。IMU是一种用于测量角速度以及加速度的传感器，对无人机的运动姿态进行侦测并反馈给主控。磁罗盘(指南针)是无人机方向传感器，对无人机的方向和位置进

行侦测并反馈给主控。主控在获得角速度、加速度、方向等姿态信息后，才能够对数据进行分析并最终保持无人机的平衡。而 GNSS 能够确定无人机所处的经纬度，最终保障无人机能够实现定点悬停以及自动航线飞行。

2.2 动力系统

动力系统能够使无人机获得上升动力，是整个无人机的动力核心。多旋翼无人机的动力系统由电机、螺旋桨、电子调速器、电池等共同构成。

电机通常由定子、转子和线圈组成，分为有刷电机和无刷电机。多旋翼无人机通常使用无刷高速电机作为动力源，这种类型的电机比传统的有刷电机可靠性高、无换向火花、机械噪声低。

螺旋桨一般简称桨叶，是最终产生升力的部分。在多旋翼无人机中，受无刷电机驱动，整个无人机最终因为螺旋桨的旋转而获得升力并飞行。

螺旋桨分为正桨(ccw)与反桨(cw)两种型号，以四旋翼无人机为例，无人机由两个正桨、两个反桨组成，相邻的两个螺旋桨旋转方向是相反的，对角的螺旋桨旋转方向是相同的，这样桨叶转起来会形成一个向上的动力，无人机才能飞起来。飞行器机头右前侧电机为 1 号电机，逆时针依次为 2、3、4 号。1 号电机旋转方向为正桨逆时针，其余依次可推导出。

电子调速器由电池进行供电，将直流电转换为无刷电机需要的三相交流电，并且对电机进行调速控制，调速的信号来源于主控。在多旋翼无人机中，螺旋桨与电机进行直接固定，螺旋桨的转速等同于电机的转速。无刷电机必须在无刷电子调速器(控制器)的控制下进行工作，它是能量转换的设备，将电能转换为机械能，并最终获得升力。

电池是整个系统的电力储备部分，负责为整个系统供电，而充电器则是地面设备，负责为电池供电。

2.3 链路系统

链路系统保证地面设备对无人机的远程通信以及控制，其主要任务是建立一个空地双向数据传输通道，完成地面控制站对无人机的远距离遥控、遥测和任务信息传输。遥控实现对无人机和任务设备的远距离操作，以及对无人机状态的监测。

地面数据链路主要完成地面控制站至无人机的遥控指令的发送和接收，可用于传输地面操纵人员的指令，引导无人机按地面人员的指令飞行，并控制任务设备；机载数据主要完成无人机至地面站的遥测和载荷数据，用于传送无人机的姿态、位置，机载设备的工作状态，当前遥控指令和实时图像等。

考核评价

<table>
<tr><td colspan="2">姓名：</td><td colspan="2">班级：</td><td colspan="3">学号：</td></tr>
<tr><td colspan="4">课程任务：认识无人机系统</td><td colspan="3">完成时间：</td></tr>
<tr><td rowspan="2">评价项目</td><td rowspan="2" colspan="2">评价标准</td><td rowspan="2">分值</td><td colspan="3">评价分数</td></tr>
<tr><td>自评</td><td>互评</td><td>师评</td></tr>
<tr><td rowspan="4">专业能力</td><td colspan="2">1. 掌握无人机三大系统的构成和作用</td><td>10</td><td></td><td></td><td></td></tr>
<tr><td colspan="2">2. 熟悉不同传感器的作用</td><td>10</td><td></td><td></td><td></td></tr>
<tr><td colspan="2">3. 掌握区分正桨与反桨的方法</td><td>10</td><td></td><td></td><td></td></tr>
<tr><td colspan="2">4. 理解动力系统常识</td><td>10</td><td></td><td></td><td></td></tr>
<tr><td rowspan="2">方法能力</td><td colspan="2">1. 能够充分利用各种途径查找资料</td><td>5</td><td></td><td></td><td></td></tr>
<tr><td colspan="2">2. 能够按照计划完成任务</td><td>5</td><td></td><td></td><td></td></tr>
<tr><td rowspan="2">职业素养</td><td colspan="2">1. 态度端正，不无故迟到、早退</td><td>5</td><td></td><td></td><td></td></tr>
<tr><td colspan="2">2. 具备安全生产、保护环境、爱护公物的意识</td><td>5</td><td></td><td></td><td></td></tr>
<tr><td rowspan="4">工作成果</td><td rowspan="4">无人机系统单元小结</td><td>条理清晰</td><td>10</td><td></td><td></td><td></td></tr>
<tr><td>内容全面</td><td>10</td><td></td><td></td><td></td></tr>
<tr><td>方法正确</td><td>10</td><td></td><td></td><td></td></tr>
<tr><td>格式编写符合要求</td><td>10</td><td></td><td></td><td></td></tr>
<tr><td colspan="3">合计</td><td>100</td><td></td><td></td><td></td></tr>
<tr><td colspan="3">总评分数</td><td></td><td colspan="3">教师签名：</td></tr>
<tr><td colspan="7">总结与反思：

年　月　日</td></tr>
</table>

练习题

1. 简述无人机系统的作用。
2. 绘制多旋翼无人机系统分类思维导图。

单元3 民用无人机操控员资格认证

学习目标

知识目标：

1. 了解民用无人机驾驶员资格认证范围。
2. 理解民用无人机驾驶员资格认证的重要性和必要性。

技能目标：

1. 能够分析对比不同民用无人机驾驶员资格认证内容。
2. 能够结合就业创业实际考取相应证书。

素质目标：

1. 培养持续学习和勇于创新的精神，提升职业竞争力。
2. 培养团队合作、科学求实精神，并养成良好的职业道德。

3.1 AOPA 考试体系

中国航空器拥有者及驾驶员协会(简称中国航驾协；Aircraft Owners and Pilots Association of China，AOPA-China)成立于 2004 年 8 月 17 日，是以全国航空器拥有者、驾驶员为主体与航空业相关企业、事业单位、社会团体及个人自愿结成的全国性、行业性社会团体，是非营利性社会组织，是中国在国际航空器拥有者及驾驶员协会(IAOPA)的唯一合法代表，其标识如图 1-3-1 所示。

AOPA 无人机驾驶证资格考试最大的特点就是在无人机驾驶员的管理、培训、发证等诸多方面，都参考了中国民航局对于商业飞机飞行员考试管理模式，并进行了改良优化。该证书是无人机飞行安全方面的基础证书，分为视距内驾驶员、超视距驾驶员(机长)和教员 3 个等级，可直接考取，也可递进式考取。

图 1-3-1 AOPA-China 标识

自 2018 年 9 月 1 日起，中国民用航空局(简称民航局；Civil Aviation Administration of China，CAAC)授权行业协会颁发的现行有效的民用无人机驾驶员合格证自动转换为民航局颁发的无人机电子执照，原合格证所载明的权利一并转移至该电子执照。简言之，AO-

PA 已转型为国家唯一官方认可的无人机飞行执照。

目前，民航局颁发的执照适用范围最广，CAAC 考试通过后，获得由民航局颁发的民用无人驾驶航空器操控员执照(电子执照，图 1-3-2)，同时，可同步申请增发由中国航空器拥有者及驾驶员协会颁发的民用无人机驾驶员合格证(实体证件，图 1-3-3)。

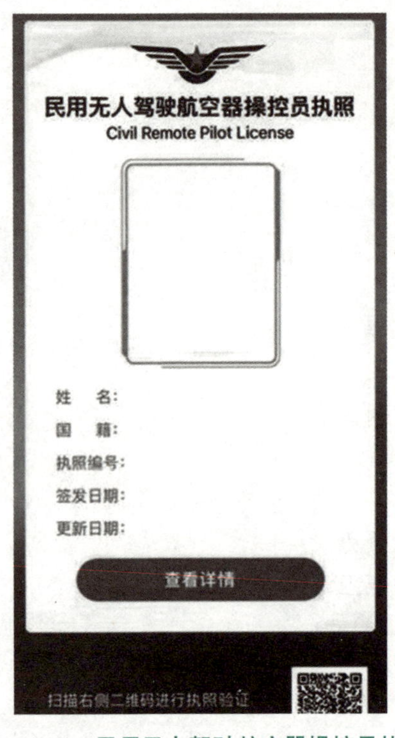

图 1-3-2　民用无人驾驶航空器操控员执照

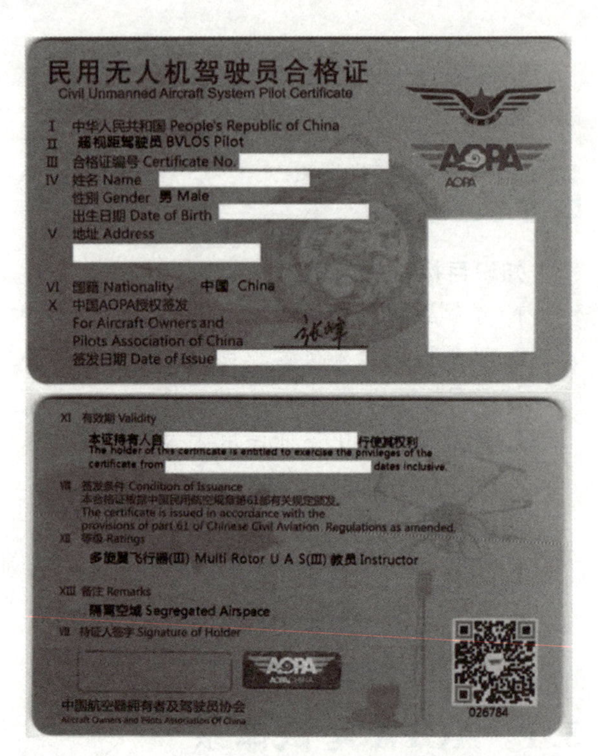

图 1-3-3　民用无人机驾驶员合格证

3.2　UTC 考试体系

UTC 是在民用无人机企业——深圳市大疆创新科技有限公司(DJ-Innovations 大疆创新或 DJI)推出的慧飞无人机行业应用培训中心进行培训，通过认证考试后获得的证书。这是由大疆创新与中国航空运输协会(Aero Sports Federation of China，ASFC)通用航空分会(General Aviation Commitee of China Air Transportation，CATAGA)和中国成人教育协会(China Adult Education Association，CAEA)两大机构联合认证的。

UTC 培训中主要使用大疆创新主流的多旋翼无人机平台设备，课程内容包含地理测绘、航拍、安防、巡检、植保 5 个领域。同时，大疆创新还结合国家 1+X 职业技能等级证书推出了无人机操作应用职业技能等级证书。

图 1-3-4 是由中国航空运输协会颁发的 UTC 无人驾驶航空器系统操作手合格证(示意图)；而慧飞证书是个人能力证明，图 1-3-5 是由慧飞无人机行业应用培训中心为学员按机型颁发的无人机系统操作手合格证(示意图)。

图 1-3-4 UTC 无人驾驶航空器系统操作手合格证（示意图）

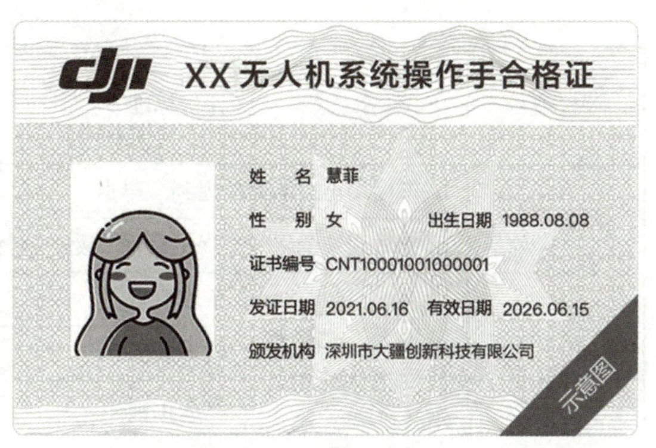

图 1-3-5 无人机系统操作手合格证（示意图）

3.3 ASFC 考试体系

中国航空运动协会（简称中国航协；Aero Sports Federation of China，ASFC），是具有独立法人资格的全国性群众体育组织，是中华全国体育总会的团体会员，负责管理全国航空体育运动项目，是代表中国参加国际航空联合会及相应国际航联活动以及组织全国性体育竞赛的唯一合法组织。由中国航空运动协会颁发遥控航空模型飞行员执照及 ASFC 会员证。

ASFC 主要针对的人群是航空模型爱好者，拥有 ASFC 证书可以参加国际航空联合会举办的赛事，但不可用于商业活动。证书考核要求详见中国航空运动协会 2020 年 12 月发布的《遥控航空模型飞行员技术等级标准》。

考核评价

姓名：	班级：	学号：			
课程任务：熟悉不同体系的民用无人机操控员资格认证		完成时间：			
评价项目	评价标准	分值	评价分数		
			自评	互评	师评
专业能力	1. 熟悉 3 种相对独立的无人机操控员资格认证体系	10			
	2. 掌握不同考试体系的应用范围	10			
	3. 能够绘制资格认证体系的思维导图	10			
	4. 清晰理解不同考试体系的考核流程与评判标准	10			
方法能力	1. 充分利用网络、期刊等资源查找资料	5			
	2. 能够按照计划完成任务	5			

（续）

<table>
<tr><td rowspan="2">评价项目</td><td rowspan="2" colspan="2">评价标准</td><td rowspan="2">分值</td><td colspan="3">评价分数</td></tr>
<tr><td>自评</td><td>互评</td><td>师评</td></tr>
<tr><td rowspan="2">职业素养</td><td colspan="2">1. 态度端正，不无故迟到、早退</td><td>5</td><td></td><td></td><td></td></tr>
<tr><td colspan="2">2. 能做到安全生产、保护环境、爱护公物</td><td>5</td><td></td><td></td><td></td></tr>
<tr><td rowspan="4">工作成果</td><td rowspan="4">民用无人机操控员资格认证单元小结</td><td>条理清晰</td><td>10</td><td></td><td></td><td></td></tr>
<tr><td>内容全面</td><td>10</td><td></td><td></td><td></td></tr>
<tr><td>方法正确</td><td>10</td><td></td><td></td><td></td></tr>
<tr><td>格式编写符合要求</td><td>10</td><td></td><td></td><td></td></tr>
<tr><td colspan="3">合计</td><td>100</td><td></td><td></td><td></td></tr>
<tr><td colspan="3">总评分数</td><td></td><td colspan="3">教师签名：</td></tr>
<tr><td colspan="7">总结与反思：

年　　月　　日</td></tr>
</table>

练习题

对比AOPA、UTC、ASFC证书的执行单位、监管单位、性质、适用范围。

单元 4 民用无人机操控员管理规定

学习目标

知识目标：

1. 了解无人机相关政策法规。
2. 理解无人机操控员管理规定相关术语。
3. 熟悉无人机分类等级与执照种类。
4. 熟悉无人机实名登记、空域申请流程。

技能目标：

1. 能够进行飞行任务，明确是否需要操控员执照及空域申请。
2. 能够结合实际分析“炸机”的原因。

素质目标：

1. 培养依法飞行，严格遵守飞行规则和操作规程的安全意识。
2. 培养发现问题、分析问题、解决问题的能力。

4.1 无人机操控员管理概况

对于无人机操控员的管理，中国最早于 2013 年在民航局官网发布了《民用无人驾驶航空器系统驾驶员管理暂行规定》(AC-61-FS-2013-20)，之后于 2016 年、2018 年进行了数次修订。目前，中国对于无人机驾驶员的管理主要依据 2021 年民航局飞行标准司制定的咨询通告《民用无人驾驶航空器操控员管理规定(征求意见稿)》(AC-61-FS-020R3)。

为落实中国民用航空规章第 61 部规章《民用航空器驾驶员合格审定规则》(CCAR-61)修改决定要求，顺应行业管理顶层设计新趋势，固化近年来无人机操控员执照管理的成熟经验，对原《民用无人机驾驶员管理规定》(AC-61-FS-2018-20R2)进行了第 3 次修订。修订的主要内容包括修改“驾驶员”为“操控员”，设置执照种类以取代原分类等级，调整了大型无人机操控员执照训练和考试要求，采用了基于胜任力模型的训练方法，明确了电子飞行经历记录数据规范，引入了执照训练飞行模拟机标准，提出了自动化执照实践考试相关要求，细化了实践考试标准执行要求，完善了委任代表管理规程，将考试点全面纳入民航局管理体系以加强考试点评估规范性和服务标准化程度。

4.2 无人机实名登记

民航局于2017年5月16日下发的《民用无人驾驶航空器实名制登记管理规定》(AP-45-AA-2017-03),要求自2017年6月1日起,在中华人民共和国境内最大起飞重量为250g及以上的民用无人机必须实名制,如果未按照《无人驾驶航空器飞行管理暂行条例》规定实施实名登记和粘贴登记标志的,其行为将被视为违反法规的非法行为,其无人机的使用将受影响,监管主管部门将按照相关规定进行处罚。

2021年,民航局航空器适航审定司发布了《民用无人驾驶航空器登记管理程序(征求意见稿)》(AP-45-AA-2021-03R1),进一步细化了民用无人驾驶航空器登记管理,补充完善了微型、轻型、小型、中型、大型无人驾驶航空器的差异化定义,要求民用无人驾驶航空器所有权人,应当在从事飞行活动前完成实名登记,进行境外飞行和载人飞行的民用无人驾驶航空器还应进行国籍登记。

4.3 空域申请

空域是指在地面以上和一定高度之内,国家对其具有主权的空间。根据《中华人民共和国飞行基本规则》的规定,中国的空域管理由国务院、中央军事委员会空中交通管制委员会(现中央空中交通管理委员会)负责,飞行管制由中国人民解放军空军组织实施。

空域申请应提交以下申请材料。

①计划申请表,内容包括单位、无人驾驶航空器型号、架次数、使用机场或临时起降区域、任务性质、飞行区域高度、飞行区域日期、任务开始和结束时间、现场保障人员联系方式。

②公司的相关资质、飞行资质证明。

③无人机操控员从业证书。

④任务单位其他相关材料。

⑤空域申请书,具体包括申请原因、申请事项、委托方、航空器信息、飞行时间、飞行地点、任务性质。

⑥申请文件。

4.4 “黑飞”的危害

《中华人民共和国宪法》第三十三条规定:“任何公民享有宪法和法律规定的权利,同时必须履行宪法和法律规定的义务。”国家保障每个社会成员依法按章飞行的权利,每个社会成员也应当依法履行维护空中安全的义务。

所谓“黑飞”,就是指一些没有取得私人飞行驾照或飞行器没有取得合法身份的飞行,包括有人驾驶飞行器、无人驾驶飞行器、气球、飞艇等的飞行。“黑飞”最大的危害是严重扰乱空中交通管制,危害空中交通安全。

无人机的“黑飞”，不仅指操纵者未取得无人机驾驶证，进行无证飞行，还包括取得了驾驶证，但未按照相关规定进行飞行的行为。例如，超出驾驶证限定进行飞行，在只取得视距内等级驾驶证的情况下进行超视距飞行等。当然，没有驾驶证进行无人机飞行也不一定是“黑飞”，因为某些类型的无人机，在视距内和一定的高度下飞行，是不需要驾驶证的。

判断是否为“黑飞”的标准包括：该空域是否允许无人机飞行；在该空域飞行是否需要申请；该无人机是否满足飞行的技术条件和管理条件；操纵者是否具备资质在该空域进行相关无人机的飞行。此外，该空域是否允许无人机飞行，还要依据当地政府、公安部门的规定，特别是在节日或者活动期间，有可能临时宣布对空域进行管制。

根据《通用航空飞行管制条例》的相关规定，从事通用航空飞行活动的单位、个人，凡是未经批准擅自飞行、未按批准的飞行计划飞行、不及时报告或者漏报飞行动态、未经批准飞入空中限制区域和空中危险区域的，由有关部门按照职责分工责令改正，给予警告；造成重大事故或者严重后果的，依照刑法追究刑事责任。

近年来中国无人驾驶航空器产业快速发展，已广泛应用于农业、国土、物流、科研、国防等领域，对促进经济社会发展发挥了重要作用。与此同时，实践中无人驾驶航空器“黑飞”扰航、失控伤人、偷拍侵权等问题日益凸显，威胁航空安全、公共安全和国家安全，风险挑战不容忽视。2023 年 6 月 28 日，国务院和中央军事委员会(简称中央军委)正式发布了首部针对无人驾驶航空器的行政法规《无人驾驶航空器飞行管理暂行条例》，自 2024 年 1 月 1 日起施行。

考核评价

姓名：	班级：	学号：			
课程任务：熟悉民用无人机操控员管理相关规定		完成时间：			
评价项目	评价标准	分值	评价分数		
			自评	互评	师评
专业能力	1. 掌握无人机实名登记流程	10			
	2. 了解空域申请	10			
	3. 明确操控无人机飞行是否应持有执照的情况	10			
	4. 熟悉无人机法规中的专业术语	10			
方法能力	1. 充分利用网络、期刊等资源查找资料	5			
	2. 能够按照计划完成任务	5			
职业素养	1. 态度端正，不无故迟到、早退	5			
	2. 能做到安全生产、保护环境、爱护公物	5			

（续）

评价项目	评价标准		分值	评价分数		
				自评	互评	师评
工作成果	民用无人机操控员管理规定单元小结	条理清晰	10			
		内容全面	10			
		方法正确	10			
		格式编写符合要求	10			
合计			100			
总评分数				教师签名：		
总结与反思： 年 月 日						

练习题

1. 请根据无人机分类等级，画出微型、轻型、小型、中型、大型以及农用无人机是否需要实名登记与驾驶执照思维导图。

2. 为某实训任务书写一份空域申请。

单元5 无人机飞行操作

学习目标

知识目标：

1. 掌握无人机手动飞行方法。
2. 了解无人机控制软件。

技能目标：

能够在不同飞行模式下手动进行无人机操作。

素质目标：

培养学生动手动脑能力、勇于进取、自主学习的能力。

5.1 模拟飞行练习

模拟飞行练习

5.1.1 认识模拟器

5.1.1.1 模拟器的优势

①方便练习　不受场地、天气、空域、设备等因素的影响，可以随时随地练习。

②内容丰富　模拟器内飞行器和场地有很多种，可以进行不同场地和不同飞行器的模拟训练。

③节省成本　通过模拟训练可以节省很多外场训练时间，同时也可以减少新手训练中的“炸机”损失。

④针对性训练　可以模拟风速、风向、能见度等场景，也可以模拟各种特情处理等，进行各种针对性的训练，几乎没有限制。

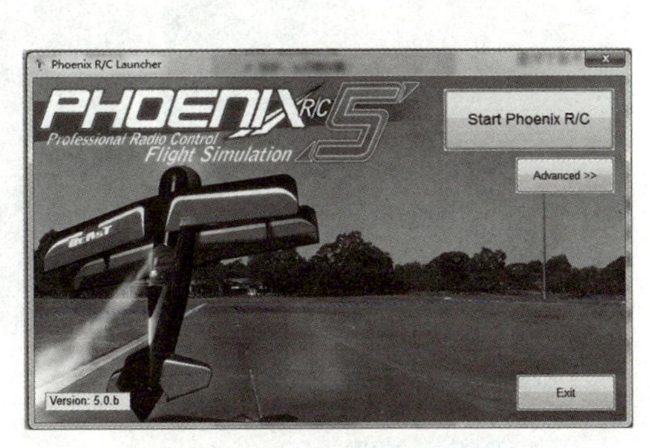

图 1-5-1　Phoenix R/C

5.1.1.2 常见模拟器

(1) Phoenix R/C

Phoenix R/C（图 1-5-1）也称为凤凰模拟

器，效果逼真、场景写实，应用了大量特色显明的图形，具有极其真实的飞行体验，是适合大多数情景的无人机模拟飞行软件。

它拥有超过150种不同风格的模型，如直升机、旋翼机、固定翼等。Phoenix R/C允许创建和设计新模型，利用新一代图形引擎，使操控者感觉自己处于真实的飞行之中，同时包含逼真的照明和烟雾效果。

(2) Real Flight

据不完全统计，Real Flight(图1-5-2)是目前普及率最高的一款模拟飞行软件，具有拟真度高、功能齐全、画面逼真等优点，而且长期练习，眼部不容易疲劳。

Real Flight软件的画面漂亮，即时运算的3D场景、从机体排烟的浓淡到天空云彩的颜色都可自行定义。对风的特性拟真度较高，有持续风、阵风、随机风向可供选择，具备网络连线功能。可与他人连线飞行，具备录影功能，可录制飞行过程，观看飞行录像时还可以显示摇杆的动作。飞行中可在画面上显示机体各项数据，如螺距、主旋翼转速等。并且该软件音效佳，引擎及主旋翼的声音都非常逼真，可在飞行中播放自选背景音乐，对于想参加3D比赛的人很有帮助，在新版本中还增加了虚拟现实(VR)飞行操作，提升了无人机FPV飞行的体验感。

(3) FMS

FMS(图1-5-3)是Flying Model Simulation的首字母缩写，原意是飞行模型模拟器，是由德国爱好者开发的供广大爱好者使用的免费软件。该软件虽然没有大型专业级软件的强大功能，但是免去了复杂烦琐的初期设定。虽然不能作为赛前训练软件，但是对于一般飞行，尤其是初学飞行的爱好者则是一款优秀的软件。对于固定翼模型使用了30多个静力学和空气动力学参数，对于直升机使用了近50个参数。FMS虽然没有对模型参数的设定操作，但把每架模型的参数写在一个扩展名为“.par”的文本文件内，可以很轻易地对其进行编辑、修改，使模型性能更适合于自己使用。

图1-5-2 Real Flight

图1-5-3 FMS

(4) Reflex XTR

Reflex XTR(图1-5-4)是老牌的德国模拟软件，适合模拟练习，附带精选的26个飞

行场景，100 多架不同厂家的直升机，100 多架不同厂家的固定翼无人机，60 部飞行录像。该模拟器安装好后不仅拥有众多的机种，还可以设计一款属于自己的特殊机种，设定翼展、翼弦、翼型、发动机的大小、螺旋桨的尺寸、涂装等。Reflex XTR 有其独特优点，如环境仿真程度较高、相关设置简单、安装过程方便等，是模拟飞行软件发展的里程碑。

(5) 大疆飞行模拟器

大疆飞行模拟器(DJI Flight Simulator，图 1-5-5)是一款面向企业用户的无人机仿真培训软件。软件核心的仿真功能是基于 DJI 飞控软件技术，对飞行器模型以及场景进行仿真，带给用户自然真实的飞行控制体验，提供从基础知识教学到仿真训练以及作业场景练习的完整培训解决方案。大疆飞行模拟器基于 Windows 10 系统开发，兼容 DJI 多款遥控器，操控者也可通过键盘进行操作。

图 1-5-4　Reflex XTR

图 1-5-5　大疆飞行模拟器

5.1.2　模拟器的安装及使用

下面以 Phoenix R/C 模拟器为例介绍模拟器的安装及使用方法。

5.1.2.1　模拟器的安装

(1) 安装 Phoenix R/C 模拟器

①打开下载好的模拟器安装包，运行“setup. exe”，会自动弹出安装界面，进入“选择安装语言”界面(图 1-5-6)。

②选择好安装语言，点击“下一步”按钮开始运行，稍后进入“欢迎使用 Phoenix R/C InstallShield Wizard”界面，点击“下一步”按钮(图 1-5-7)。

③进入“许可证协议”界面，选择“我接受许可证协议中的条款”单选按钮(图 1-5-8)。

④点击“下一步”按钮，进入“客户信息”界面(图 1-5-9)。

⑤继续点击“下一步”按钮，进入“安装类型”(图 1-5-10)界面，选择适宜的安装类型及功能。完成这些步骤之后，就可以进行程序安装了(图 1-5-11)，点击“安装”按钮，程序开始安装。

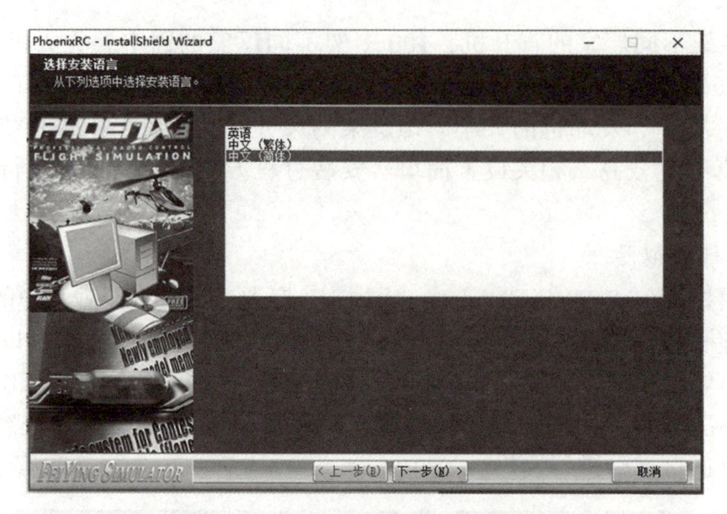

图 1-5-6 “选择安装语言”界面

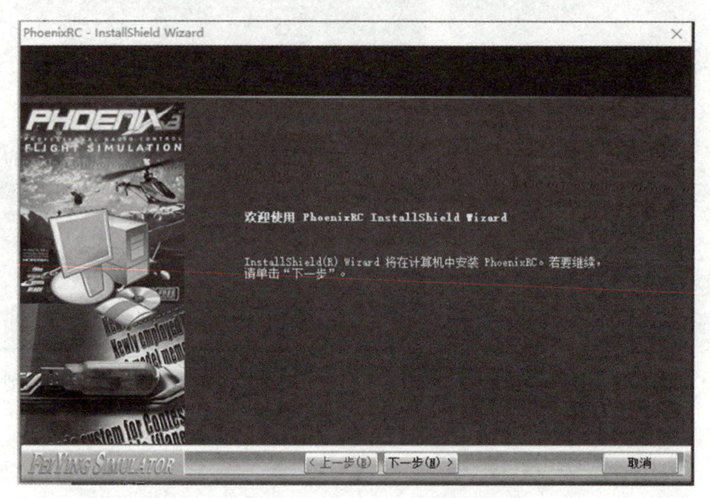

图 1-5-7 “欢迎使用 Phoenix R/C InstallShield Wizard”界面

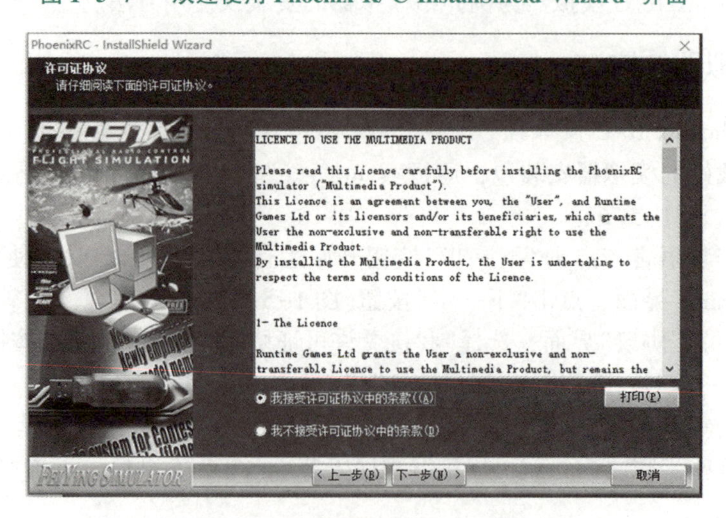

图 1-5-8 “许可证协议”界面

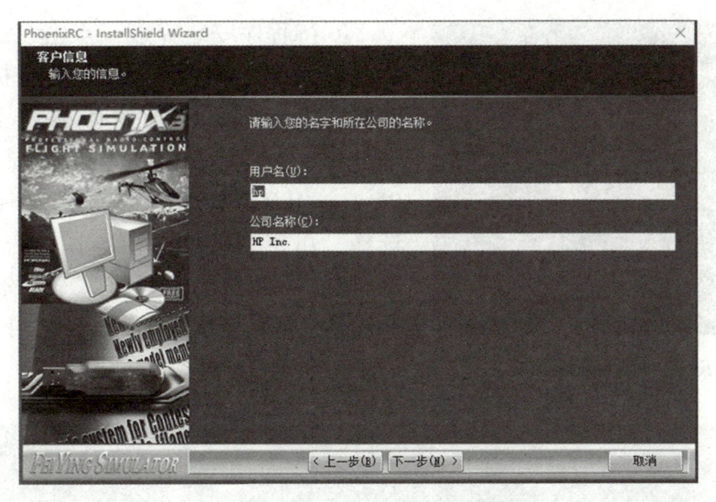

图 1-5-9　“客户信息”界面

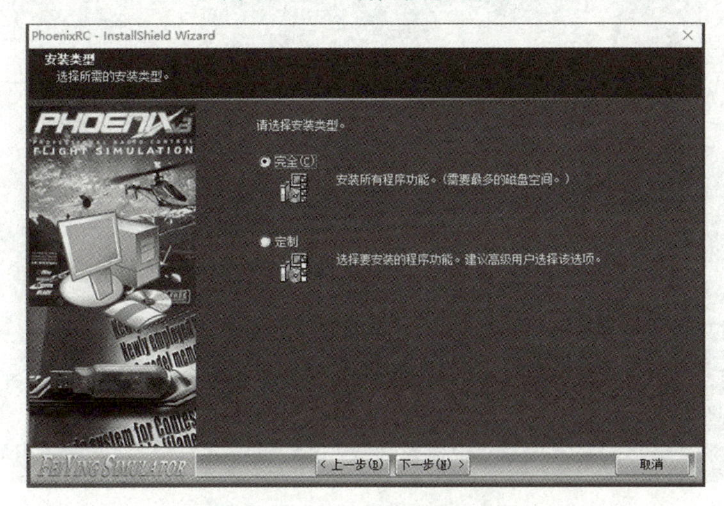

图 1-5-10　“安装类型”界面

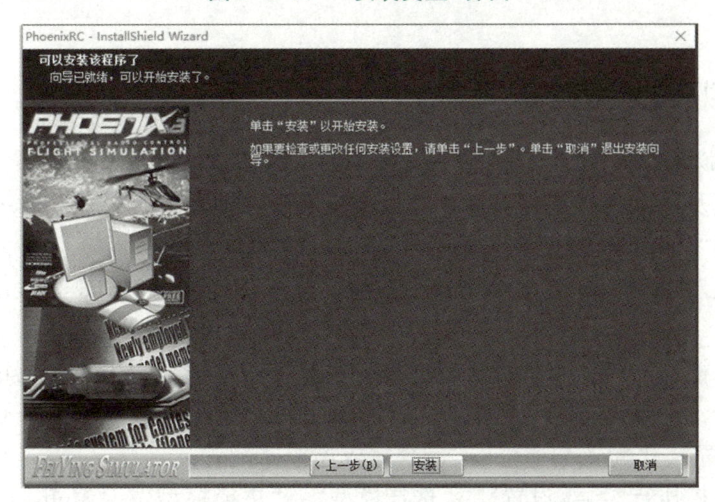

图 1-5-11　开始安装

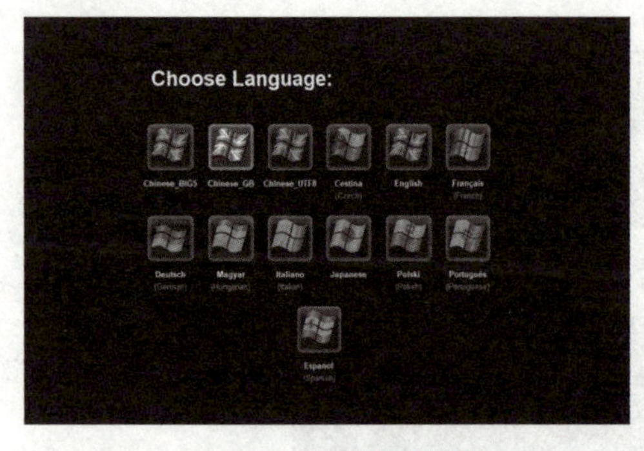

图 1-5-12　语言选择

⑥待程序安装完成，点击“完成”按钮，模拟器安装完毕，桌面上会出现快捷方式“Phoenix R/C”，双击桌面上的“Phoenix R/C”图标，进入软件(另外一个图标不必运行)。点击“Star Phoenix R/C”按钮，首次进入时，需进行语言选择，可根据使用习惯选择语言(图 1-5-12)，点击“语言选择”按钮进入软件，即可进入“初始设置”界面(图 1-5-13)，待设置完成后，即可开始使用。

图 1-5-13　“初始设置”界面

5.1.2.2　模拟器的使用

(1)设置模拟器

①用数据线及加密狗将遥控器与计算机连接起来，使用遥控器开机，并将加密狗模拟器切换开关拨到“Phoenix R/C”模拟软件上。

②在桌面上双击“Phoenix R/C”图标，进入运行状态，点击“Star Phoenix R/C”按钮进入，等待设置。

③首次进入模拟器时，可根据提示向导完成相应的遥控器以及模拟器的相关配置。非首次进入模拟器，需点击“开始菜单”界面(图 1-5-14)上的遥控器图标，也可以通过菜单栏执行“系统设置”→“配置型遥控器”命令完成遥控器配置。

④通过菜单栏执行“系统设置”→“选择模型”→“更换模型”→“Multi-rotors”→“Electeic”选择模型“Blade 350-QX”(图 1-5-15)，选择多旋翼模型。

图 1-5-14　“开始菜单”界面

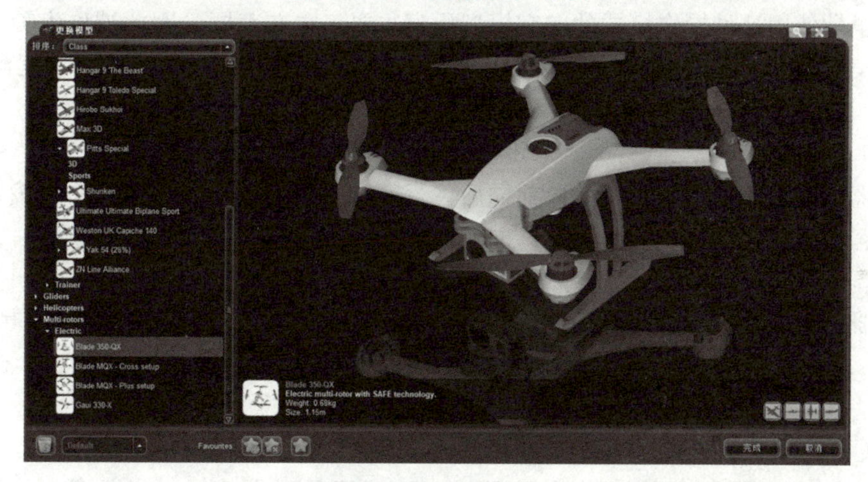

图 1-5-15　模型选择

⑤在菜单栏执行“选择场地”→“场地布局”(图 1-5-16)，更改场地布局为“F3C 方框”。

⑥在菜单栏执行“查看信息”→“摄像机视角”(图 1-5-17)，将飞行视角改为“始终看到地面”。

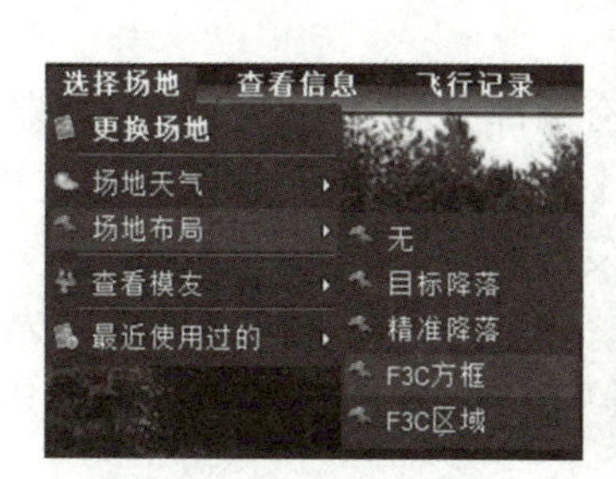

图 1-5-16　场地选择

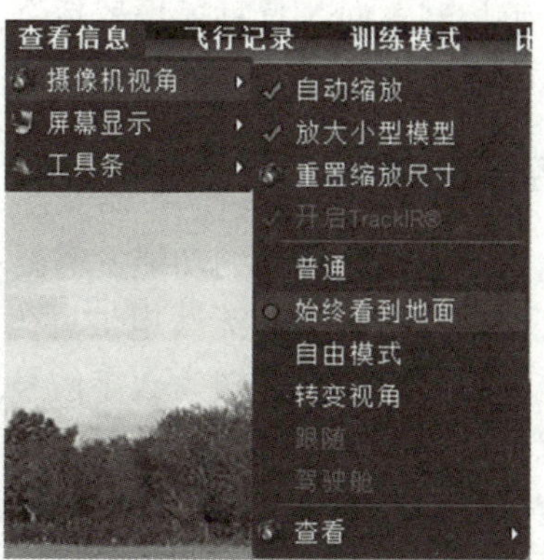

图 1-5-17　摄像机视角更改

5.1.3 认识遥控器

5.1.3.1 美国手与日本手

“手”是遥控模型的一种特定称呼，美国手、日本手的区别在于通道排列不同，他们的命名沿用航空模型领域固定翼的叫法。

(1)美国手

左摇杆控制无人机的上升下降、旋转方向。即向上拨动时，机身上升；向下拨动时，机身下降；向左拨动时，机头向左旋转；向右拨动时，机头向右旋转。

右摇杆控制无人机的向前向后、向左向右水平飞行。即向上拨动时，机身向前飞行；向下拨动时，机身向后飞行；向左拨动时，机身向左飞行；向右拨动时，机身向右飞行。

由于早期使用这种操作模式的航空模型玩家主要集中在美国，因此被称为美国手。目前，由于美国手入门相对于日本手要简单一些，因此使用美国手的飞手有逐渐增多的趋势。

(2)日本手

遥控器的左摇杆控制无人机的向前向后飞行、旋转方向。即左边摇杆向上拨动，机身向前飞行；向下拨动，机身向后飞行；向左拨动时，机头向左旋转；向右拨动时，机头向右旋转。

遥控器的右摇杆控制无人机的上升下降、向左向右飞行。即右边摇杆向上拨动时，机身上升；向下拨动时，机身下降；向左拨动，机头向左移动；向右拨动，机头向右移动。

(3)美国手与日本手特点分析

美国手的特点是控制飞行器姿态的两个舵面(升降和副翼)统一由右手控制，油门和方向由左手控制。一般无人机飞行建议使用美国手，因为美国手的右手能直接控制飞机的前后左右飞行，比较符合中国人常用的右手习惯，而且作业操作也比较简单。

日本手的特点是控制飞行器姿态的两个舵面(升降和副翼)分别由左手和右手控制，右手控制油门，左手控制方向。这种遥控器适合需要大舵量精准控制的飞行情况，如很多航空模型比赛队员都喜欢用日本手遥控器。

5.1.3.2 遥控器的通道

遥控器想达到与无人机通信的功能，需要有两部分配合完成，即发射器与接收机。遥控器上的控制杆将行为指令转为无线电波并发送给接收机，而接收机通过接收无线电波，读取遥控器上控制杆的读数，并转为数字信号发送到无人机的控制器中。

通道其实就是遥控器可以控制的动作路数。例如，遥控器控制四轴无人机上下飞，那么就是1个通道。但是四轴无人机在控制过程中需要控制的动作路数有上下、左右、前后、旋转，所以最少要4个通道。

下面将详细介绍遥控器的4个主通道。

第 1 通道一般指副翼(aileron)，用来控制固定翼的两片副翼，以改变飞机的姿态。在多旋翼里，用来控制和改变机身横滚方向的姿态变化。

第 2 通道指升降(elevator)，用来控制固定翼的水平尾翼，使机身抬头和低头，从而上升下降。多旋翼里，升降通道是用来控制机身前进与后退的。

第 3 通道指油门通道(throttle)，是用来控制发动机或电机转速的。

第 4 通道指方向舵(rudder)，固定翼里用其控制垂直尾翼的，从而改变机头朝向。多旋翼里也用其改变机头朝向，只是在飞行的时候，能更直观地感受到机身在做自旋转，所以，平时也多称方向舵控制指令为“旋转”。

5.1.3.3　飞行模式

无人机的飞行模式一般有 3 种，按照从易到难的顺序分别为定点(GPS)模式、姿态模式、手动模式、自主模式、一键返航模式。另外，在一些植保机型的飞控中还有半自动作业模式、AB 点作业模式等，下面将详细介绍常用的定点(GPS)模式、姿态模式、手动模式、自主模式、一键返航模式。

(1)定点(GPS)模式

导航与控制系统会利用 GPS 和气压计或其他定高设备(如毫米波、激光雷达等)对飞机进行定位和定高。此模式适合新手，也是最常使用的一种模式。其中，GPS 用于定位，气压计或其他定高设备用于定高。

(2)姿态模式

适合没有 GPS 信号或 GPS 信号不佳的飞行环境，因为它不启用导航系统，只依赖加速度计和陀螺仪来控制飞机姿态。飞机本身的姿态可以保持稳定。

实际操作中，无人机会出现明显的漂移，无法悬停，需要飞手通过遥控器来不断修正无人机的位置。姿态模式考验的是飞手对于无人机的操控性。在一些紧急情况下，需要切换姿态模式。

(3)手动模式

这种模式下，无人机的飞行完全凭借操作者对遥控器摇杆舵量的控制，无人机的所有动作包括稳定姿态都需要飞手通过遥控器来控制，新手操作较为危险。

在遇到紧急状况时，如果无人机突然失控，建议迅速把飞行模式改为手动，然后加大油门，拉高飞机，在空中纠正无人机的姿态，寻找合适的降落点。当机身出现异常时，要尽量稳住飞行姿态，宁可炸机，也不可伤人。

(4)自主模式

飞机会按照预设航线进行自主飞行(依赖 GPS 信号)，也就是说，这是一种在 GPS 模式下运行的功能。

(5)一键返航模式

顾名思义，不管无人机飞离多远，只需要按下返航开关或者飞机失去遥控器信号，无人机就会自动返航。目前，一些产品已经具备了自主返航、避障返航，甚至更前沿的原路径+避障返航功能。

5.1.4 模拟飞行

5.1.4.1 起降练习

①将模拟器按上述步骤配置完成后，将模拟遥控器使用加密狗与数据线连接至计算机。内置加密狗的模拟遥控器仅需将模拟器切换开关拨到“Phonenix R/C”上，并将模拟遥控器上自带的 USB 线连接至计算机即可。

②通过菜单栏执行“选择场地”→“场地天气”→“改变天气”(图 1-5-18)，进入“模拟器天气修改”界面，对天气进行修改(图 1-5-19)，并保存设置。

③通过菜单栏执行“查看信息”→“屏幕显示”→“飞行信息”(图 1-5-20)，开启模拟器飞行信息显示。

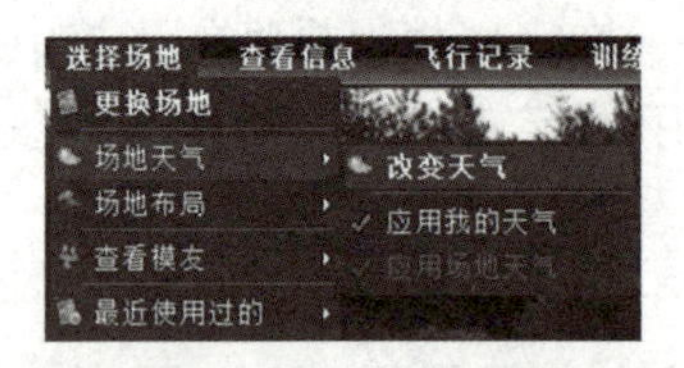

图 1-5-18　天气更改

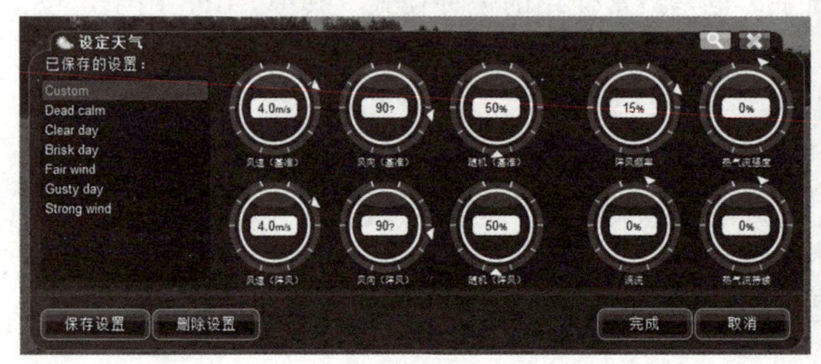

图 1-5-19　天气设置

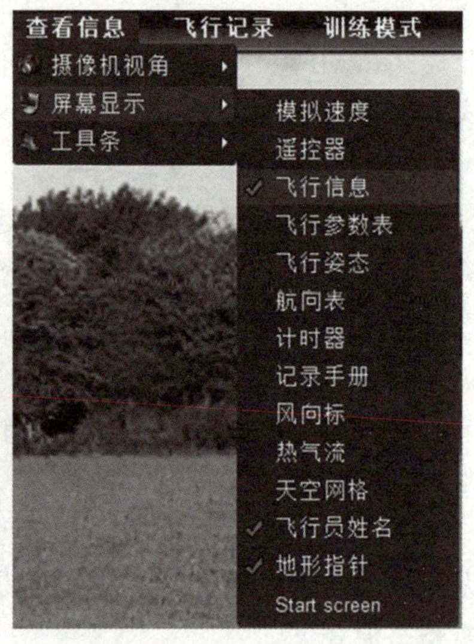

图 1-5-20　开启模拟器飞行信息显示

④推动遥控器油门控制杆，使模拟飞行软件中的多旋翼飞行器飞离地面，至 1.5m 高度后，将飞机降落回起飞点。由于启用了天气效果，飞行器将受到风的影响，跟随风向运动，操作者需操控遥控器克服风的影响，将飞行器降落回起飞原点。

5.1.4.2 悬停练习

①通过菜单栏执行“选择场地”→“场地布局”→“目标降落”，将场地布局更改为目标降落(图 1-5-21)。

②悬停练习分为 4 面悬停，包括对尾悬停、对左侧悬停、对头悬停、对右侧悬停。其中，对尾悬停训练(图 1-5-22)，就是将无人机尾部朝向操控者，控制无人机起飞并使无人机稳定地悬停在红色靶心上方，这是无人机操控的最基本内容。由于无人机尾部朝向操作者，因此操作者可以完全按照自己的方位去判断无人机飞行的方位，能够以最直观的方式操控无人机，不会因为视觉方位的不同而产生思维转换给操作者带来困难。

图 1-5-21 目标降落场地

图 1-5-22 对尾悬停

对左侧悬停训练(图 1-5-23)，就是无人机升空后，原地旋转 90°，机头向左，让无人机的左侧面对着操作者，完成定点悬停。这是对尾悬停过关后，首先必须要突破的一个科目。对左侧悬停训练最大的困难就是无人机的方位和操作者的方位不一致。例如，对尾悬停时左压副翼是控制无人机向左侧移，而对左侧悬停时左压副翼则是控制无人机向操作者靠近，如果此时打杆的思维转换发生差错(错舵)就会造成控制失败。对左侧悬停训练能够极大地增强飞手对飞机姿态的判断感觉，尤其是远近的距离感。但对于新手来说，直接练习侧位悬停的难度很大，因为从对尾悬停直接到对侧悬停，方位不一致，打杆时容易错舵。

对头悬停训练(图 1-5-24)，就是在无人机升空后，操控无人机原地旋转 180°，机头朝向操作者，完成定点悬停。对于新手而言，对头悬停是悬停训练中最困难的，因为除了油门以外，其他通道的控制对于操作手的方位感觉来说，与对尾悬停都是相反的，尤其是升降舵和副翼。例如，对头练习中推升降舵时无人机是飞向操作者，左压副翼时飞机是向

图 1-5-23　对左侧悬停

右偏移，所以在对头悬停训练中很容易错舵。对头悬停对于航线飞行来说非常重要，需要着重练习，一定要把操控反射的感觉培养到位，这对于今后进入自旋练习有较大的帮助。把机头朝向自己有种奇特的感觉，就像是无人机在与操作者进行面对面的交流。完成对头悬停训练即完成了模拟悬停训练科目，为外场训练奠定了基础。

图 1-5-24　对头悬停

对右侧悬停训练(图 1-5-25)，就是无人机升空后，原地旋转 90°，机头向右，让无人机的右侧面对着操作者，与对左侧悬停训练相似，但操作完全相反。

实际操作时，要先将天气按图 1-5-19 进行修改并启用。使用遥控器将飞行器飞至 1.5m 高度，并使用遥控器操控飞机悬停在“目标降落”的场地正上方。初学者先从对尾悬停开始练习，使用遥控器努力克服风对飞行器的影响，努力将飞行器控制在绿色圆圈以内，之后加大难度，控制飞行器悬停在黄色圆圈以内，并不断加大难度，直到能做到稳定悬停在红色圆圈以内。

图 1-5-25 对右侧悬停

尽量保持定点悬停，控制飞机基本不动或尽量保持在很小的范围内漂移。培养在无人机出现偏移趋势时能即时给予纠正的能力，这对后面的飞行至关重要。切忌盲目自我满足，认为能控制住无人机不炸机就是成功了，飞机飘来飘去也不及时纠正。这样会给以后的飞行造成较大困难。

5.1.4.3 自旋练习

自旋练习主要指无人机定高自旋训练，即操控飞行器飞至 1.5m 高度，然后原地旋转一周 360°(顺时针、逆时针均可)。要求悬停自转时，无人机没有明显的高度变化，旋转速率均匀(一般 60°/s)；停止时角度正确，无提前或滞后现象(准确悬停在自转之前的方位)；旋转过程中无错舵情况发生，无人机没有明显的偏移和高度变化。

“5.1.4.2 悬停练习”所训练的四面悬停，是无人机定高自旋训练的基础。定高自旋相当于中间不停顿的四面悬停，但操作难度大于四面悬停，因为四面悬停可以先转到位，再打舵调整无人机的姿态，但定高自旋却不能，必须要保证无人机旋转的连续性和均匀性，也就是说定高自旋要求无人机在连续均匀的旋转中不出现明显的偏移和高度变化，就必须在旋转过程中随时对无人机做出正确的判断和及时的修正，难度较大，对于操作者的方位判断要求很高。因此，必须通过训练对无人机在每个位置时的打杆动作形成条件反射，避免因为错舵导致无人机定高自旋失败。

定高自旋过程中打杆操作类似于四面悬停，只是需要进行连续的协调和整合训练。其中油门控制和四面悬停一样，只要保持稳定的油门舵量并及时进行相应的细微修正就能稳住无人机高度，当然必须要避免“混舵”的发生，如果不能解决这一点，则还需要返回四面悬停训练，继续进行训练。对于方向舵来说始终保持轻轻压住小杆量即可，控制住油门和方向，无人机就能定高和匀速旋转了。在无人机旋转的过程中出现偏移现象，要通过副翼和升降舵去纠正，升降舵和副翼打杆要求“时机准、舵量小、速度快”，发生偏移马上打杆纠正。操作者要注意边旋转边纠正，新手训练时很容易一纠正就忘了旋转，需要加强训练解决协调控制问题。

5.1.4.4 矩形练习

矩形练习主要指无人机矩形航线训练，可通过菜单栏执行“选择场地”→“场地布局”→“F3C 方框”，更改场地布局进行训练。操作者在能够成功地将飞行器悬停在红色圆圈以内后，才进行矩形航线训练。

首先将飞行器飞至 1.5m 的高度，操控飞行器飞至 F3C 方框边缘的一角，从该角开始，顺时针或逆时针绕方框飞行。初始练习时，使用遥控器操控副翼、升降、油门通道，在不调整机头方向的前提下，绕方框飞行。在各个转角处可停顿，飞行过程中尽量保持飞行器不偏离白色方框线。熟练后，加入方向通道，在转角处将机头方向调整为与飞行方向一致，转角处不再停留。

5.1.4.5 单圆练习

通过菜单栏执行“选择场地”→“场地布局”→“精准降落”，将场地布局调整为精准降落场地。使用遥控器操控飞行器绕精准降落场地最外一圈顺时针或逆时针飞行。在飞行过程中，飞行器保持匀速，机头指向与飞行方向保持一致，垂直高度无明显变换，水平距离无明显偏移。

5.2 外场飞行准备

外场飞行准备

5.2.1 准备训练机

5.2.1.1 训练机概述

无人机外场飞行训练的主要设备就是无人机，所以在外场飞行训练之前，最主要的设备准备就是无人机的准备。无人机准备应该遵循经济性和安全性的原则，因为对于新手训练而言，容易发生炸机，这就涉及训练成本和飞行安全问题，所以训练机可以尽量小一些、材料便宜一些，这样坠毁成本也能低一些，而且若选用的无人机较小，则用于训练的场地也可以较小，成本低、安全性高。

5.2.1.2 机架选择

目前常用的训练用无人机为 F450，其轴距为 450mm，动力配置一般选择 2212 或 2216，正反螺纹电机为 KV980，搭配 20A 电调、4S 42 000mAh 的电池，以及 9 寸螺旋桨，在不搭载飞行负载的前提下，飞行时间正常为 10～15min，满足一般练习需求。可以搭配多种飞控，常用的有开源飞控 APM、Pixhawk，商业飞控 DJI NAZA。

商用飞控稳定，调试简单，可玩性较弱，适用于初学者使用，但价格相对较贵。开源飞控调试复杂，未调试完成的情况下，稳定性及安全性较差，但拓展性强，可外接多种拓展模块，价格相对较低，适合有较强学习能力和钻研能力、对无人机有较深了解的飞手使用。

5.2.1.3　准备动力电池

无人机动力电池是无人机动力系统中存储并释放能量的部分。无人机使用的动力电池大多数是锂聚合物电池。相比其他电池，锂聚合物电池具有较高的能量密度，同时具有良好的放电性能。

目前小型多旋翼无人机一般总电流不会超过 100A，选择 10~30C 放电能力的锂电池即可满足普通训练需要。对于激烈的穿越飞行，则需要选用放电倍率更高的电池。

应尽量选择知名厂家的优质电池，避免空中掉电压、接触不良等问题导致摔机从而造成更大损失。如果飞行器需要携带较重的云台、相机或者其他数据采集设备，则最好选择能满足动力电流需要的高密度轻量化电池，更可考虑使用双电源输入双重保险，确保安全。

动力电池由于放电能力比较强，所以带有危险性，要做到安全使用。必须在使用动力电池之前认真了解以下几方面的内容，这是电池使用前最重要的准备。

(1)电池参数

图 1-5-26 为常用的无人机的动力电池，电池上标注的参数含义如下。

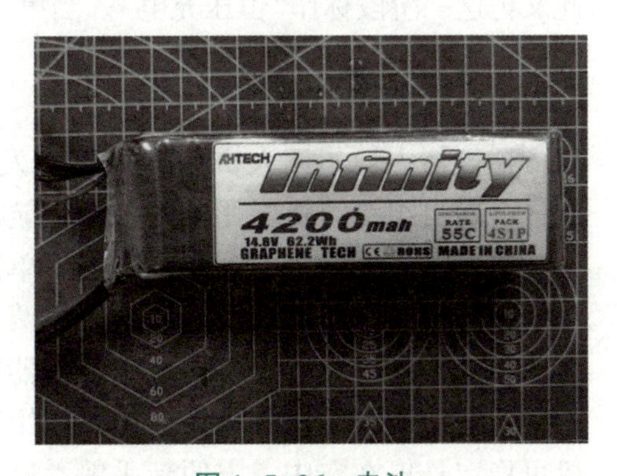

图 1-5-26　电池

“4200mAh”表示电池容量为 4200mAh。该电池以 4200mA 的电流持续放电 1h。

C 表示电池倍率，电池倍率也称为“C 数”。有放电倍率和充电倍率之分。充电倍率为电池充电时所能承受的最大倍数电流。放电倍率为电池以大于自身容量放电的最大倍数。4200mAh 和 55C 表示该电池的最大放电电流为 231 000mA (4200mA×55)。

S 是串联的英文 series 的首字母，4S 表示 4 片电芯串联。同理，3S 就是 3 片电芯串联，以此类推。

P 是并联的英文单词 paralled 的首字母，1P 表示 1 组电芯。同理，2P 就是 2 组电芯并联，以此类推。

(2)电压

①最高充电电压　4.20V 一直以来是锂聚合物电池的最高充电电压，但随着技术的发展和改良，目前有部分锂聚合物电池能安全到达 4.25V，更有个别厂家能做到 4.30V。

实际使用时，因为目前充电器基本上都是 4.20V 的设定电压，所以按照 4.20V 的设定电压进行充电就可以了。不要用其他方式自行调高充电电压，否则会造成电池不可逆转的损坏。

②电池保存电压　电池的保存非常重要，保存不当会损坏电池，甚至会造成危险。如果较长一段时间不使用，务必让电池电压处于 3.8V 进行保存，将电池用平衡充电器进行放电，设置电压为 3.8V。

③最低放电电压　最低放电电压为 2.75V，而 3.7V 是标称电压。目前锂聚合物电池都能安全放电到 2.75V，且不会对电池寿命造成影响。但是，平时使用放电到 3.7V 左右

即可。以某型号动力电池为例，其电压和电量的大概对应关系为：2. 75V 约对应 0%电量；3. 70V 约对应 10%电量；3. 85V 约对应 50%电量。在电池工作状态下，放电电流较大，从 3. 7V 到 2. 75V 也许只需要几秒钟，所以不建议在飞行中让电池接近 2. 75V，否则可能会造成过放电，损坏电池。

(3)充电方式

在外场飞行训练之前，要保证电池有充足的电量。通常情况下，为锂电池充电使用平衡充电器，常用的是 A9 平衡充电器。平衡充电器自带的智能充电系统会自动调节电池各个电芯的充电电流，使得各电芯之间能最大程度地保持一致性。电池的充电分为两个阶段：第一阶段充电器将会按照人工设定的电流持续对电池充电。在此阶段中，充电电流不变，电池的电压持续增加，因此又把第一阶段称为“恒流充电”。当第一阶段中电池的电压达到设定值时，充电进入第二阶段，此时电池的电压虽然已经达到设定值，但并不代表电量已经充满。充电器会继续对电池充电，在此过程中，电池的电压不变，充电电流持续降低，因此又把这一阶段称作“恒压充电”。当第二阶段中充电电流降低到设定值时，充电完成。

5. 2. 1. 4 遥控器选择

遥控器一般指无人机的遥控地面发射机，主要用于视距内驾驶员对无人机的手动操纵，一般自组练习机常用的遥控器为航模遥控器。航模遥控器为传统摇杆式遥控器，根据摇杆是否回中，分为双回中遥控器和单回中遥控器。

双回中遥控器顾名思义为左右手两个摇杆均可自动回到中位的遥控器，部分训练用的多旋翼无人机采用该遥控器。该遥控器在新手阶段可以帮助新手很快熟悉适应无人机的飞行。若稳定性强的多旋翼无人机，使用双回中遥控器，在起飞后不动摇杆的前提下，无人机可稳定悬停在空中，方便新手熟悉遥控器各个摇杆的作用，避免因新手对遥控器不熟悉而产生安全风险。发生危险情况，只需将双手从摇杆上移开，无人机即可悬停在空中。商用成品机基本都采用该种遥控器。

自组无人机若使用商用飞控，搭配双回中遥控器可以达到类似效果，但由于受到装机技术及飞控本身的影响，无人机在空中悬停效果不能与成品机相媲美，安全性有所下降。且该遥控器松手会自动回中，因此在新手阶段，易发生无人机降落后未上锁的情况，无人机螺旋桨将会持续转动，发生安全事故。若搭配开源飞控使用，在飞控 GPS 模式下，无人机表现与商用飞控相差不多，但若将无人机切换到姿态模式，受动力配置的影响，在遥控器回中情况下，无人机不一定能保持高度稳定，需操控者自行调整油门位置，保持无人机高度上的稳定，且操控者手不能离开油门控制摇杆。但该种遥控器可以自由地切换摇杆模式。

单回中遥控器为除油门杆不回中外，所有摇杆全部回中的遥控器。部分练习机和大多数航模都采用该种遥控器。单回遥控器因油门杆不会回中，若配合多旋翼无人机使用，需要操控者手动调整油门位置直至无人机能够保持高度稳定。对于初学者而言，该位置较难找到，需多次练习，但因该遥控器油门杆不会回中，在无人机降落后，油门杆压到最低，只要没有外力触碰，油门杆在手离开遥控器后，会持续保持在最低位，较为安全。且该遥控器较多应用在航模上，网络配置教程丰富。但该遥控器在不改变其机械结构的前提下，无法切换摇杆模式。

5.2.2 准备场地

(1)尽量避开干扰隐患区域

因为目前阶段民用多旋翼控制器陀螺仪精度较差，定点悬停的实现，各个厂家都采用了相对简单的 GNSS 与地磁罗盘数据融合的方式，且地磁极易受干扰，接近金属物体、大功率无线电设备(如手机信号基站等)、矿物山体、建筑物等都可能对地磁产生严重干扰从而产生飞行偏航、失控返航等故障。

因此，存在干扰隐患的区域应尽量避开，或采用姿态模式飞行。更换场地后如果使用导航系统，还需要在起飞前完成地磁校准。

(2)选择空旷的飞行场地

为了避免发生意外伤害事故，一定要选择空旷且没有人群活动的场所。外场飞行首先应熟悉场地环境，避开高压线和高大建筑，避开有强干扰的无线电电波，避开军事重地和国家机关部门等禁飞区域。起飞前需要进一步确认气象条件，如风速、风向等，有条件的最好插一个风向袋。不要在雾霾严重能见度差的天气飞行，不要在雷雨天飞行，选择舒适的操纵地点，尽量不迎着太阳光飞行。

如果不具备选择空旷场地的条件，尤其是在城区很难找到适合训练的场地，可以找一块场地(如网球场)，周围布置尼龙安全网进行封闭管理。这种场地在室内布置更好，不受天气条件影响。

5.2.3 安全操作规程

①遥控器上务必设置油门锁。操作者应养成无人机上电之前确认油门已被锁住的习惯。无人机就位，准备起飞时，再打开油门锁。无人机一落地立即把油门锁住，防止走动过程中误触碰油门摇杆，导致电机转动伤人。

②给无人机上电前，认真确认当前无人机与操作者遥控器所选模型相对应。

③给无人机上电时，操作者不要把遥控器挂在胸前或立着放在地上，防止误碰油门摇杆。

④起飞前最好先试试各个舵面方向反应是否正确，无人机不能“带病”(如机身不正、舵机乱响等)飞行。

⑤充电时，充电器不可以放在易燃物体(如木板、塑胶板)上面或附近进行充电。充电器应该在有人看护的条件下充电。

⑥动力电池的运输不可大意，必须要用防爆箱进行装运。

⑦给无人机上电时，确认电池电量是充足的，而且最好配置电压报警器，随时检查电压。

⑧手拿无人机时，手握无人机的位置必须避开桨叶转动可以接触到的范围。

⑨拿到刚刚降落的无人机，即便油门锁已锁，第一件事也是要立即断开电源，要养成好习惯。

⑩在任何情况下，操作者都不要试图用手接住正在降落的无人机。

⑪一定要先打开遥控器，再给无人机上电。防止因设置过失控保护导致电机突然启动

或者其他意外原因导致电机启动。

⑫调试无人机的电子设备(包括设置遥控器、电调)时，必须取下螺旋桨。如果实在不方便取下螺旋桨，一定要对无人机进行安全有效的固定。注意，桨的前面和正侧面不能有人，以防电机突然转动，造成事故。

⑬不要在人群上空飞行，也不能对着人、车，以及猫、狗等动物降落。

⑭观看飞行的人必须位于操作者的后面。操作者要选择背对阳光的方向飞行。禁止操控无人机飞到操作者的身后，更不能以操作者为圆心转圈飞行。

⑮尽量不要在飞场进行遥控器和接收机的对频。有时会把接收机对到别人遥控器上，出现电机突然启动的情况。

总之，安全无小事。务必增强安全意识，养成安全飞行的好习惯。

5.2.4 飞行前测试

不管是长时间没有飞行的无人机还是新组装的无人机，启动之前一定要注意安全，尤其是新手，必须要遵循安全启动步骤，而且切记要在专业人员的指导下完成。

(1)卸掉螺旋桨

对于长期没有飞行或者刚组装完成的无人机，为了避免无人机的不正常启动造成危险，在测试启动之前一定要将螺旋桨全部卸掉。

(2)确定重心

将无人机全部组装完成，包括电池的安装，然后测试无人机的重心。要保证无人机的重心在通过4个电机轴心的圆的圆心上，垂直方向上重心应该在无人机螺旋桨的旋转平面之下。

(3)上电自检

先打开遥控器的电源，保证遥控器的油门杆处于最低，将遥控器平放在平整稳固的水平面上(如平地上)，放置平稳。禁止将遥控器垂直放置，避免风吹或者其他原因导致遥控器倾覆而产生误操作(如触碰操纵杆引发电机意外启动，造成人员伤亡)。

将无人机水平放置，然后给无人机上电，4个电机会连续发出3次短促的“滴”声，表示检测到动力电池为3S(4S电池则发出4次“滴”声，以此类推)，再发出一长声“滴”，表示自检完毕。

(4)电机测试

无人机自检完毕，启动无人机。需要先对无人机进行解锁，解锁方式要根据操不同的飞控系统而定，开源飞控系统可以自行设定解锁方式，如单键解锁或掰杆解锁，一般开源飞控系统默认解锁方式为油门最低，方向最右。商用飞控系统常见的解锁方式为掰杆解锁，一般为将两个摇杆向内或向外掰(图1-5-27)。

解锁之后，轻推油门杆检查4个电机的转向是否正确(如飞控调参软件提供电机测试功能，则应逐个电机测试是否轴位正确，转向相符；如飞控测试软件没有此功能，就使用柔软材质的物体轻轻接触旋转的电机来观察电机转向，注意禁止安装螺旋桨)，查阅飞控说明书，一般电机的转向如图1-5-28所示。如果不正确，就要改变电机的通电相序以改变电机转向。

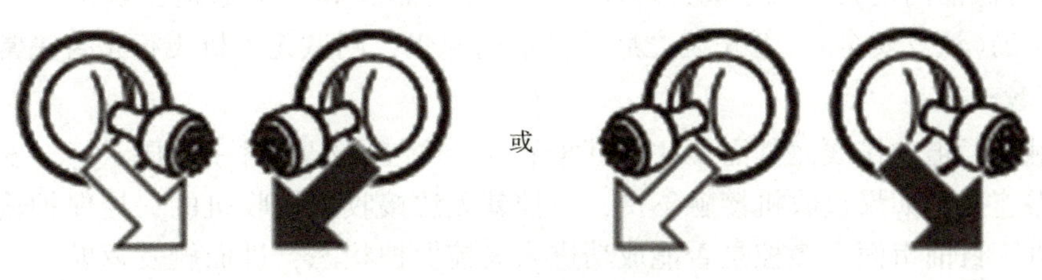

图 1-5-27 掰杆解锁方式

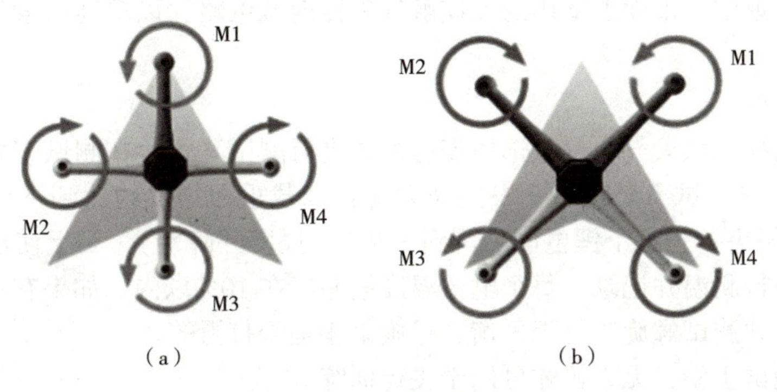

图 1-5-28 电机的转向

(a) I 型四旋翼；(b) X 型四旋翼

转向测试正确之后启动无人机，用转速仪测试电机转速，在方向、副翼和升降 3 个通道回中的情况下 4 个电机的转速应该基本相同，否则就需要对电子调速器(电调)重新进行行程设置。在有条件和基础的情况下，尽量制作与轴数相同的信号并连线，同时对所有电调进行油门行程校正。校正后，使用遥控器的油门微调进行逐加调节，直到所有电机同时运转，再减小油门进行逐减调节，直到所有电机同时停止，以此验证每个电机的油门行程都精确一致。

注意：在逐个给电调进行校正油门行程的情况下，有可能会出现其中某个或多个电机启动不一致的情况，需重新校准油门行程，直到所有电机同步启动和停止。如果已连接飞控，则需手动模式启动，同样验证是否所有电机启停一致。

(5) 关闭电源

经过上述测试和调试后，关闭无人机的电源。注意拔电源的方法，要抓住电源插头，不能直接抓住电源线，否则容易导致电源线断裂，如果短路会有燃烧或者爆炸的风险。

(6) 安装螺旋桨

安装螺旋桨时应根据电机转向来选择螺旋桨的旋向，不能有误。

(7) 带桨测试

带桨测试主要包括以下步骤：①面向机尾将无人机平放在水平地面上，遥控器电源开启，水平放置于地面，油门拉至最低。②检查无人机外观是否完好，确保没有螺钉松动、脱落等。③清场，保证无人机周围有足够安全飞行的空间。④通电时不要晃动无人机直到电调自检结束。⑤解锁无人机。⑥轻推油门观察 4 个电机转向和转速是否正确(注意安全)。⑦保持低油门使无人机不离开地面，轻微控制副翼和升降通道，观察无人机的动作趋势是否正确(注意安全)。⑧正确之后，推油门起飞，测试无人机飞行是否正常。

(8)失控设置

失控触发通道的接线尤其需要注意其牢靠性，飞控原配线材一般质量好，安装后打胶能保证可靠连接。如果接收机接触不良，飞控就无法接收到接收机的失控保护输出，那就会发生摔机。目前市面上飞控是否能成功进入失控保护状态，进而触发返航，大部分取决于在接收机失控信号能否稳定输出到飞控系统。起飞前，要在未安装螺旋桨的情况下正确设置和验证失控返航。市面上常用的飞控触发失控返航策略，以单通道触发为多，但也有采用多通道的。

(9)试飞测温

试飞最好选择无风天气，尽量选择姿态模式进行测试飞行，在测试完成之前尽量避免使用 GPS 模式试飞。试飞时间需要根据动力配置和载重而定，约达到飞行总时长 50%后降落(设定电压报警器为每个锂电电芯达到 3.9V 时报警并降落)，马上使用非接触式测温计对每个电机进行测温并记录，每个电机温度偏差应在 10%以内。如果有较大偏差，单独检查电机情况，并测试螺旋桨是否平衡、螺旋桨座是否打滑等。

经过以上测试步骤，无人机才可用于飞行训练。

5.3 实操飞行

实操飞行

5.3.1 实操飞行介绍

以“1+X”无人机驾驶职业技能等级考试实操考试内容进行分解练习。“1+X”无人机驾驶职业技能等级考试实操根据考试等级分为不同的几个项目。初级考试为 GPS 定高自旋、GPS 水平单圆飞行，中级考试为 GPS 定高自旋、GPS 水平 8 字飞行，高级考试为姿态定高自旋、姿态水平 8 字飞行。根据考试要求，考试时垂直方向允许误差为±1m，水平方向允许误差为±2m，航向允许误差为±45°，定高自旋时间限制为 5~20s。“1+X”无人机驾驶职业技能等级考试实操场地布局如图 1-5-29 所示，水平 8 字单圆直径为 5m，为方便教学，桶标的序号分别为 0、1、2、3、4、5、6 号。自旋为无人机从起飞点飞行至指定高度后，飞到 0 号桶上方，持续自旋 360°。水平 8 字为从 0 号桶开始依次沿 0、1、2、3、4、5、6 号桶飞行，轨迹要求为圆形。

为达到高级考试标准，从基础练习开始直至姿态水平 8 字飞行，要分步进行分解练习。

5.3.2 练习起降

因为外场飞行不像模拟训练，不能从中间环节开始(除非有教练带飞)，只要是操作者独自训练，所有的科目都是从起飞开始，所以多旋翼无人机外场飞行训练的第一个科目就是起降训练。如果初学者自己独自练习应该具备以下条件，否则成本太高而且危险性较大。

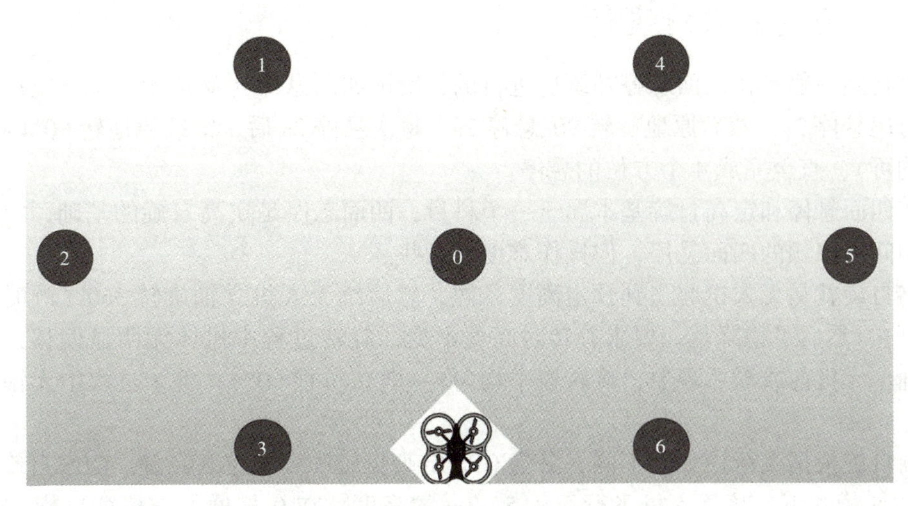

图 1-5-29　实操场地布局

①用小轴距、超轻型无人机，而且无人机经过专业人员调试。

②具备良好、安全的训练场地。

③具备扎实的模拟飞行训练基础。

④要有正确对待外场飞行的心态，模拟飞行的每次坠毁都几乎没有什么成本消耗和危险，随时可以重来，而现实飞行却不是，所以要非常谨慎、认真地对待每一次飞行。

具备这些条件之后就可以进行练习，起降训练的具体方法在前面的模拟训练中已经介绍得很详细了，在这里不再赘述。

训练过程中要随时关注电池电量，禁止电池过放，可以把电压报警器(俗称 BB 响，如图 1-5-30 所示)插在电池的平衡插口，设置好报警电压。该常用电压报警器精度一般，但可以满足常规使用需求。

图 1-5-30　电压报警器

如果在训练中发生无人机硬着陆或者无人机倾覆等情况，要及时更换受伤的螺旋桨，及时修复损坏的部位，禁止无人机“带病”起飞。

训练要达到以下标准：起飞平稳，离地干脆，上升和下降速度适中，没有明显的晃动。降落接地柔和，不发生硬着陆，落点要准确，中间无明显的大幅修正动作。

5.3.3　练习悬停飞行

以无人机起降训练为基础，来练习无人机悬停。一开始使用 GPS 模式练习，起降一定要练习得很熟练，同模拟飞行训练一样，从对尾悬停训练开始，依次对左侧、对头、对右侧。当在 GPS 模式练习熟练后，将飞行模式切换为姿态模式，重新开始练习，直至看到无人机发生轻微偏移，无论无人机哪一侧对自己，手上都能及时正确调整无人机位置的程度。

5.3.4 练习定高自旋飞行

定高自旋一般是在四面悬停熟练后进行的，所谓四面悬停，就是无人机升空后，在预定高度对尾悬停 2s，然后原地旋转 90°悬停 2s，每次悬停 2s 后，继续原地转 90°(顺时针、逆时针均可)，直至完成 4 个方位的悬停。

其实四面悬停和定高自旋基本属于一个科目，四面悬停是定高自旋的基础，定高自旋相当于中间不停顿的四面悬停，但操作难度更大些。

定高自旋就是无人机起飞到预定高度悬停，然后绕无人机立轴旋转 360°(顺时针、逆时针均可)，然后平稳降落。要求旋转时高度不变，旋转过程中机体无明显偏移，停止时角度正确，无提前或滞后现象，旋转速率均匀(一般在每秒 60°)，整个过程中无错舵现象发生。

定高自旋根据飞行模式的不同，分为 GPS 定高自旋和姿态定高自旋。GPS 自旋相对简单，在 GPS 模式下，将无人机飞行至 1.5~2m 的高度，在 0 号桶上方持续自旋 360°。在 GPS 模式下，无人机处于定点定高状态，无人机不会受到风的影响而产生水平位置及垂直位置上的偏移。而姿态模式下，无人机处于定高不定点的状态，无人机在垂直位置上能保持，水平上会因为风的影响而持续偏移，需要手动修正。发生偏移时水平允许误差不大于 2m。

5.3.5 练习单圆飞行

单圆练习为水平 8 字练习的前置，飞行器需按 0、1、2、3、0 的顺序进行飞行。在该过程中垂直方向偏差不得大于 1m，水平偏差不得大于 2m，航向偏差不得大于 45°。这对飞行人员有着极高的要求。

5.3.6 练习 8 字飞行

8 字飞行的难点在于在保障飞行高度的前提下，需要同时掌控俯仰、横滚和偏航。稍有偏差无人机的航线就会跑偏，所以在练习时要匀速推杆(控制好飞行速度)。只有熟悉无人机的姿态变化过程，才能真正掌握好 8 字飞行。

水平 8 字飞行考验的是飞手的全方位反应能力，前面自旋 360°操作得越好，8 字飞行就越轻松。关键点就在于 3 个点的协调，即前文说到的俯仰、横滚和偏航，这是一个需要长时间去练习的过程。

5.4 地面站

5.4.1 地面站简介

地面站使用及讲解

无人机地面站也称控制站、遥控站或任务规划与控制站。在规模较大的无人机系统中，可以有若干个控制站，这些不同功能的控制站通过通信设备连接起来，构成无人机地面站系统。

地面站是地面上的基站，即指挥无人机的基站。地面站可分为单点地面站和多点地面站。我们使用的大多数无人机都是单点地面站，通常由一到多人驾驶，包括技术员、外勤人员、后勤人员、通信人员、指挥官等。地面站设备一般由遥控器、计算机、视频显示器、电源系统、无线电台等设备组成。一般来说，它包括一台计算机(手机、平板电脑)、一个无线电台和一个遥控器，其中计算机(手机、平板电脑)装有控制无人机的软件。无人机的飞行路线是通过路线规划工具进行规划的，并设置有飞行高度、飞行速度和飞行位置。飞行任务的数据等通过由数据端口连接的数据传输站编译并传输到飞行控制系统。

数据传输站是无人机和地面站之间通信的主要工具。通用数据传输站(图 1-5-31)采用的接口协议包括 TTL 接口、RS485 接口和 RS232 接口，但也有一些采用 CAN-BUS 总线接口，一般频率为 2.4GHz、433MHz、900MHz、915MHz 和 433MHz。因为 433MHz 是一个开放频带，且具有波长长、穿透力强的优点，所以大多数民用用户一般使用 433MHz，范围从 5km 到 15km，甚至更远。

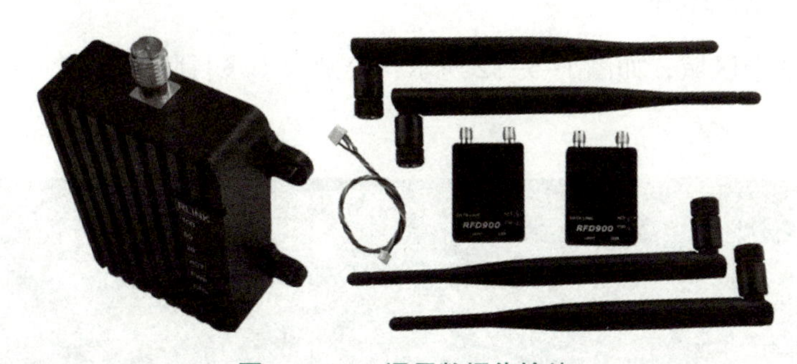

图 1-5-31　通用数据传输站

地面站的最终目标是实现无人机和计算机之间的通信，计算机给无人机的任务、无人机的实时飞行高度和速度以及许多其他数据都将通过它传输，以便于随时监控飞机的情况，并根据需要修改飞机的航线。

整个无人机飞行控制系统的工作流程是启动地面站，规划飞行路线，启动飞行控制系统，将飞行路线上传到飞行控制系统，然后设置自动起降参数，如起飞速度、平飞角(起飞迎角，也称为迎角)、爬升高度、末端高度、圆半径或直径、清空空速表等，最后检查飞行控制系统中的错误和警报。

地面站的主要包括功能：①指挥调度功能，主要包括上级指令接收、系统之间联络、系统内部调度；②任务规划功能，主要包括飞行航路规划与重规划、任务载荷工作规划与重规划；③操作控制功能，主要包括起降操纵、飞行控制操作、任务载荷操作、数据链控制；④显示记录功能，主要包括飞行状态参数、航迹、任务载荷信息等显示与记录。

5.4.2　常用第三方无人机地面站移动端应用软件

目前使用较多的有 11 款第三方无人机移动端地面站应用软件(App)：Pix4d capture、Altizure、DJI-Datumate、Umap、DJI GS PRO、SKYCATCH、翰祥地面站、智巡者、Litchi 及 Dronepan。其中按拍摄性质和目的划分，可分为以下两类：基于航空测绘地图的应用软件和基于航拍摄影的应用软件。

基于航空测绘地图的应用软件，在规划航线时是以区域来考虑的，即给定区域和航高就可以按二维或者三维的需要自动规划生成航线，通过进一步的后期处理，可以做成可量测的二维正射影像图或三维的实景模型。Pix4d capture、Altizure、DJI-Datumate、Umap、DJI GS pro、SKYCATCH、翰祥地面站、智巡者皆属于该类应用软件。

而另一类基于航拍摄影的应用软件，可以帮助初学者在空中更加容易并有选择地将镜头对准兴趣点进行录像和拍摄照片。Litchi、Dronepan 属于该类应用软件。

5.4.3 Windows 平台无人机地面站软件的使用

Misson Planner(MP)，是在 Windows 平台运行 APM/Pixhawk 飞控的一款专属地面站软件。它也是一款完全开放源码的地面站软件，具有多样性、多能性、全面性和很强的用户交互能力。

5.4.3.1 飞行数据界面

该界面分为 3 个区域，如图 1-5-32 所示，分别为①飞行状态区域、②功能显示区域、③地图显示区域。

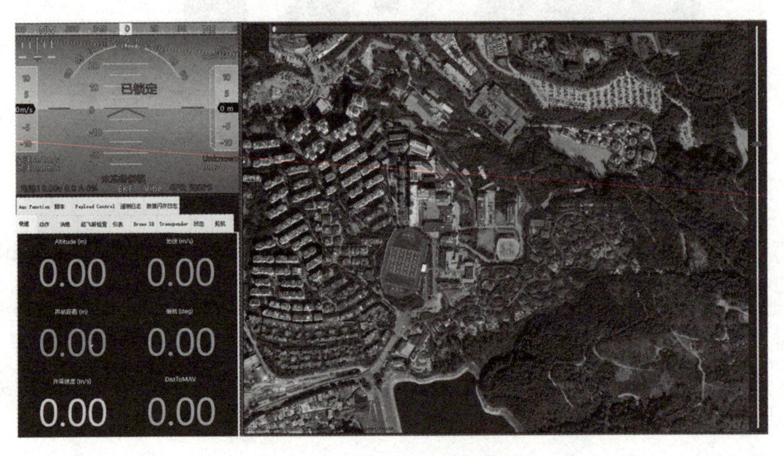

图 1-5-32　飞行数据界面

(1)飞行状态区域

飞行状态区域(图 1-5-33)显示了无人机在飞行中的姿态、速度、GPS、传感器状态等信息，在飞行中飞手可以依据飞行状态区域的数据显示来判断无人机当前的姿态和运行状况。

(2)功能显示区域

功能显示区域是可以自定义设置页面显示窗口的功能区域(图 1-5-34)，用户可在功能菜单栏中进行勾选或取消相应的显示窗口。

对于本区域，本小节主要介绍“快速显示”窗口、“动作控制”窗口、“起飞前检查”窗口和“数据闪存日志”窗口。

在“快速显示”窗口(图 1-5-35)中，可以看到界面中主要显示了 Altitude(高度)、地速、航点距离、偏航、升降速度和 DistToMAV(无人机离家的距离)6 个参数信息。

此时如果需要显示更多的无人机参数，可以在显示栏点击鼠标右键设置要显示的行数和列数(图 1-5-36)。

然后双击想要设置的显示区域，将会弹出无人机参数选择区域(图 1-5-37)，选择想要显示的无人机参数即可。

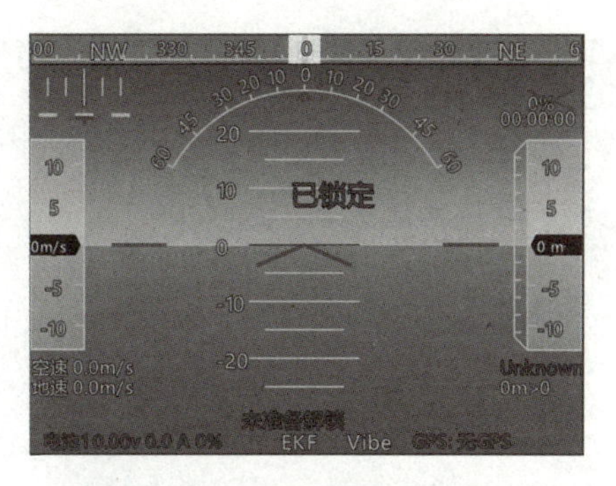

图 1-5-33　飞行状态区域

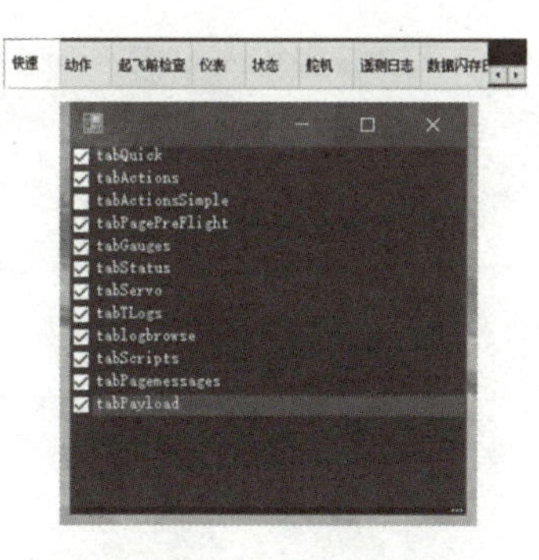

图 1-5-34　功能显示区域

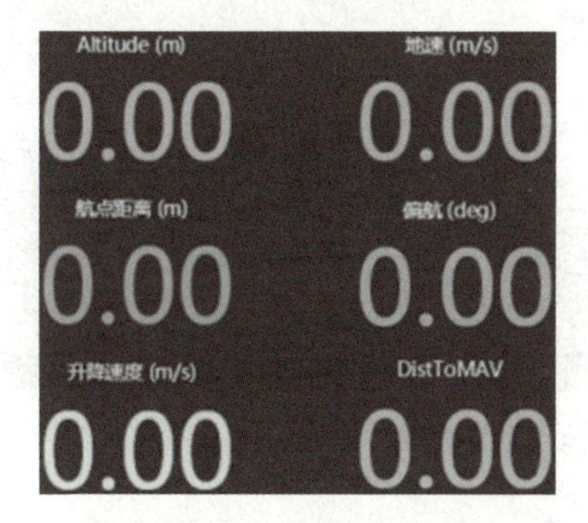

图 1-5-35　“快速显示”窗口

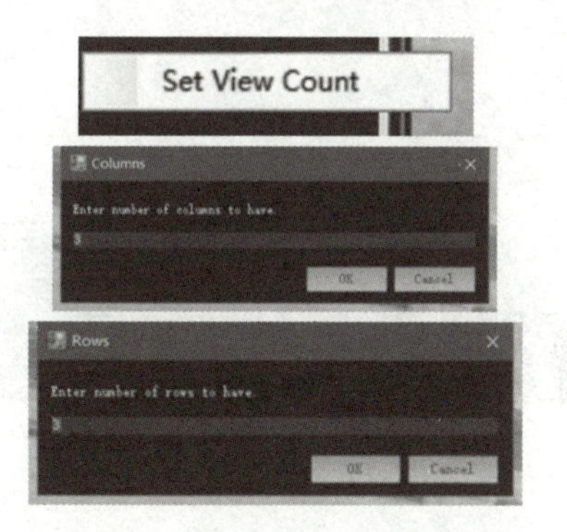

图 1-5-36　设置要显示的行数和列数

图 1-5-37　无人机参数选择区域

(3)地图显示区域

地图显示区域(图 1-5-38)，可以显示无人机的当前指向、直达当前航点方向、目标指向、GPS 追踪指向，这些会在无人机飞行时实时显示在无人机的位置上，以供观察无人机飞行时运动轨迹和预判是否运行正常。

图 1-5-38　地图显示区域

5.4.3.2　动作控制区域

动作控制区域(图 1-5-39)，主要对无人机进行实时的模式切换，航点切换，任务控制，动作变化，以及高度、速度、航点半径的改变等控制。

动作控制栏中，在进行动作命令的切换时，需要先点击要切换的命令，界面如图 1-5-40 所示，然后点击“执行动作”开始执行命令。如果无人机还未起飞，需要先进行解锁设置。

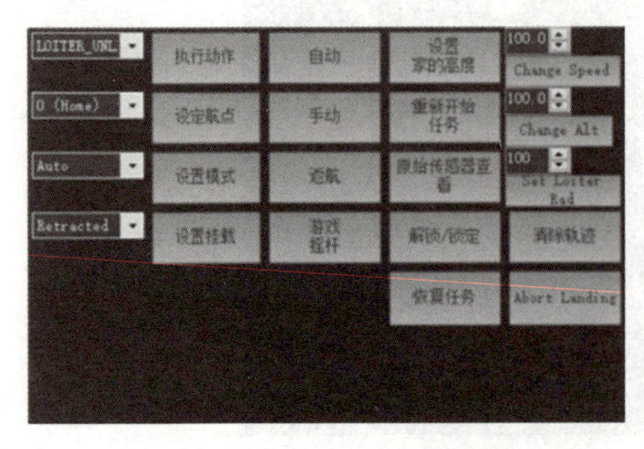

图 1-5-39　动作控制区域

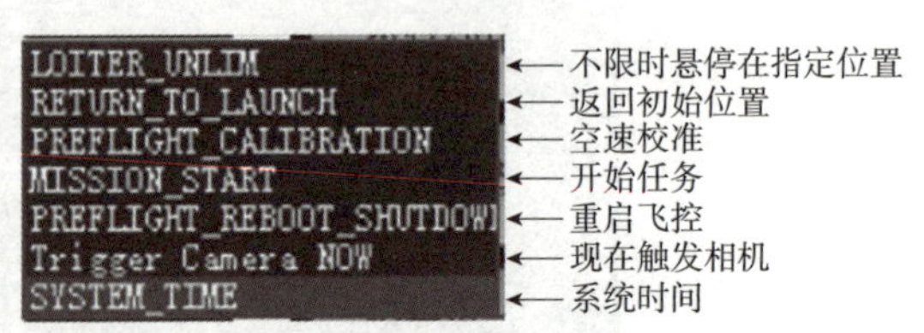

图 1-5-40　“命令”界面及对应指令含义

注意：无人机先执行命令后解锁容易出现解锁即起飞的情况，要特别注意安全。

5.4.3.3　飞行计划界面

MP 地面站软件飞行计划界面如图 1-5-41 所示，包括了航线规划区域、航点命令区域和航线功能区域。

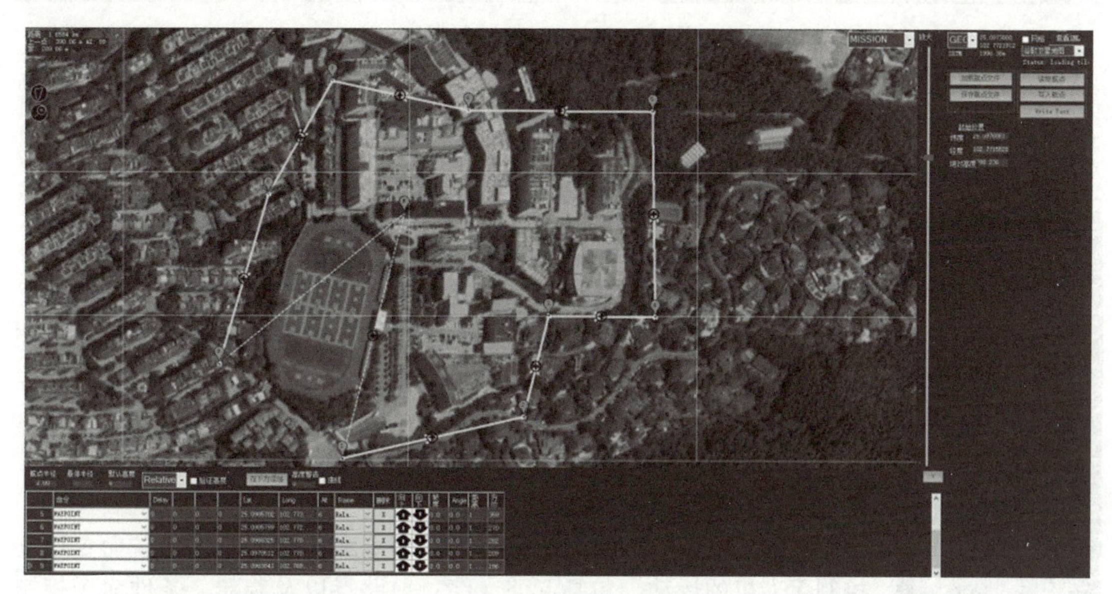

图 1-5-41　飞行计划界面

(1)航线规划区域

航线规划区域位于飞行计划界面的中心位置，占据整个界面的 80%，当然，区域的范围是可以调整的。在航线规划区域内点击鼠标左键，便会生成航点，多个点组合起来的连线，便是航线。在航线规划区域内点击右键，将出现功能选项菜单(图 1-5-42)，可以选择插入航点、设定多边形航线、清除任务等。

删除航点
插入航点
插入曲线航点
Loiter留待
跳转
返航
降落
起飞
设定兴趣区域
清除任务
绘制多边形
极限范围
集结点
自动航点

图 1-5-42　功能选项菜单

在航线规划区域的左上角(图 1-5-43)，显示有航线的总长(距离)、与上一点的距离(上一点)和角度(AZ)以及与家的距离(家)。

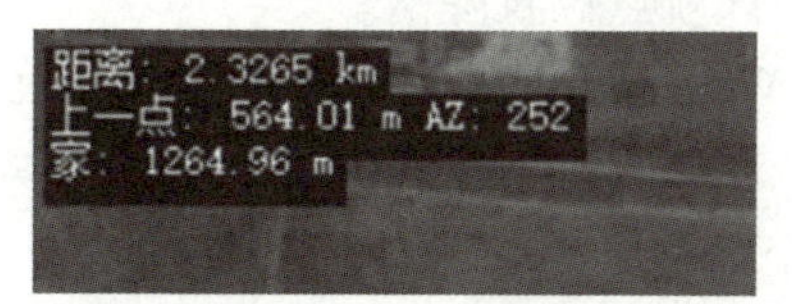

图 1-5-43　距离显示

(2)航点命令区域

飞行计划界面的下方是航点命令区域(图 1-5-44)，在航点命令区域可以为每一个航点设置动作命令、高度等。航点命令区域上部能进行航线的航点半径、盘旋半径(多旋翼无此项设置)和默认航线高度设置。

航点半径 2 悬停半径 默认高度 100 Relative 验证高度 在下方添加 高度警告 0 曲线

	命令	Delay				Lat	Long	Alt	Frame	删除	向上	向下	坡度	Angle	距离	方位
8	WAYPOINT	0	0	0	0	34.8397562	113.275...	100	Rela...	X			0.0	0.0	1...	270
9	WAYPOINT	0	0	0	0	34.8403375	113.275...	100	Rela...	X			0.0	0.0	86.0	319
10	WAYPOINT	0	0	0	0	34.8407590	113.275...	100	Rela...	X			0.0	0.0	69.1	47
▷ 11	WAYPOINT	0	0	0	0	34.8421563	113.268...	100	Rela...	X			0.0	0.0	6...	283

图 1-5-44 航点命令区域

在该区域的航点菜单栏中能分别设置航点序号、航点命令、命令值、经纬度、航点高度，删除航点、移动航点，修改无人机的坡度、角度、距离、方位。通过设置这些参数，对每个航点进行规划，才能保障无人机飞行的安全、稳定。

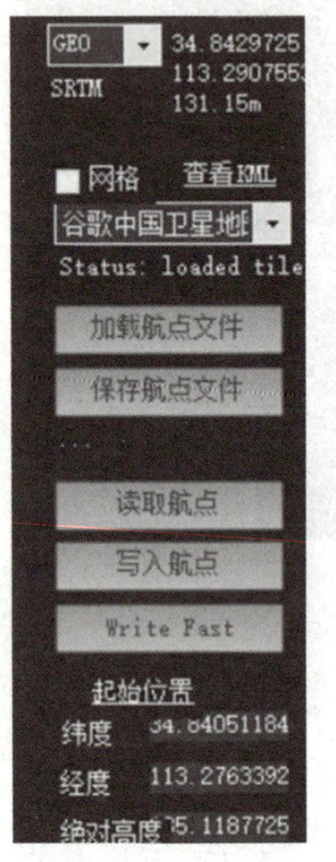

图 1-5-45 航线功能区域

(3)航线功能区域

飞行计划界面右侧是航线功能区域(图 1-5-45)。在此区域最上方可以调整地图坐标信息的显示格式和地图的显示样式；中部是航点文件加载区，可以添加提前画好的航点数据，也可以保存目前的航点文件；下部主要进行航点的重新读取和把航点写入到飞控中，在起始位置处可以通过直接填写经纬度进行起始点设置。

5.4.3.4 航点命令

在航线中，航点的命令分为导航命令和条件命令。导航命令用于控制无人机的运动，包括起飞、绕过航路点以及着陆。条件命令控制 DO 命令的执行，如条件命令可以阻止基于时间延迟的 DO 命令的执行，直到无人机处于某个高度或距下一个目标位置指定距离为止。

(1)导航命令

①WAYPOINT 导航到指定位置，可以理解为到达这里。

②TAKEOFF 起飞，应该为航线中的第一个命令。

③LOITER_ UNLIM 不限时悬停在指定位置(在此位置盘旋)。

④LOITER_ TURNS 在指定的位置盘旋指定的圈数。

⑤LOITER_ TIME 在指定的位置悬停(盘旋)指定时间。

⑥RETURN_ TO_ LAUNCH 返回起飞位置。

⑦LAND 在该航点位置降落。

⑧SPLINE_ WAYPOINT 使用样条路径导航到目标位置。

⑨GUIDED_ ENABLE 启用 GUIDED 模式，可将控制权移交给外部控制器。

(2)条件命令

①DO_ JUMP 跳转到任务列表中的指定命令，可以在继续执行任务之前指定跳跃命令重复的次数，也可以无限期重复该跳跃命令。

②MAV_ CMD_ CONDITION_ DELAY 到达航路点后，将下一个条件 DO 命令的执行延迟指定的秒数(如 MAV_ CMD_ DO_ SET_ ROI)。

③MAV_ CMD_ CONDITION_ DISTANCE 延迟下一个 DO 命令的启动，直到无人机到达下一个航点的指定米数之内。

④DO_ CHANGE_ SPEED　更改无人机的目标水平速度和/或油门。更改将一直使用，直到再次明确更改或重新启动设备为止。

⑤DO_ SET_ HOME　将原位置设置为当前位置或命令中指定的位置。对于 SITL(回路软件)工作，此处的高度输入需要参考绝对高度，并考虑 SRTM(航天飞机雷达地形测绘)高度。

⑥MAV_ CMD_ DO_ SET_ CAM_ TRIGG_ DIST　以固定的距离间隔触发相机快门。

⑦DO_ PARACHUTE　触发降落伞的任务命令。

5.4.3.5　模拟界面

MP 地面站软件的模拟界面如图 1-5-46 所示，主要功能为进行各种机型无人机的场景模拟。进行场景模拟需要先对无人机机型进行选取，然后选择好无人机结构类型，即可进入模拟界面。在此界面可以进行航线的预规划，航点命令或无人机飞行模式练习等模拟操作。

图 1-5-46　模拟界面

5.5　调试和维护无人机

调试和维护无人机

5.5.1　组装无人机的设备调试

调试是指在开机工作之前对设备进行试运行，并根据使用要求对设备相关运行参数进行调整，使设备达到最佳运行状态的一系列操作。调试一般又可分为硬件调试和软件调试。对于无人机而言，硬件调试是对设备的连接、安装、运行情况进行检查，即飞行动力系统调试；软件调试是对含有控制计算芯片的设备使用特定软件进行运行参数调整即飞行控制系统调试。

(1)飞行动力系统调试

无人机的飞行动力系统包括动力电池、电调、电机和螺旋桨。在飞行前要保证电池电力充足、电调连接及运行正常、电机运行及转向正常、螺旋桨连接稳固。如何进行动力系统的调试已经在单元 2 中详细介绍过，如检查锂电池电压、电调行程校准、电机转向调试等，这里不再赘述。

(2)飞行控制系统调试

无人机的飞行控制系统一般由机载飞控板、通信链路、地面站构成。

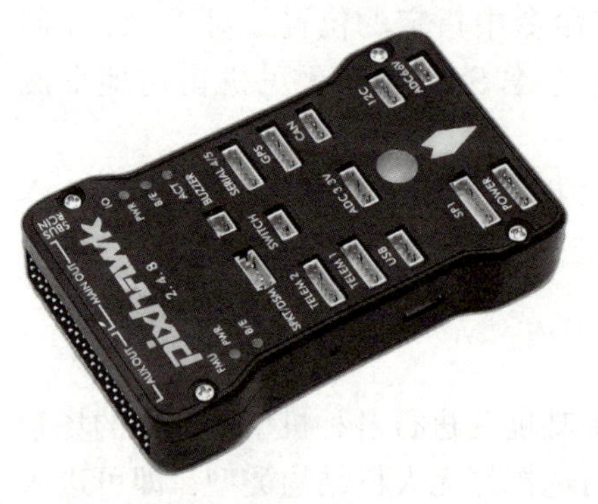

图 1-5-47　开源飞控 Pixhawk 2.4.8

①机载飞控板　机载飞控板主要功能是自动保持飞机的正常飞行姿态，一般由 MCU 核心计算模块、传感器模块(IMU、指南针、气压计、GPS、光流传感器等)、供电模块、通信模块等组成，相当于无人机内置的微型计算机。机载飞控板也简称为飞控，相当于无人机的“大脑”。现在市面上的主流飞控可以分为开源飞控和商业(闭源)飞控两种。训练调试时使用的主要是开源飞控 Pixhawk 2.4.8(图 1-5-47)。

②通信链路　无人机是通过无线电波传输控制信号的，因此，正常控制无人机需要依赖无人机上的通信链路设备。无人机的通信链路设备包括机载部分和终端部分。机载部分包括射频接收机、射频发射机以及连接接收机、发射机和系统其他部分的调制解调器。终端部分包括地面终端、卫星终端和中继终端。地面终端主要是指地面控制站和地面信息处理终端，卫星终端主要是使用 GPS 设备为无人机提供精确的导航位置信息，通过中继终端的中转可以让无人机飞得更远。

③地面站　地面站即地面控制终端，是一种通过无线电波与无人机进行通信联系的设备。无人机地面站是整个无人机系统中非常重要的组成部分，是地面操作人员直接与无人机交互的渠道。它具备任务规划、任务回放、实时监测、数字地图、通信数据链在内的集控制、通信、数据处理于一体的综合能力，是整个无人机系统的指挥控制中心。地面站一般包含飞行控制装置(遥控器)、数据收发装置(数传、图传电台)、数据显示与处理装置(台式计算机、笔记本电脑、手机、平板电脑等)。这些装置可以分散组装，也可以集成在1 个设备中。

5.5.2　无人机组装常见故障

无人机常见故障一般分为硬件故障和软件故障两种，在实际操作中需要对设备故障原因进行分析后才能进行维修和故障排除。一般使用商业飞控的无人机故障率较低，而使用开源飞控的训练用组装无人机则可能出现各种故障。

因为飞控的种类较多，不同品牌、类型的飞控在调试方法上有所不同，如大疆、极飞等商业飞控一般只提供简单的校准、功能设置等方面的调试，无法进行更加定制化的调试，但是相对普通使用者来说较为简单，且商业飞控的故障率较低，一般无须过多调试。而开源飞控开放的调试功能较多，较为复杂，一般需要比较专业的知识才能完成，且开源飞控故障率较高，每次飞行前都需要进行复杂的检测和调试才能保证正常飞行。

5.5.3　进行调试前准备

下面以装载有 Pixhawk 飞控的 F450 训练机为例对调试前准备工作进行介绍，除了组装好且调试好动力系统的主机外，还需要准备调试软件、调试计算机。

(1)调试软件

调试软件是指飞控调试软件，不同类型、品牌的飞控都有相应调试软件，但调试软件的功能有所区别，如开源飞控一般能够对大部分无人机飞行参数进行调整，而商业飞控一般只开放部分功能(如功能切换、传感器校准、遥控器校准等)的调整，核心算法及参数无法调整。这些飞控调试软件一般可以在其官方网站上下载。

Pixhawk 飞控系统可以使用 Mission Planner 地面站软件进行调试，此款地面站软件已经在“5.4 地面站”中进行过基本介绍，本处主要介绍调试功能的使用。除了 Mission Planner 地面站软件外，Pixhawk 飞控还可以使用 QGroundControl(QGC)地面站软件进行调试，也可以使用手机地面站软件进行调试。

(2)调试计算机及设备

调试软件一般安装在计算机中，因一般无人机需在户外运行，建议使用笔记本电脑、平板电脑或者手机等移动设备进行调试。调试时需要将计算机与飞控设备进行通信连接，包括有线连接和无线连接。有线连接需要准备一条较长的 MicroUSB 数据线，无线连接需要准备相应的数据传输设备。

5.5.4　调试操作流程

(1)连接飞控

在使用飞控之前需要进行检查，检查的内容包括 TF 内存卡、外置通信接口是否损坏，以及外观是否有撞击痕迹等(图 1-5-48)。飞控系统调试一般是对飞控的传感器模块进行校准，并且根据飞行状态对飞行参数进行合理设置。

飞控调试一般包括机载调试和非机载调试两种方式。机载调试就是将飞控固定在组装好的无人机套件上进行调试，这种调试比较直观，可以直接观察到飞控与无人机的其他组件连接和运行的状态，飞行前均采用这种方式进行调试。非机载调试时将飞控组件单独进行基础调试，通过基础调试保证飞控能够正常运行，一般在固定安装飞控之前进行。

采用非机载调试对飞控进行基础性调试时，首先使用 MicroUSB 数据线将飞控与计算机连接(图 1-5-49)。在计算机上打开 Mission Planner 软件，右上角区域可通过下拉选择

图 1-5-48　检查飞控 TF 卡

图 1-5-49　飞控组件直连计算机

连接的串口号和波特率(图 1-5-50)，串口号连接后会自动识别并显示，USB 为 115200(或者 9600)，数传电台为 57600，点击“连接”按钮后会显示“Mavlink 正在连接”。一般在 30s 内会连接成功，但是断开连接后可能会导致超时连接失败情况，这个时候可以通过关闭软件、拔出数据线、重新选择串口和波特率等方式重新进行连接，直到成功为止。连接后显示绿色的“断开连接”，表示连接成功(图 1-5-51)。

图 1-5-50　飞控连接计算机

1. 选择串口，连接后会自动显示；2. 选择波特率，使用 USB 连接需选择 115200 或 9600；
3. 点击连接，如连接不成功，需刷新为适配的固件或重启飞控

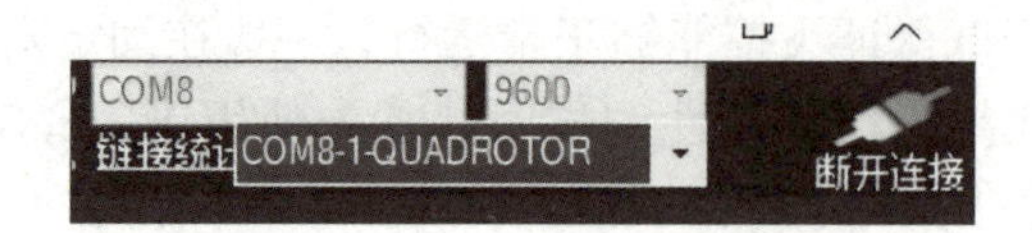

图 1-5-51　飞控连接成功

(2)安装飞控固件

飞控固件是飞控板 MCU 核心运算器中的主运行程序，也就是设备驱动程序。由于使用的是开源飞控 Pixhawk 2. 4. 8 版本，因此需要使用对应版本的飞控固件。这里需要注意的是，并不是越新的固件越好，新固件对应的是新的飞控板，会增加部分新功能，但是在旧的飞控板中无法使用，且稳定性较差，如无特别需要，使用飞控板对应的固件较好。

固件的更新分为自动更新和手动更新两种方式。

自动更新可以让飞控更新为最新发布的固件。首先连接飞控，但是不要点击“连接”，在“初始设置”界面找到“安装固件”选项，选择对应的固件类型，F450 为四旋翼机型，一般选择旋翼(copter)型固件，点击对应的四旋翼图标确定类型(图 1-5-52)，在弹出对话

框内确定升级，并选择最新的固件进行下载升级(图 1-5-53、图 1-5-54)，下载后将连接飞控的数据线拔出，点击“OK”后再插上开始进行固件刷新(图 1-5-55)，完成固件升级之后飞控会自动重启。由于开源飞控社区服务器问题，在固件更新过程中会出现更新失败的情况，要在确保网络通畅的情况下多尝试几次，直到成功为止。

Mission Planner 1.3.77 build 1.3.8110.38294 ArduCopter V3.6.12 (cb570c06)
ARDUPILOT
COM6
115200
1
安装固件
安装固件 Legacy
机架类型
>> 可选硬件
>> Advanced
Rover V4.5.7 OFFICIAL
Plane V4.5.7 OFFICIAL
Copter V4.5.7 OFFICIAL
Sub V4.5.0 OFFICIAL
Copter V4.5.7 OFFICIAL
Status
2
3

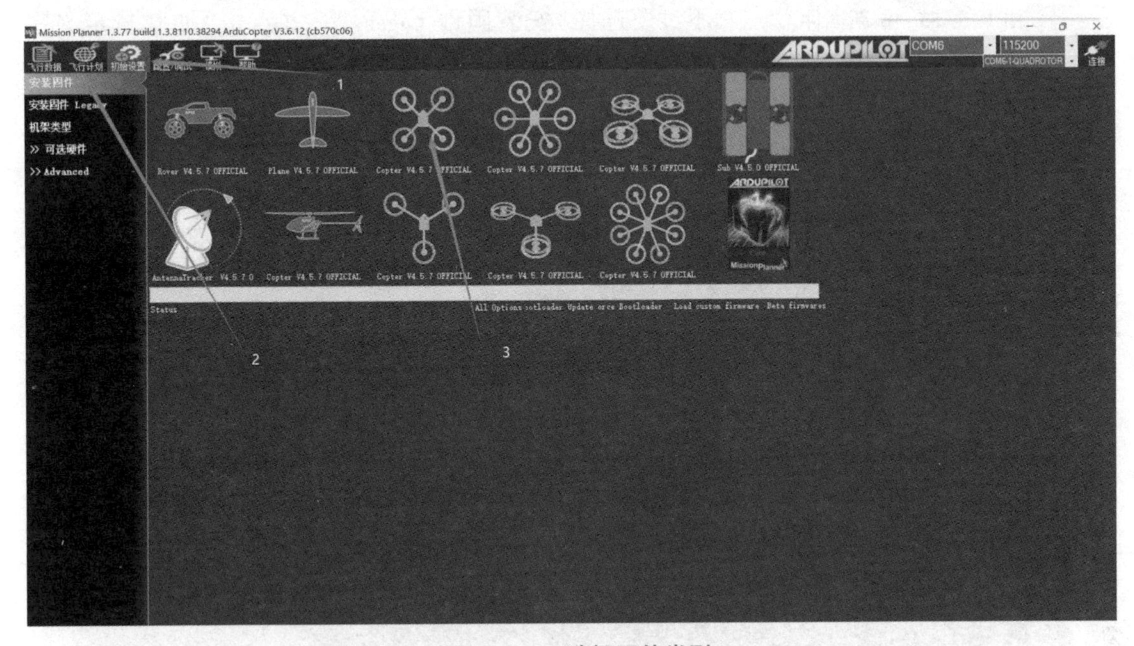

图 1-5-52　选择固件类型

1. 在未点击连接状态下点击“初识设置”按钮；2. 点击“安装固件”按钮；3. 点击对应的四旋翼飞行器图标

继续
您确认要升级到Copter V4.5.7 OFFICIAL吗?
Yes
No

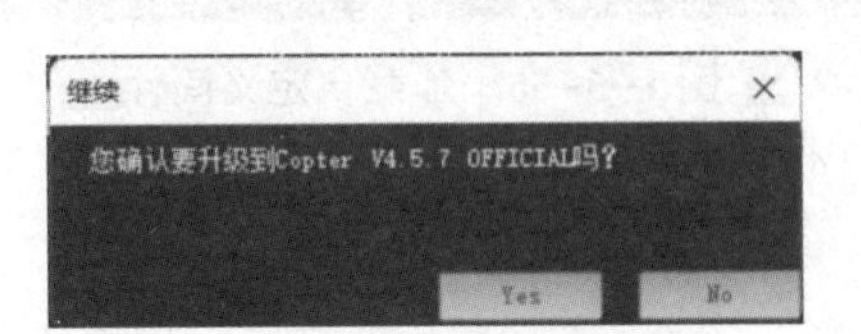

图 1-5-53　确定升级

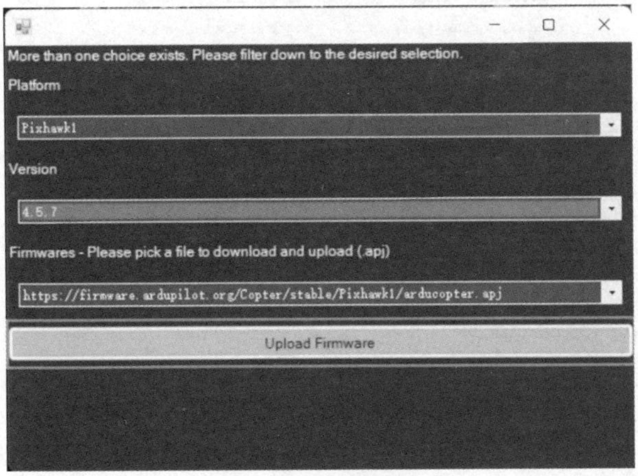

More than one choice exists. Please filter down to the desired selection.
Platform
Pixhawk1
Version
4.5.7
Firmwares - Please pick a file to download and upload (.apj)
https://firmware.ardupilot.org/Copter/stable/Pixhawk1/arducopter.apj
Upload Firmware

图 1-5-54　选择对应的固件进行下载升级

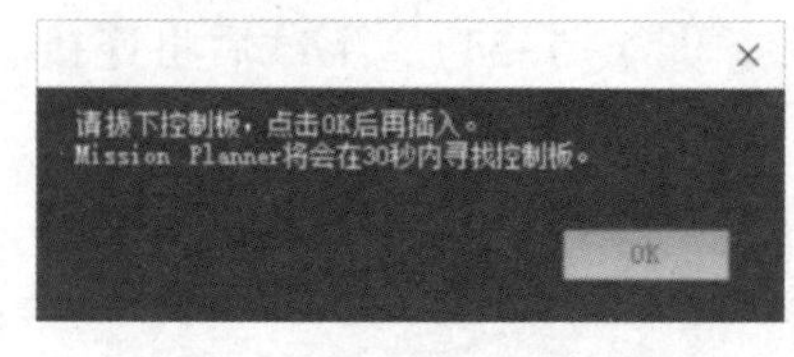

图 1-5-55　刷新固件

如果刷新到最新固件后出现无法连接的情况，说明所升级的固件与飞控板不匹配，需要还原到旧的稳定固件，这就需要采用加载旧固件的操作方法进行固件更新。手动更新同样是在接线后不点击“连接”的情况下进行，不过要选择“安装固件 Lagecy”，并点击“加载自定义固件”选择固件进行升级(图 1-5-56)。选择的固件需要是在开源飞控官网提前下载好的对应的稳定固件文件，Pixhawk 2.4.8 飞控版本一般选择对应后缀为“. px4”的飞控固件(图 1-5-57)。

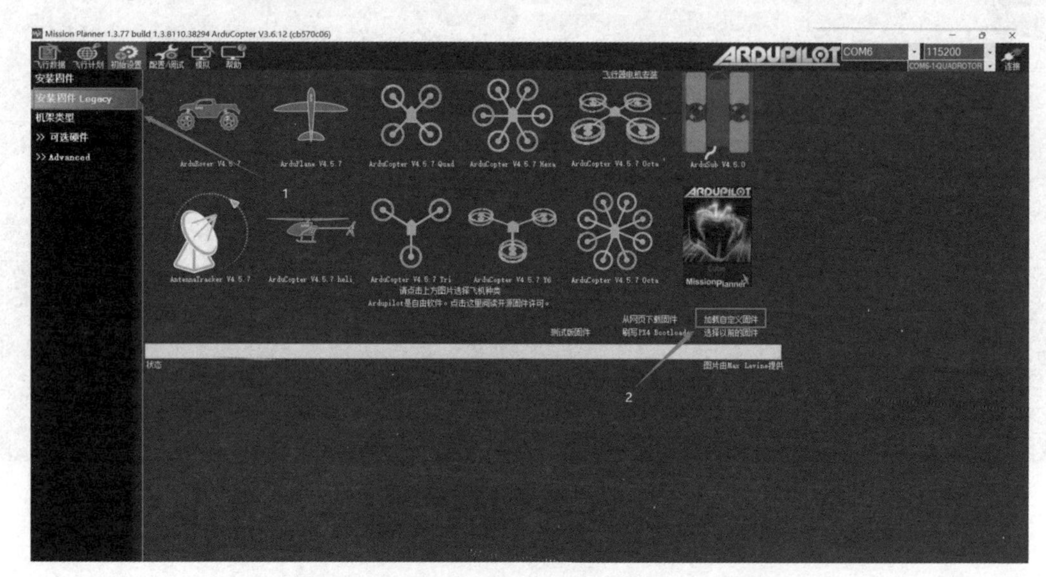

图 1-5-56　加载自定义固件

1. 点击“安装固件 Legncy”；2. 点击“加载自定义固件”

名称	修改日期	类型	大小
ArduCopter-v2-3.6.5.px4	2023-06-12 22:52	PX4 文件	901
ArduCopter-v2-3.6.7.px4	2023-06-12 22:53	PX4 文件	901
ArduCopter-v2-3.6.10.px4	2023-06-12 22:52	PX4 文件	904
ArduCopter-v2-3.6.11.px4	2023-06-12 22:54	PX4 文件	906
ArduCopter-v2-3.6.12.px4	2023-06-12 22:52	PX4 文件	906
ArduCopter-v4 -3.4.6.px4	2023-06-12 22:49	PX4 文件	845

文件名(N):　Firmware (*.hex;*.px4;*.vrx;*.
打开(O)　取消

图 1-5-57　选择自定义固件文件

5.5.5　必要硬件校准调试

飞控在正常使用前需要对主要的硬件传感器模块进行校准设置，从而保证飞控的正常运行。这些硬件模块关系到飞行器的安全稳定运行，因此必须进行调试，一般在重新组装、炸机维修、固件刷新后均要对这些硬件进行校准调试。

（1）IMU 校准

IMU 是飞控的惯性导航模块，一般包含陀螺仪和加速度计，是旋翼机保持稳定悬停和飞行的主要传感器模块。在软件中一般是通过加速度计校准来平衡 3 个轴方向的。加速度校准一般在飞控安装固定到飞行平台以后进行较为合适，在确保自驾仪安装位置稳定水平的情况下也可以在安装之前进行校准。

首先在调试软件中选择“必要硬件”→“加速度计校准”，包括“校准加速度计”和“校准水平”等功能选项，一般只选择“校准加速度计”即可，其中包含了水平校准（图 1-5-58）。加速度计校准包括水平正面朝上（level）、左侧朝下（left）、右侧朝下（right）、前方箭头朝下（nosedown）、前方箭头朝上（noseup）、水平背面朝上（back）6 个校准步骤（图 1-5-59）。注意在进行校准操作时需要以飞控的前方箭头作为参照，安装固定时飞控箭头与飞行器前方保持一致。在操作无人机的过程中如果出现了猛烈撞击或炸机的情况，会造成飞控加速度计不准，导致飞行器走偏，这时候则需要重新校准加速度计才能继续飞行。

（2）指南针校准

指南针校准用于指南针（磁罗盘）的校准，因为不同的环境磁场干扰程度不同，一般每次更换起飞地点都需要对无人机指南针进行校准，从而获取真实的地磁感应。使用 Pixhawk 飞控一般需要进行内置罗盘（飞控内部自带指南针）和外置罗盘（外置 GPS 内的指南针）校准。要求指南针的机头指向保持一致，否则会出现校准失败的情况。校准时可以对飞控指南针单独进行校准，也可飞控和 GPS 的指南针一起校准，但是在室内 GPS 无信号可能会出现 GPS 指南针不正常的情况而导致无法解锁。GPS 要按照要求与自驾仪进行连接，亮蓝灯后说明已经开始工作。

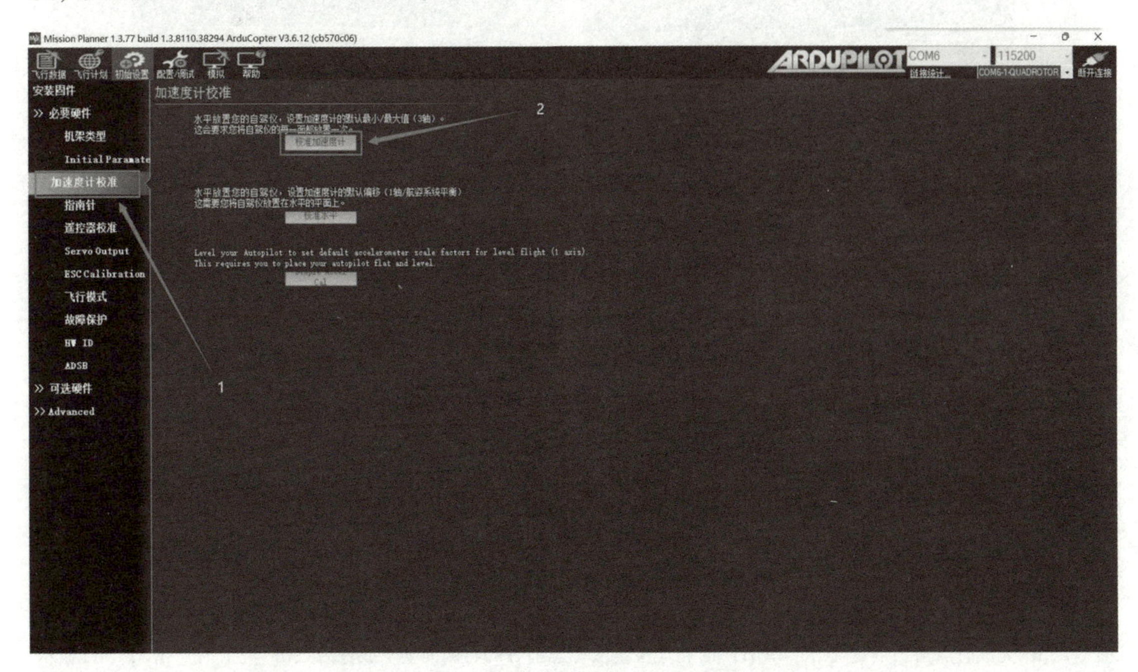

图 1-5-58 “加速度计校准”界面

1. 在初始设置界面点击“加速度计校准”按钮；2. 点击“校准加速度计”按钮

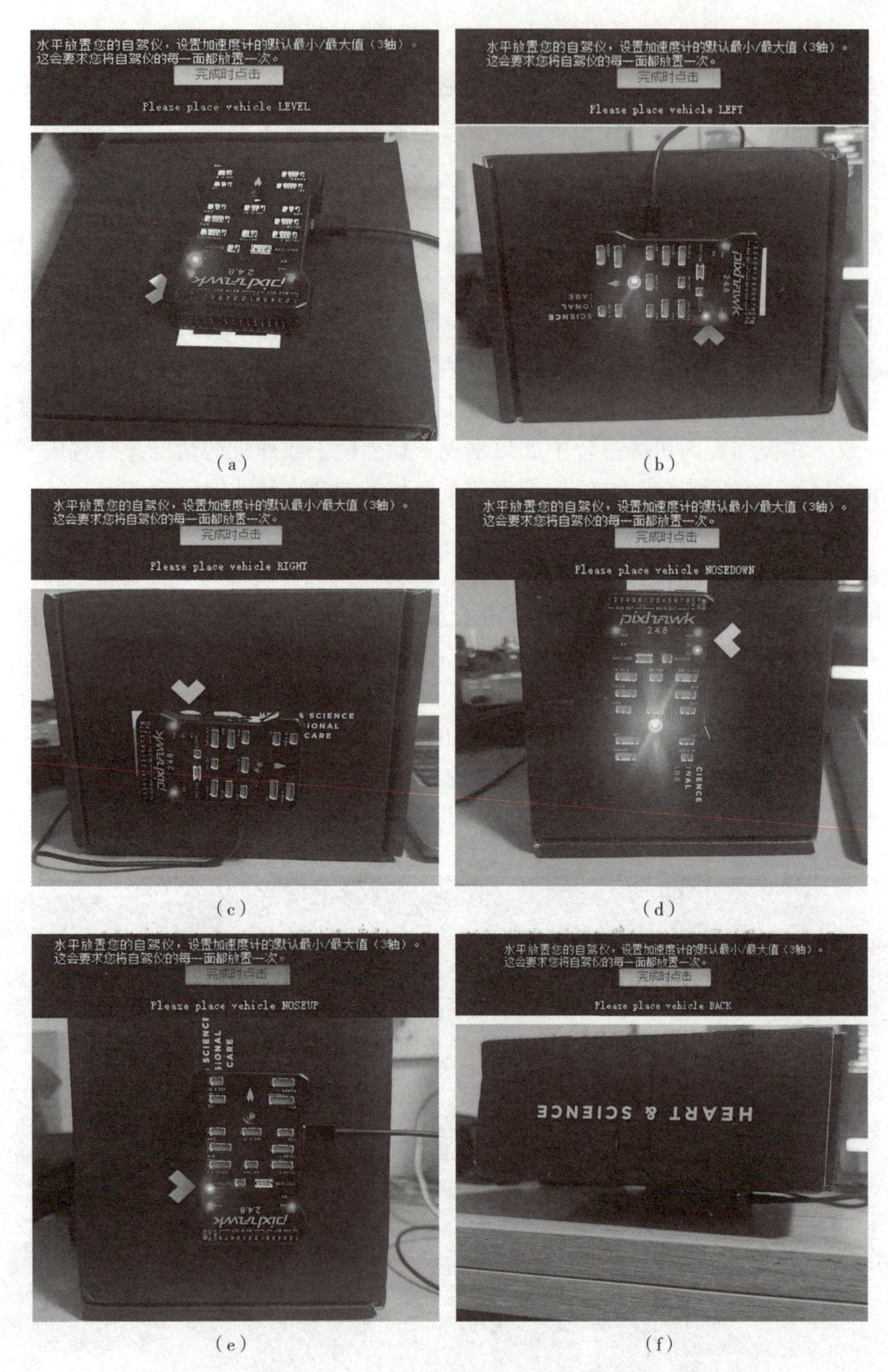

（a）　（b）　（c）　（d）　（e）　（f）

图 1-5-59　“加速度计校准”操作步骤

(a)显示“LEVEL”时将飞控水平放置后点击“完成时点击”；(b)显示“LEFT”时将飞控箭头标志前方的左侧面朝下放置后点击“完成时点击”；(c)显示“RIGHT”时将飞控箭头标志前方的右侧面朝下放置后点击“完成时点击”；(d)显示“NOSEDOWN”时将飞控箭头标志前面朝下放置后点击“完成时点击”；(e)显示“NOSEUP”时将飞控箭头标志前面朝上放置后点击“完成时点击”；(f)显示“BACK”时将飞控正面朝下放置后点击“完成时点击”

指南针校准操作流程如下。在“必要硬件”→“指南针”中进行校准，指南针 1(Mag 1)为外置 GPS 内的指南针，需要勾选外部安装(图 1-5-60)。将飞控或 GPS 进行不同方向的旋转改变角度和位置，让指南针充分感受周边地磁场直到校准自动完成。外置指南针校准时，注意旋转速度要适中，不要使数据线脱离，如果 Mag 1 长时间无法校准成功，可以换一个外置指南针再次进行校准，直到成功为止。校准后的 GPS 指南针才可以让无人机正确进行航线规划、定点悬停等相关自动驾驶操作。

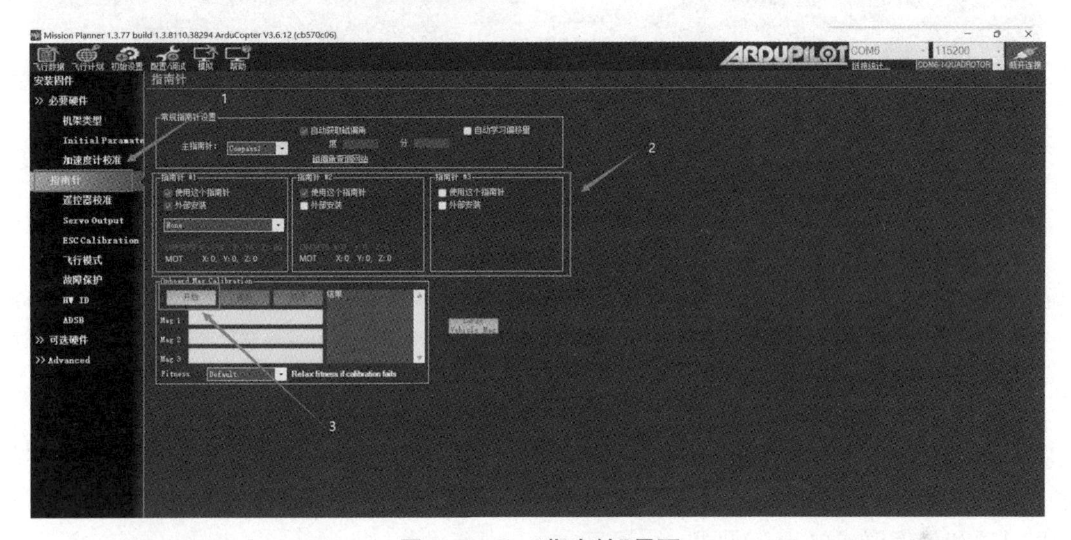

图 1-5-60 “指南针”界面

1. 在“必要硬件”中选择“指南针”；2. 在“指南针#1”框中勾选“使用这个指南针”和“外部安装”，同时选择“None”类型，“指南针#2”只勾选“使用这个指南针”；3. 在“Onboard Mag Calibration”(机载指南针校准)框中点击“开始”按钮进行指南针校准

(3)遥控器校准

为了检查飞控与遥控器的通信连接是否正常，需要对遥控器进行软件校准。校准前保证遥控器与接收机对频成功，接收机与飞控正确接线。如果采用 PPM 或者 SBus 信号输出，需要在遥控器中进行信号输出设置，校准操作步骤如下。

选择“遥控器校准”→“校准遥控”，校准之前先测试遥控器 4 个通道是否对应自驾仪所定义的副翼(roll)、升降(pitch)、油门(thr)、航向(yaw)，查看舵量是否与遥控器控制的一致(图 1-5-61)。

确保遥控器和接收机电源连接并已对频，然后将所有通道分配的遥感和开关推到最大舵量。

一般分配的舵量在 925~2200，普通设置为 1000~2000(最大舵量为红线位置)，由于遥控器硬件有所差别，因此舵量有 1~50 的误差属于正常范围。完成极限舵量校准后点击“完成时点击”，完成遥控器校准。

(4)调试其他设置

一般完成机架选择、加速度校准、指南针校准和遥控器校准 4 个基础步骤，Pixhawk 飞控即可正常启动使用，其他功能无须过多调试。但是仍有部分功能设置会对操作产生一定影响。

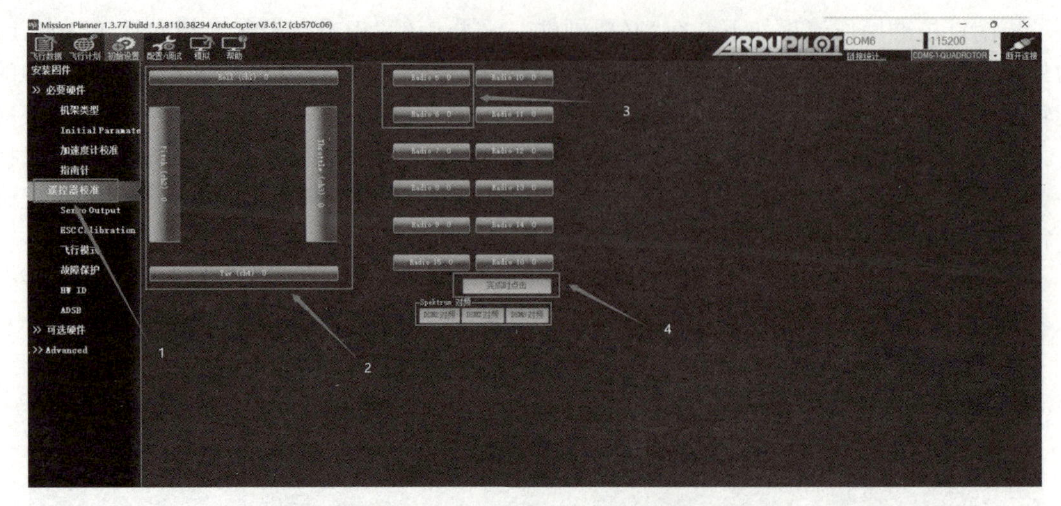

图 1-5-61 “遥控器校准”界面

1. 在“必要硬件”中选择“遥控器校准”；2. 连接遥控器后将“Roll”(副翼)、“Pitch”(俯仰)、“Throttle”(油门)、“Yaw”(航向)四个基础通道摇杆拨到最大和最小，舵量在 1000~2000 为正常；3. 在遥控器中为第五、六通道设定按钮，并检查舵量范围；4. 点击“完成时点击”完成遥控器校准

飞行模式设置可以通过遥控器上的特定按钮实现一键返航、定高悬停、气压定高、自动圆形航线、定点飞行等模式的切换，这需要结合遥控器的控制通道和实际使用条件在软件中进行设置(图 1-5-62)。对于训练机来说，一般设置自稳模式(Stabilize)、定高模式(Althold)和悬停模式(Loiter)即可。

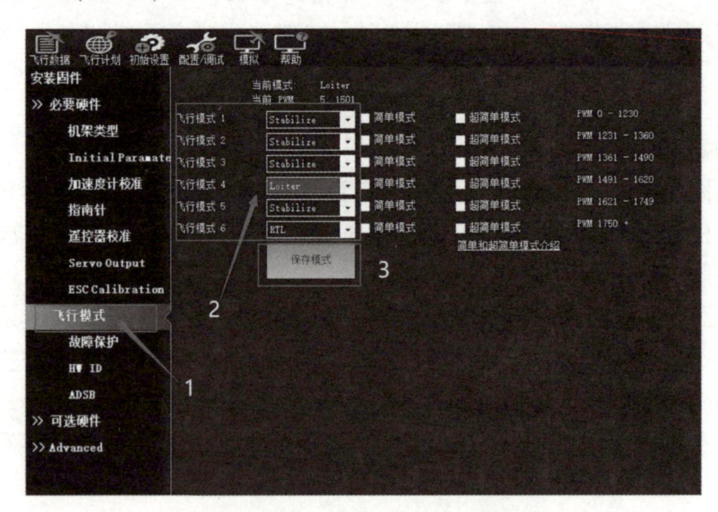

图 1-5-62 “飞行模式设置”界面

1. 在“必要硬件”中选择“飞行模式”；2. 设置“飞行模式 1”为“Stabilize”(自稳)、“飞行模式 4”为“Loiter”(留待)、“飞行模式 6”为“RTL”(返航)；3. 点击“保存模式”完成设置

通过故障保护设置可以查看遥控信号输入与电机输出信号的关系(图 1-5-63)。在实际操作中，可以通过电机输出的大小判断飞控与电调的连接是否正确。如果没有使用自动航线飞行，在操作中一般要求关闭地面站故障保护或者电子围栏，否则会出现无法解锁的情况。

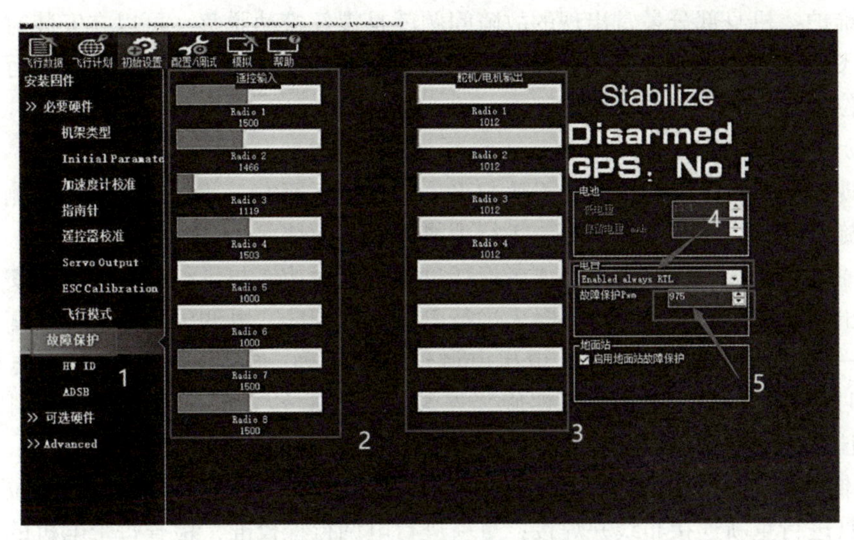

图 1-5-63　“故障保护设置”界面

1. 在“必要硬件”中选择“故障保护”；2. 连接遥控器后观察“Radio”(通道)1~6 的舵量；3. 电机通电后检查 1~4 号电机输出情况；4. 在“电台”选框选择“Enabled always RTL”(总是打开返航)；5. “故障保护 Pwm”设置失控保护舵量为“975”

(5)调试飞行控制参数设置

开源飞控可以通过软件中的“配置/调试”界面进行更为复杂和细微的调试，从而让飞行器操作更稳定，但是如果配置不当也容易出现问题。

参数设置调试一般包括 PID 控制参数，也就是通过对输入信号 P(比例)、I(积分)、D(微分)的微调让无人机更加稳定，即控制感度的调整。针对大小、设备构成、重量、快慢不同的无人机，一般都会设置有不同的 PID 参数以适应不同场景、不同操作人员的习惯。在实际调试中需要在飞行操控过程中不断尝试，慢慢找到符合的参数。

除了可以在配置和调试中看到的参数，开源飞控的调参软件还提供了全部的参数树，部分隐藏参数也可在此进行调整，如 ARMING_CHECK 参数，如果想要不通过检查全部模块项目就启动飞行器，可以将此参数调整为“0”，如果选择“全部”可能会出现飞控无法启动的情况。在出现飞控无法启动且硬件和固件均无问题的情况下，可以通过重置参数树的方式重置参数并重新校准来排除未知故障。

5.5.6　故障维修

本节以安装有 Pixhawk 2.4.8 飞控的 F450 四旋翼训练机为例说明部分常见故障及维修排障方法。

(1)机身故障

故障现象描述：飞行器飞行过程中出现抖动、异响或者机身部件脱落等情况。

故障原因分析：安装时连接部分螺丝未拧紧、未上螺丝胶、存在滑牙等；飞行过程中由于震动导致螺丝松动或者飞出；由于猛烈撞击导致连接部分损坏或者螺丝松动飞出。

故障维修方法：机身机械类故障一般采用直接更换部件的方式，每个连接部分的螺丝零件必须保证完整无缺，缺少了及时补上，损坏部分及时更换。

日常维护：机身部分最常出现的故障问题就是螺丝松动脱落，可以在安装时给螺丝上螺丝胶，飞行前对容易松动关键部分，如机臂连接处的螺丝进行加固，完成飞行训练后检查连接部位螺丝是否松动。

（2）动力系统故障

故障现象描述：飞行动力不足无法起飞、飞行器不通电、通电短路飞行器侧翻、电机过热、螺旋桨飞出、飞行续航不足、飞行中抖动过大等情况。

故障原因分析：电池电量不足或者损耗过大，电池功率与飞行器不匹配；安装时电力连接线路出现短路或者断路；安装时未进行电调行程校准，电调电机转速不平衡，电机电调型号不一致，电机转向不正确，电机电调连线不正确；电池输出功率超出电机功率阈值；安装时重心不稳，往一边偏；螺旋桨安装方向和旋转方向错误，螺旋桨固定螺帽松动；电机长时间工作过热导致动力下降。

故障维修方法：更换电量充足且适配的电池；使用万用表检查短路或断路位置并使用电烙铁工具进行重新连接布线并焊接；重新进行电调行程校准，检查每个电机的转向和转速是否正确且平衡，保证安装时电机电调型号一致且无故障，有故障的电机电调一般采用直接更换的方式进行维修；螺旋桨注意是否有缺损，缺损不大一般不会影响正常飞行，但会导致升力不平衡从而导致续航下降，需要不定时更换新螺旋桨以保证飞行状态。

日常维护：使用平衡充电器对飞行电池进行正确的充放电操作；不定期检查飞行器连接状态，检查是否有脱焊的情况。如有脱焊情况要及时补焊；更换的电调、电机要重新进行行程校准从而保证电机转向、转速一致；不在恶劣气候环境下进行飞行；飞行器不要长时间工作，通过定期休息保持电机正常工作温度。

（3）飞控系统故障

故障现象描述：飞行器无法解锁、飞行器操作不稳定、飞行过程中突然失灵、飞行器突然掉高、导航定位突然失灵、飞行器突然无法控制等情况。

故障原因分析：飞行器无法解锁一般是由于飞控调试中出现问题，需要根据具体问题分析，如加速度计未校准、指南针未校准等。尤其是指南针，每次更换起飞点均要重新进行指南针校准，否则一般无法起飞，这是大部分无人机都需要进行的常规操作，无人机在飞行前一般都要进行校准调试。在调试飞控的时候软件一般会提示故障代码，可以根据相应的故障代码进行调试设置。例如，“Compass not healthy”是指指南针不正常，需要重新校准指南针。一般调试好的飞控极少出现程序方面的故障，出现故障一般都是由于飞手错误操作、硬件故障、环境因素等导致。

故障维修方法：重新更新稳定固件，并按照标准流程完成基础校准及设置流程，如果是飞控本身硬件故障，一般直接返厂维修或者更换飞控，部分因存储卡导致的故障直接更换存储卡即可。

日常维护：一般更换起飞点后均要进行指南针校准；定期进行加速度计校准；猛烈撞击或者剧烈晃动后需要重新进行加速度计校准；更换部件后要针对部件重新进行校准设置，如 GPS、遥控器等；稳定飞行的固件无须经常性更新，保留旧版的稳定固件；PID 参数无须大幅度调整，不同的操作人员需要提高操作水平适应不同类型的无人机；经常通过软件检查飞行器运行装调，提高对飞行器性能的认知度和熟练度。

考核评价

<table>
<tr><td colspan="3">姓名：</td><td colspan="2">班级：</td><td colspan="3">学号：</td></tr>
<tr><td colspan="4">课程任务：按顺序完成无人机模拟飞行练习</td><td colspan="4">完成时间：</td></tr>
<tr><td rowspan="2">评价项目</td><td rowspan="2" colspan="3">评价标准</td><td rowspan="2">分值</td><td colspan="3">评价分数</td></tr>
<tr><td>自评</td><td>互评</td><td>师评</td></tr>
<tr><td rowspan="4">专业能力</td><td colspan="3">1. 掌握安装和使用凤凰模拟器的方法</td><td>10</td><td></td><td></td><td></td></tr>
<tr><td colspan="3">2. 在模拟器上熟练完成起降和悬停练习</td><td>10</td><td></td><td></td><td></td></tr>
<tr><td colspan="3">3. 在模拟器上熟练完成自旋和矩形练习</td><td>10</td><td></td><td></td><td></td></tr>
<tr><td colspan="3">4. 在模拟器上熟练完成单圆练习</td><td>10</td><td></td><td></td><td></td></tr>
<tr><td rowspan="2">方法能力</td><td colspan="3">1. 充分利用网络、期刊等资源查找资料</td><td>5</td><td></td><td></td><td></td></tr>
<tr><td colspan="3">2. 能够按照计划完成任务</td><td>5</td><td></td><td></td><td></td></tr>
<tr><td rowspan="2">职业素养</td><td colspan="3">1. 态度端正，不无故迟到、早退</td><td>5</td><td></td><td></td><td></td></tr>
<tr><td colspan="3">2. 能做到安全生产、保护环境、爱护公物</td><td>5</td><td></td><td></td><td></td></tr>
<tr><td rowspan="4">工作成果</td><td rowspan="4">在模拟器上完成无人机驾驶练习</td><td colspan="2">完成起降和悬停</td><td>10</td><td></td><td></td><td></td></tr>
<tr><td colspan="2">完成定高自旋 360°</td><td>10</td><td></td><td></td><td></td></tr>
<tr><td colspan="2">完成矩形航线飞行</td><td>10</td><td></td><td></td><td></td></tr>
<tr><td colspan="2">完成单圆飞行</td><td>10</td><td></td><td></td><td></td></tr>
<tr><td colspan="4">合计</td><td>100</td><td></td><td></td><td></td></tr>
<tr><td colspan="4">总评分数</td><td></td><td colspan="3">教师签名：</td></tr>
<tr><td colspan="8">总结与反思：

年　　月　　日</td></tr>
</table>

<table>
<tr><td colspan="2">姓名：</td><td>班级：</td><td colspan="4">学号：</td></tr>
<tr><td colspan="3">课程任务：完成场外飞行准备</td><td colspan="4">完成时间：</td></tr>
<tr><td rowspan="2">评价项目</td><td rowspan="2" colspan="2">评价标准</td><td rowspan="2">分值</td><td colspan="3">评价分数</td></tr>
<tr><td>自评</td><td>互评</td><td>师评</td></tr>
<tr><td rowspan="4">专业能力</td><td colspan="2">1. 学会选择合适的训练机</td><td>10</td><td></td><td></td><td></td></tr>
<tr><td colspan="2">2. 掌握场外飞行场地布置</td><td>10</td><td></td><td></td><td></td></tr>
<tr><td colspan="2">3. 熟知飞行安全操作规程</td><td>10</td><td></td><td></td><td></td></tr>
<tr><td colspan="2">4. 掌握飞行前测试步骤</td><td>10</td><td></td><td></td><td></td></tr>
</table>

（续）

评价项目	评价标准		分值	评价分数		
				自评	互评	师评
方法能力	1. 充分利用网络、期刊等资源查找资料		5			
	2. 能够按照计划完成任务		5			
职业素养	1. 态度端正，不无故迟到、早退		5			
	2. 能做到安全生产、保护环境、爱护公物		5			
工作成果	完成场外飞行检查和测试	选择正确的机型和设备	10			
		小组完成场地布设	10			
		口述飞行安全操作规程	10			
		独立完成飞行前测试	10			
合计			100			
总评分数				教师签名：		
总结与反思： 年　月　日						

姓名：		班级：	学号：		
课程任务：完成实操飞行考核			完成时间：		
评价项目	评价标准	分值	评价分数		
			自评	互评	师评
专业能力	1. 熟悉无人机驾驶证书各级别考试内容	10			
	2. 熟练完成起降和悬停练习	10			
	3. 掌握自旋和单圆飞行的方法	10			
	4. 熟练实现 8 字飞行	10			
方法能力	1. 充分利用网络、期刊等资源查找资料	5			
	2. 能够按照计划完成任务	5			
职业素养	1. 态度端正，不无故迟到、早退	5			
	2. 能做到安全生产、保护环境、爱护公物	5			

（续）

评价项目	评价标准		分值	评价分数		
				自评	互评	师评
工作成果	完成无人机驾驶证书的考核	通过起降和悬停飞行考核	10			
		完成 8 字飞行	10			
		完成植保航线飞行	10			
		飞行误差在规定范围内	10			
合计			100			
总评分数				教师签名：		
总结与反思： 年　月　日						

姓名：		班级：	学号：			
课程任务：了解地面站并掌握常用软件的使用方法			完成时间：			
评价项目	评价标准		分值	评价分数		
				自评	互评	师评
专业能力	1. 了解常见的无人机地面站及应用软件		10			
	2. 学会使用地面站软件 MP		10			
	3. 认识地面站软件 MP 的基本界面		10			
	4. 掌握软件 MP 中基本飞控参数的设置		10			
方法能力	1. 充分利用网络、期刊等资源查找资料		5			
	2. 能够按照计划完成任务		5			
职业素养	1. 态度端正，不无故迟到、早退		5			
	2. 能做到安全生产、保护环境、爱护公物		5			
工作成果	完成地面站软件的基本设置	完成地面站与飞控连接	10			
		完成基本参数设置	20			
		总结调试注意事项	10			
合计			100			
总评分数				教师签名：		
总结与反思： 年　月　日						

<table>
<tr><td colspan="2">姓名：</td><td>班级：</td><td colspan="4">学号：</td></tr>
<tr><td colspan="3">课程任务：掌握无人机调试与维护的具体方法</td><td colspan="4">完成时间：</td></tr>
<tr><td rowspan="2">评价项目</td><td rowspan="2" colspan="2">评价标准</td><td rowspan="2">分值</td><td colspan="3">评价分数</td></tr>
<tr><td>自评</td><td>互评</td><td>师评</td></tr>
<tr><td rowspan="7">专业能力</td><td colspan="2">1. 了解无人机调试的内容</td><td>5</td><td></td><td></td><td></td></tr>
<tr><td colspan="2">2. 熟悉飞控调试需要做的准备工作</td><td>5</td><td></td><td></td><td></td></tr>
<tr><td colspan="2">3. 掌握飞控的连接方法</td><td>5</td><td></td><td></td><td></td></tr>
<tr><td colspan="2">4. 掌握飞控固件的安装方法</td><td>5</td><td></td><td></td><td></td></tr>
<tr><td colspan="2">5. 掌握飞控的基础硬件校准流程</td><td>10</td><td></td><td></td><td></td></tr>
<tr><td colspan="2">6. 掌握飞控参数设置的方法</td><td>5</td><td></td><td></td><td></td></tr>
<tr><td colspan="2">7. 掌握无人机常见故障及维修保养方法</td><td>5</td><td></td><td></td><td></td></tr>
<tr><td rowspan="2">方法能力</td><td colspan="2">1. 充分利用网络、期刊等资源查找资料</td><td>5</td><td></td><td></td><td></td></tr>
<tr><td colspan="2">2. 能够按照计划完成任务</td><td>5</td><td></td><td></td><td></td></tr>
<tr><td rowspan="2">职业素养</td><td colspan="2">1. 态度端正，不无故迟到、早退</td><td>5</td><td></td><td></td><td></td></tr>
<tr><td colspan="2">2. 能做到安全生产、保护环境、爱护公物</td><td>5</td><td></td><td></td><td></td></tr>
<tr><td rowspan="4">工作成果</td><td rowspan="4">完成无人机的调试和维护</td><td>完成飞控的固件安装</td><td>10</td><td></td><td></td><td></td></tr>
<tr><td>完成飞控的基本校准</td><td>10</td><td></td><td></td><td></td></tr>
<tr><td>检查无人机的机身故障</td><td>10</td><td></td><td></td><td></td></tr>
<tr><td>检查无人机的飞控系统故障</td><td>10</td><td></td><td></td><td></td></tr>
<tr><td colspan="3">合计</td><td>100</td><td></td><td></td><td></td></tr>
<tr><td colspan="3">总评分数</td><td></td><td colspan="3">教师签名：</td></tr>
<tr><td colspan="7">总结与反思：

年　月　日</td></tr>
</table>

练习题

1. 按照要求完成模拟飞行自旋、单圆、矩形练习，并录制视频提交。
2. 外场飞行准备内容包括哪些？
3. 简述“1+X”无人机驾驶职业技能等级考试实操考试内容。
4. 按照要求完成起降、自旋、悬停、单圆、8 字等飞行训练内容。
5. 简述常见无人机地面站。
6. 简述地面站软件 Mission Planner 的主要界面内容。
7. Pixhawk 飞控一般要做哪些基本调试和参数设置？

模块2 核心技能

项目1　林草正射影像生产

项目2　林业倾斜模型生产

项目3　林草无人机灾害防治应用

项目4　林草无人机影像应用

项目5　林草无人机倾斜摄影三维模型应用

项目1 林草正射影像生产

学习目标

知识目标：

1. 掌握测区航线导入方法。
2. 掌握正射影像外业采集的正确设置方法。
3. 掌握正射影像内业的处理方法。

技能目标：

1. 能够进行测区范围的勾画，导出测区 KML 文件，并导入遥控器地面站。
2. 能够对影像进行地理配准，会测量距离和面积。

素质目标：

培养学生团队协作、脚踏实地、吃苦耐劳的精神。

任务 1-1 勾画测区范围并导入遥控器地面站

工作任务

任务描述：

为解决因部分区域在地面站上没有清晰的影像，在规划时会出现偏离测区位置的问题，本任务结合奥维互动地图软件，对所需拍摄的正射影像的实际区域进行测区范围规划，完成后导出 KML 格式的文件，并导入遥控器地面站。

工具材料：

奥维互动地图软件、读卡器、TF 卡。

任务实施

勾画测区范围并导入遥控器地面站

1. 航飞范围勾画及导出

1) 勾画范围

①启动奥维互动地图软件，点击工具条上按钮（多边形区域），点击鼠标左键进行范围勾画（图 2-1-1、图 2-1-2）。

图 2-1-1 选择多边形区域工具

图 2-1-2 范围勾画

②勾画完成后双击鼠标左键结束勾画(图 2-1-3)。

③在“名称”框里填入名称后，鼠标左键点击“添加至收藏”保存文件(图 2-1-4)。

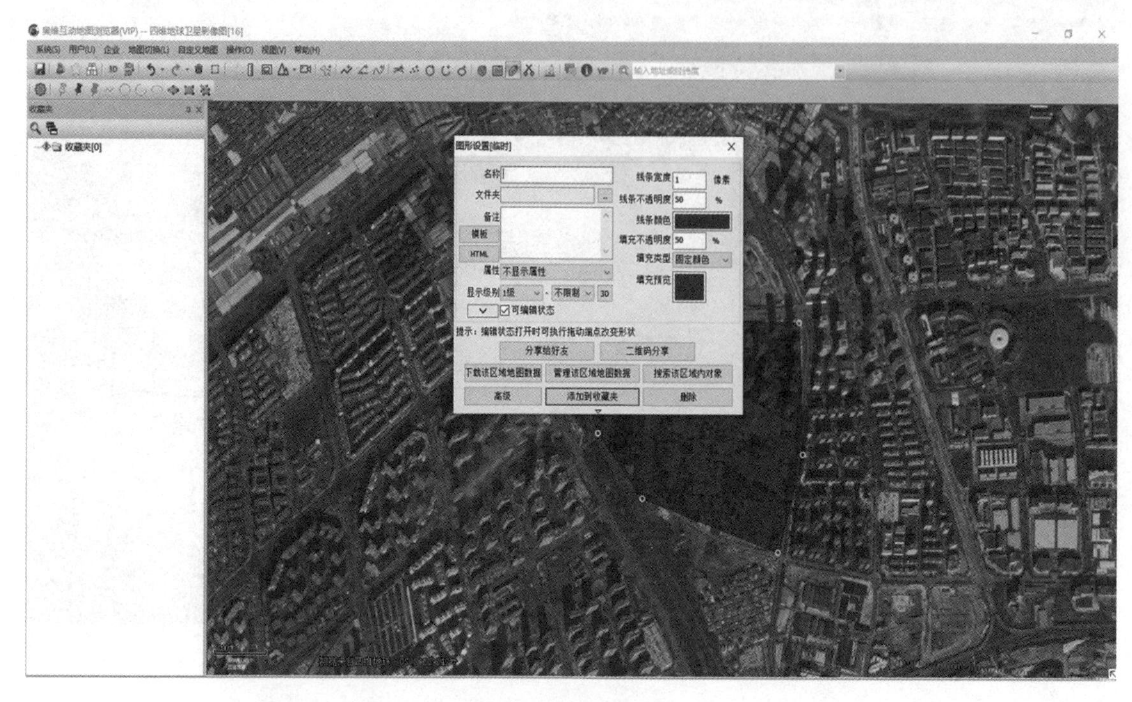

图 2-1-3 结束勾画

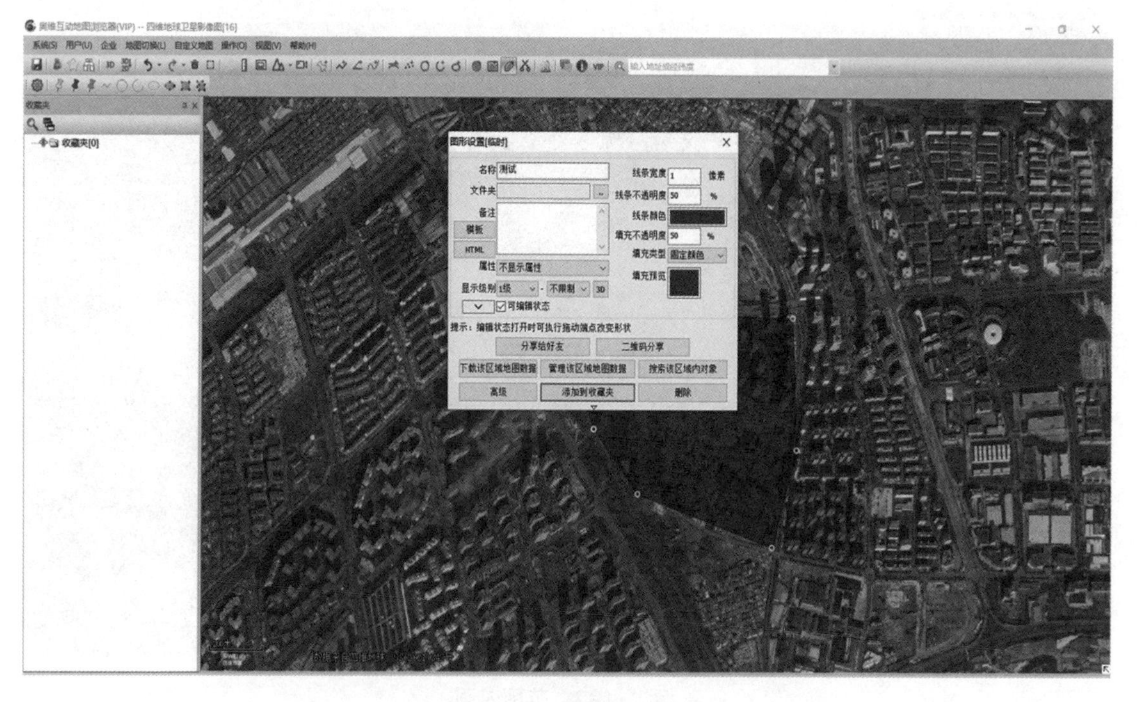

图 2-1-4 取名及保存

2) 导出范围

①点击菜单栏按钮☆(收藏夹)，查看保存的勾画范围文件(图 2-1-5)。

②鼠标左键点击选中所需要导出的范围文件，点击右键进入二级菜单(图 2-1-6)。

图 2-1-5 查看存储的勾画范围文件

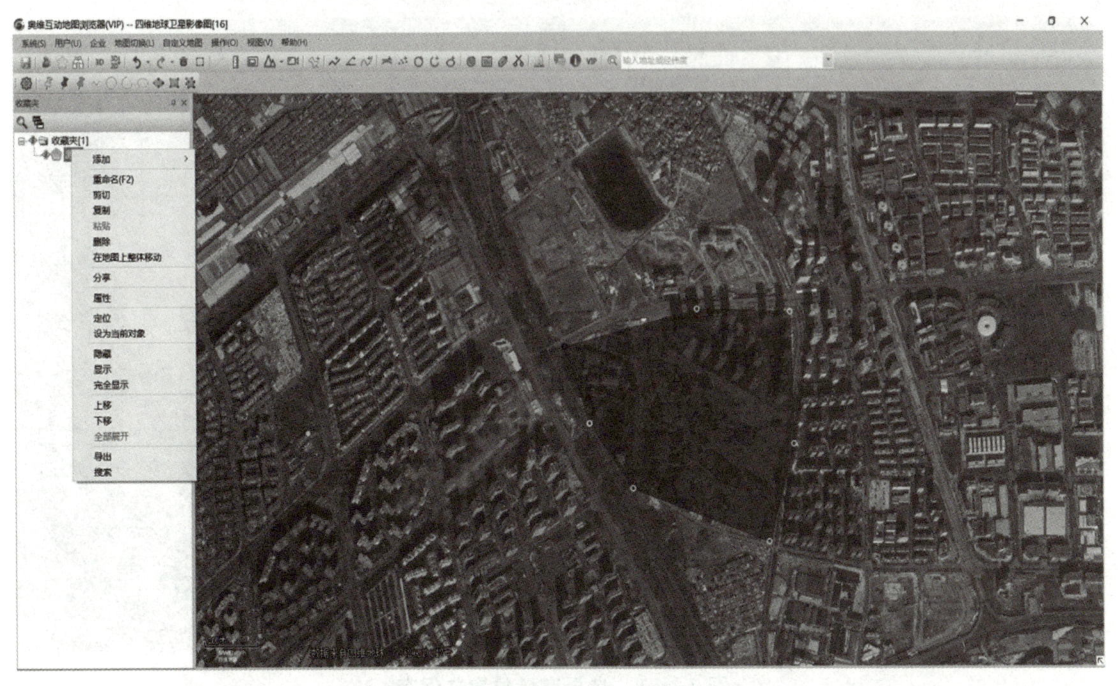

图 2-1-6 进入二级菜单

③鼠标左键点击需要导出的选项，此处选择“KML Google 地标”(图 2-1-7)，确认之后在计算机上选择相应的存储位置并命名(图 2-1-8)。

图 2-1-7　选择“KML Google 地标”

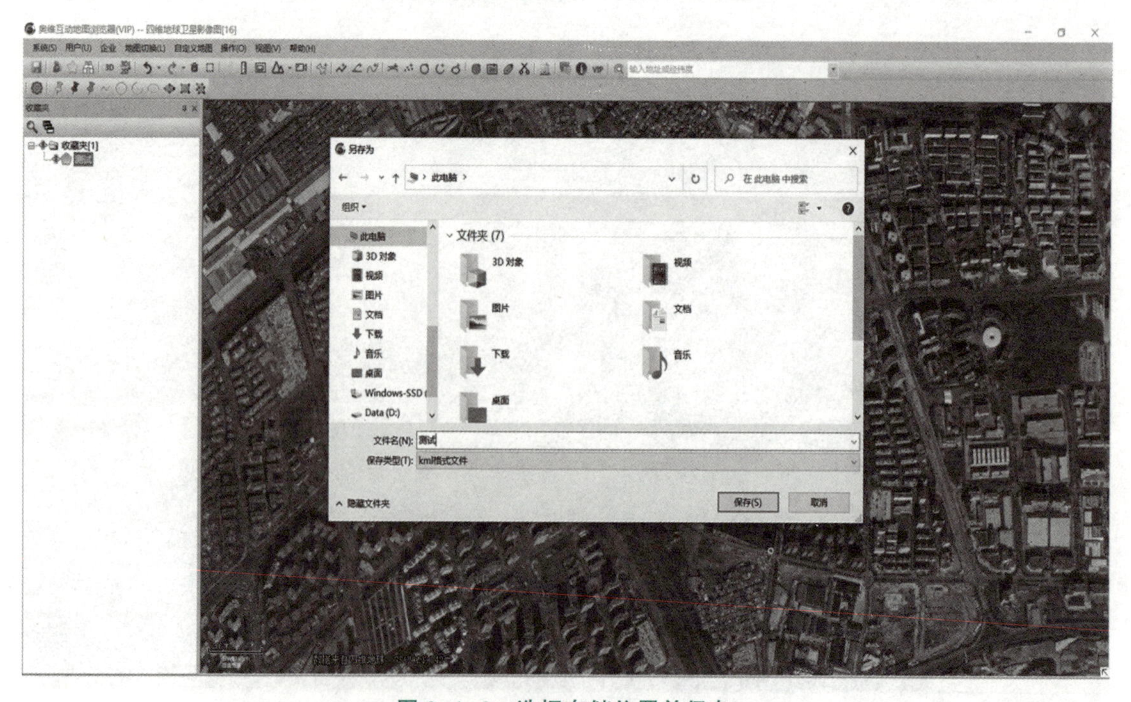

图 2-1-8　选择存储位置并保存

2. 导入遥控器地面站

1) 创建 KML 文件夹

将 TF 卡通过读卡器连接至计算机，在 TF 卡内创建名称为“DJI”的文件夹(图 2-1-9)，在“DJI”文件夹下创建名称为“KML”的文件夹(图 2-1-10)，将前面保存的测区范围文件“测试 . kml”保存至“KML”文件夹下(图 2-1-11)。

2) 将测区文件导入遥控器

以大疆 M300RTK 为例，将测区范围文件导入遥控器。

①将 TF 卡插入 M300RTK 遥控器的指定位置(图 2-1-12)。

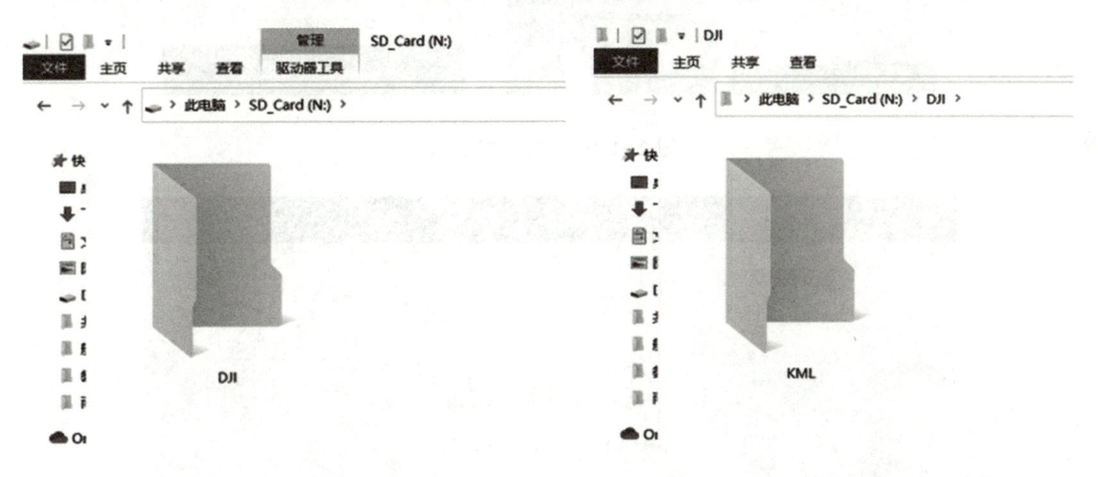

图 2-1-9　创建“DJI”文件夹

图 2-1-10　创建“KML”文件夹

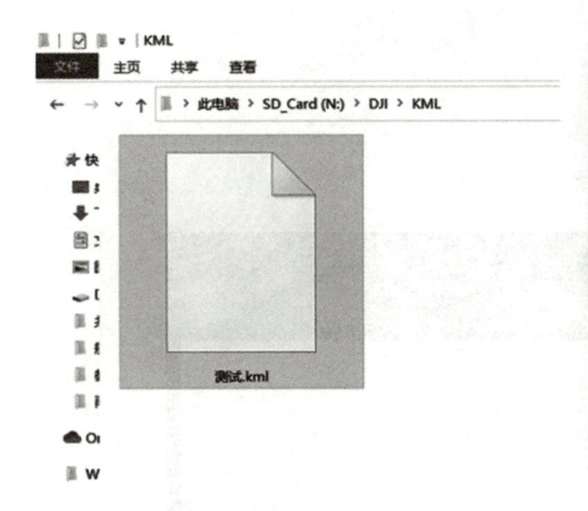

图 2-1-11　将“测试 . kml”文件存储至文件夹下

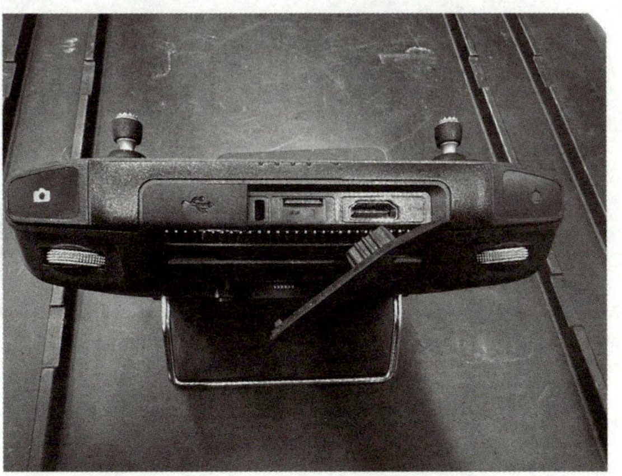

图 2-1-12　TF 卡插入指定位置

②打开遥控器，点击“航线”窗口(图 2-1-13)，选择“KMZ 导入”(图 2-1-14)，在 TF 卡内找到“DJI”文件夹下的“测试 . kml”文件(图 2-1-15)，点击该文件，选择对应的航飞模式进行导入(图 2-1-16)，最后返回“航线库”检查测区范围文件是否导入成功(图 2-1-17)。

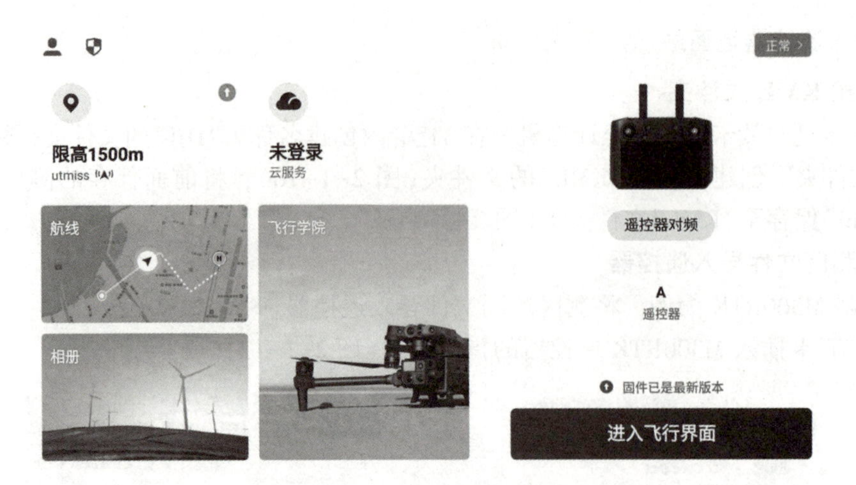

图 2-1-13 “航线”窗口

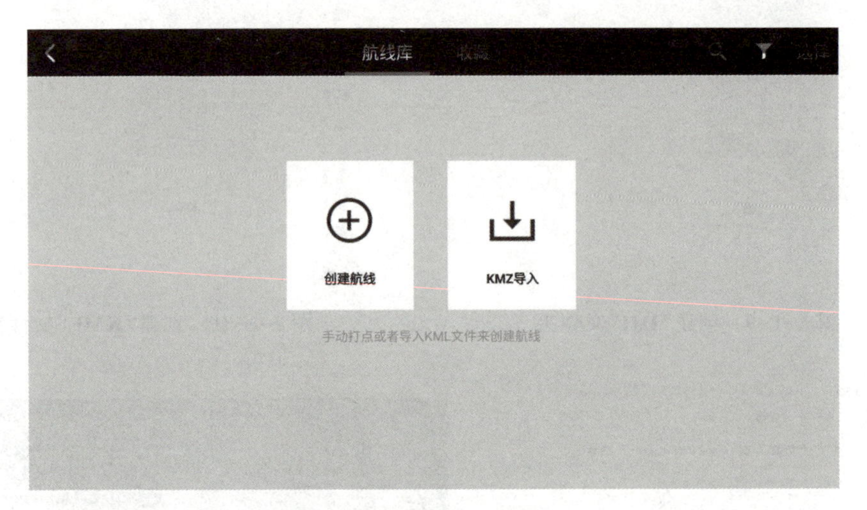

图 2-1-14 选择 KMZ 导入

图 2-1-15 找到“测试 . kml”文件

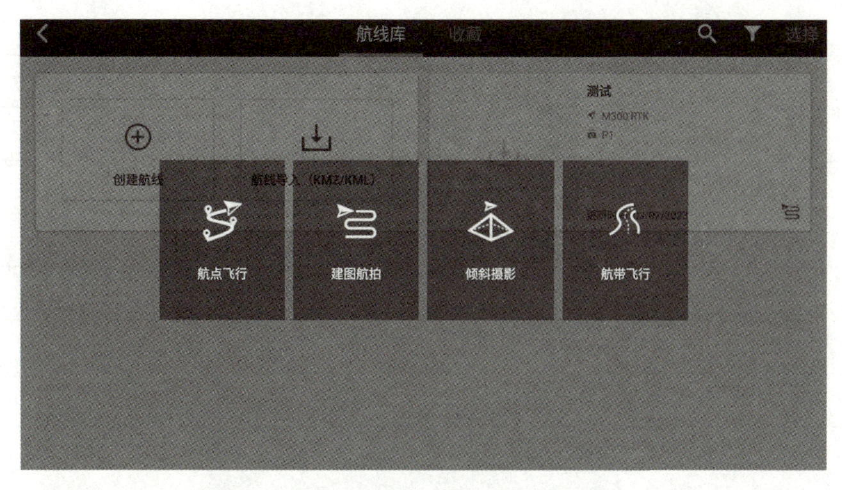

图 2-1-16　选择对应的航线模式进行导入

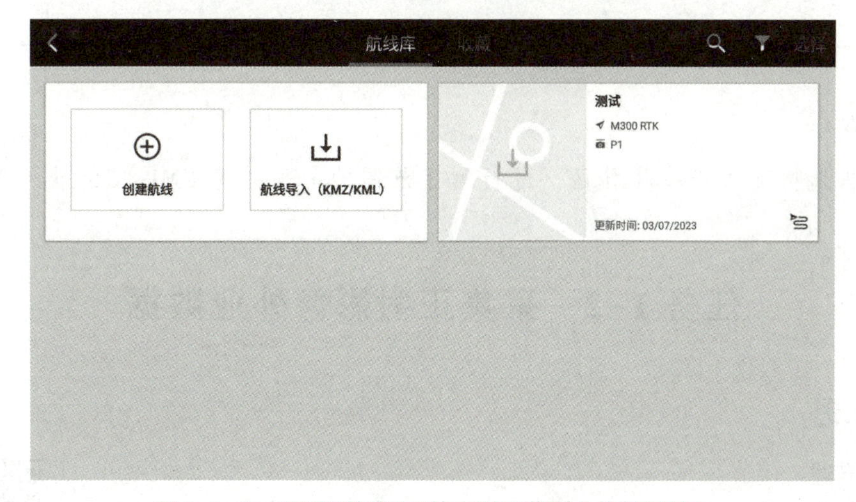

图 2-1-17　返回"航线库"检查测区范围文件是否导入

考核评价

<table>
<tr><td colspan="2">姓名：</td><td>班级：</td><td colspan="4">学号：</td></tr>
<tr><td colspan="3">课程任务：完成测区范围的勾画并导入遥控器地面站</td><td colspan="4">完成时间：</td></tr>
<tr><td rowspan="2">评价项目</td><td rowspan="2" colspan="2">评价标准</td><td rowspan="2">分值</td><td colspan="3">评价分数</td></tr>
<tr><td>自评</td><td>互评</td><td>师评</td></tr>
<tr><td rowspan="4">专业能力</td><td colspan="2">1. 能够使用软件勾画范围线</td><td>10</td><td></td><td></td><td></td></tr>
<tr><td colspan="2">2. 能够将勾画的范围线导出</td><td>10</td><td></td><td></td><td></td></tr>
<tr><td colspan="2">3. 能在 TF 卡内创建正确的文件夹</td><td>10</td><td></td><td></td><td></td></tr>
<tr><td colspan="2">4. 能将范围线正确导入地面站</td><td>10</td><td></td><td></td><td></td></tr>
<tr><td rowspan="2">方法能力</td><td colspan="2">1. 充分利用网络、期刊等资源查找资料</td><td>5</td><td></td><td></td><td></td></tr>
<tr><td colspan="2">2. 能够按照计划完成任务</td><td>5</td><td></td><td></td><td></td></tr>
</table>

（续）

评价项目	评价标准	分值	评价分数		
			自评	互评	师评
职业素养	1. 态度端正，不无故迟到、早退	5			
	2. 能做到安全生产、保护环境、爱护公物	5			
工作成果	完成测区勾画及导入	40			
合计		100			
总评分数			教师签名：		
总结与反思： 年　月　日					

练习题

根据当地情况选择一片林区，进行测区范围的勾画并将 KML 文件导入遥控器地面站。

任务 1-2　采集正射影像外业数据

工作任务

任务描述：

采集正射影像外业数据的具体方法步骤包括：地面像控点坐标采集，像控点布设，以及正射影像的采集。本任务将结合奥维互动地图软件，在对应区域完成像控点布设，并应用 RTK 移动站及无人机完成影像采集。

采集正射影像外业数据

工具材料：

奥维互动地图软件、手持 RTK 移动站一套、布基胶带、剪刀、无人机 M300RTK。

任务实施

1. 像控点布设及采集

1) 预布设及导出

①启动奥维互动地图，点击工具条上的按钮（标签），在对应的范围内进行像控点的预布设，像控点的布设遵循井字形原则(图 2-1-18)。

②将预布设文件发送至外业像控点采集人员，让其打开手机端奥维互动地图 App，根据位置参照到达相应的位置进行像控点的实际布设工作。

图 2-1-18 像控点预布设

2) 实际布设

①根据位置参照到达预布设的位置，结合现场实际情况选取合适位置进行像控点的布设，这里以 L 型标为例进行布设，布设样式如图 2-1-19 所示。

②布设像控点时，应选择合适的大小(不宜过大或过小)，位置选择空旷无遮挡处。

3) 像控点坐标采集

①将手簿与移动站进行连接，标杆高度与手簿设置高度一致。登陆 CORS 账号，选择坐标，设置采集参数进行采集。采集时标杆气泡务必保持水平(图 2-1-20)。

图 2-1-19 像控点的布设样式

图 2-1-20 采集标杆垂直水平

②采集时拍摄 3 个不同角度的照片以方便内业处理人员进行识别(图 2-1-21)。

2. 无人机组装设置及可见光照片采集

1) 组装无人机

选择合适的无人机及镜头(此教材以 M300RTK+P1 为例)，将无人机与镜头进行正确组装(图 2-1-22)。

（a） （b）

（c）

图 2-1-21 3 个不同角度的照片

(a)角度 1；(b)角度 2；(c)角度 3

图 2-1-22 无人机与镜头组装

2) 设置飞行参数

①将航飞的测区文件打开，在遥控器地面站上进行规划(图 2-1-23)。

②选择正确镜头型号及镜头焦距(图 2-1-24)。

③设置满足成果分辨率要求的飞行高度、飞行速度(图 2-1-25)。

图 2-1-23 打开测区文件

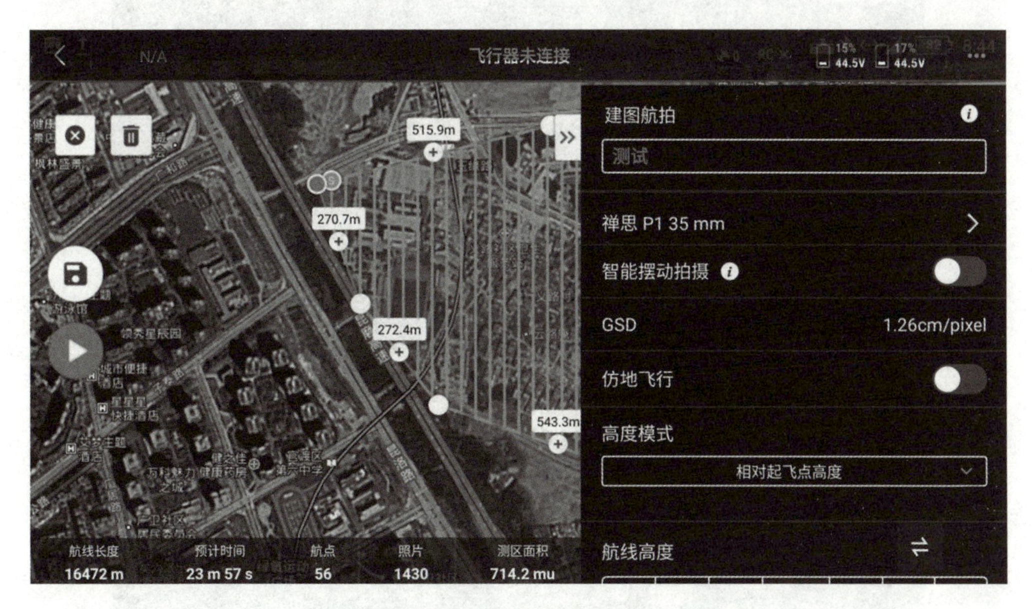

图 2-1-24 选择镜头型号及镜头焦距

④设置正确的航向重叠率、旁向重叠率及拍照模式，重叠率一般不低于 60%(图 2-1-26)。

⑤调整最优的主航线角度(图 2-1-27)。

3) 可见光照片采集

①进行实际作业之前，检查无人机外观是否有破损，各项功能是否正常，遥控器及无人机电量是否充足，相机是否插入内存卡，其他参数是否满足安全起飞条件。

②按照清单检查设置参数(图 2-1-28)，上传规划航线后(图 2-1-29)，点击“开始执行”(图 2-1-30)，使无人机进行自主采集作业。

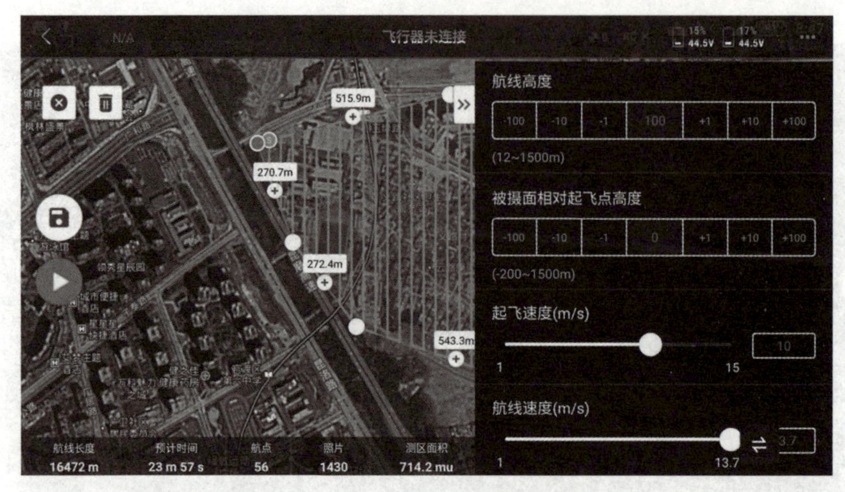

图 2-1-25　设置飞行高度、飞行速度

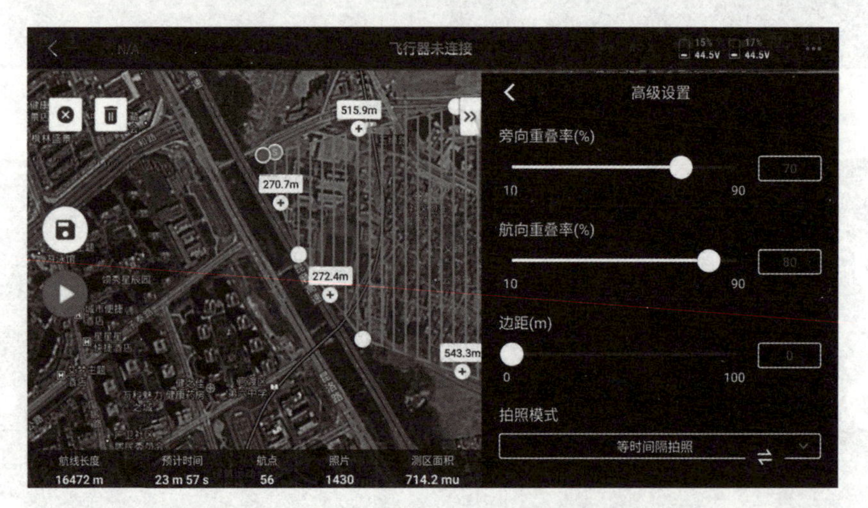

图 2-1-26　设置航向重叠率、旁向重叠率及拍照模式

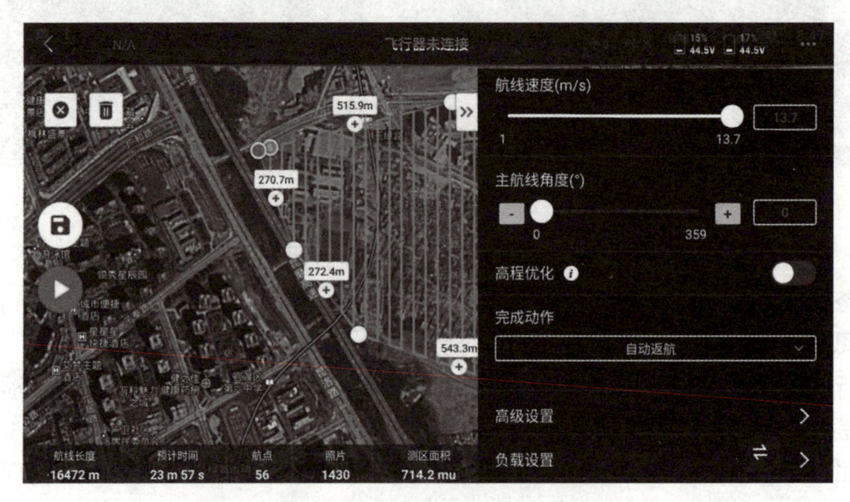

图 2-1-27　调整主航线角度

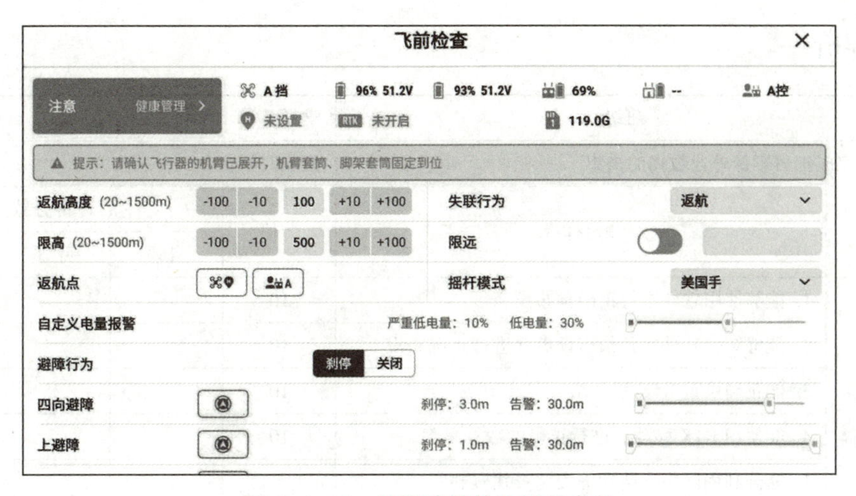

图 2-1-28　按照清单检查设置参数

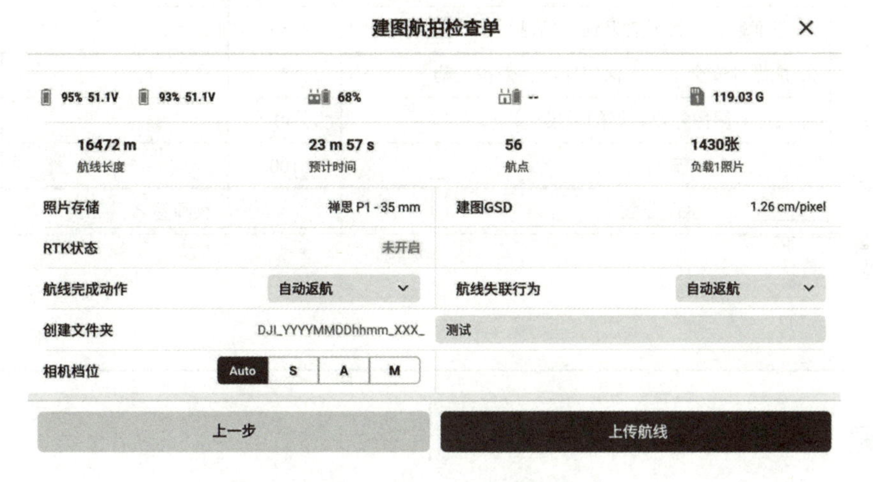

图 2-1-29　上传规划航线

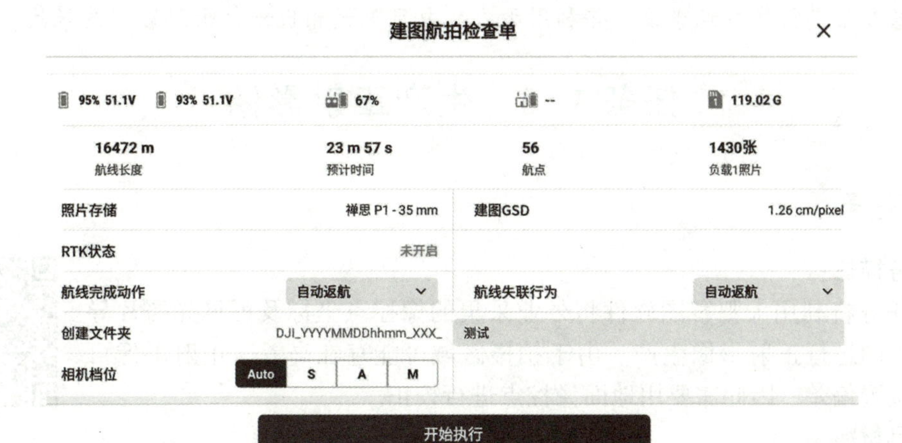

图 2-1-30　自主执行

考核评价

<table>
<tr><td colspan="2">姓名：</td><td>班级：</td><td colspan="4">学号：</td></tr>
<tr><td colspan="3">课程任务：完成正射影像外业数据的采集</td><td colspan="4">完成时间：</td></tr>
<tr><td rowspan="2">评价项目</td><td rowspan="2" colspan="2">评价标准</td><td rowspan="2">分值</td><td colspan="3">评价分数</td></tr>
<tr><td>自评</td><td>互评</td><td>师评</td></tr>
<tr><td rowspan="4">专业能力</td><td colspan="2">1. 能够使用软件进行正确预布设</td><td>10</td><td></td><td></td><td></td></tr>
<tr><td colspan="2">2. 能够结合软件找到预布设点并进行正确布设</td><td>10</td><td></td><td></td><td></td></tr>
<tr><td colspan="2">3. 能正确设置 RTK 移动站</td><td>10</td><td></td><td></td><td></td></tr>
<tr><td colspan="2">4. 能使用 RTK 移动站进行正确的数据采集</td><td>10</td><td></td><td></td><td></td></tr>
<tr><td rowspan="2">方法能力</td><td colspan="2">1. 充分利用网络、期刊等资源查找资料</td><td>5</td><td></td><td></td><td></td></tr>
<tr><td colspan="2">2. 能够按照计划完成任务</td><td>5</td><td></td><td></td><td></td></tr>
<tr><td rowspan="2">职业素养</td><td colspan="2">1. 态度端正，不无故迟到、早退</td><td>5</td><td></td><td></td><td></td></tr>
<tr><td colspan="2">2. 能做到安全生产、保护环境、爱护公物</td><td>5</td><td></td><td></td><td></td></tr>
<tr><td>工作成果</td><td colspan="2">完成正射影像外业数据的采集</td><td>40</td><td></td><td></td><td></td></tr>
<tr><td colspan="3">合计</td><td>100</td><td></td><td></td><td></td></tr>
<tr><td colspan="3">总评分数</td><td></td><td colspan="3">教师签名：</td></tr>
<tr><td colspan="7">总结与反思：

年　月　日</td></tr>
</table>

练习题

基于任务1-1中的练习成果，利用移动 RTK 基站进行地面像控点的坐标采集，正确使用布基胶带进行像控点布设，并利用无人机及可见光相机进行正射影像的采集。

任务 1-3　生产正射影像

工作任务

任务描述：

本任务将利用大疆智图软件将外业采集的像控点坐标及可见光照片导入大疆智图进行正射影像生产。由于拍摄区域可能存在高差，正射影像可能存在位置偏差，因此需要用地面像控点进行校正。

生产正射影像

工具材料：

大疆智图软件、读卡器、TF 卡。

任务实施

1. 初次计算

①打开大疆智图软件，点击左下角“新建任务”按钮(图 2-1-31)。

②选择“可见光”导入照片(图 2-1-32)。

③在大疆智图软件右上角“照片”菜单栏，选择添加照片或添加文件夹(图 2-1-33)。

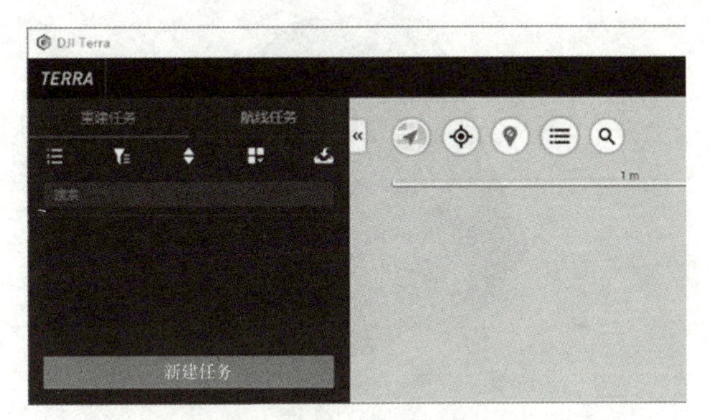

图 2-1-31　新建任务

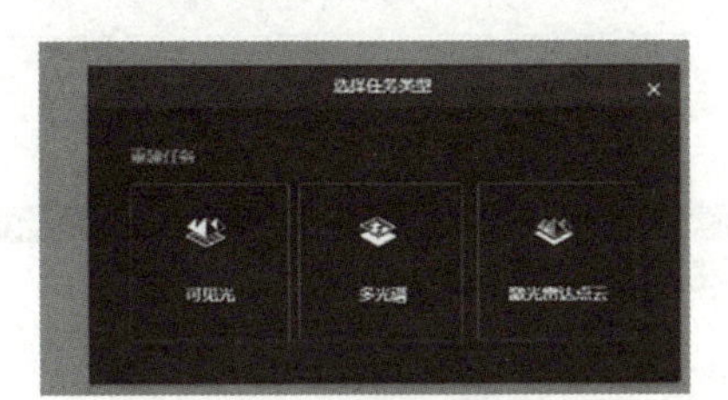

图 2-1-32　选择任务类型

图 2-1-33　添加照片或添加文件夹

④导入完成之后，设置正确的场景类型及坐标系，点击右下角“空三”按钮提交首次空中三角测量(空三)计算(图 2-1-34、图 2-1-35)。

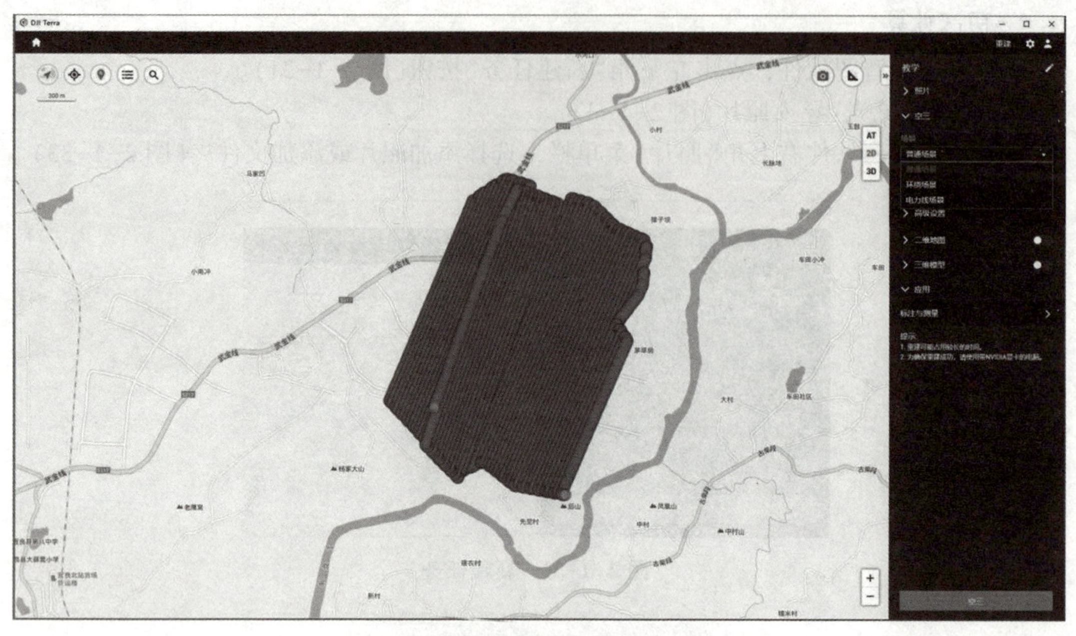

图 2-1-34　设置场景类型

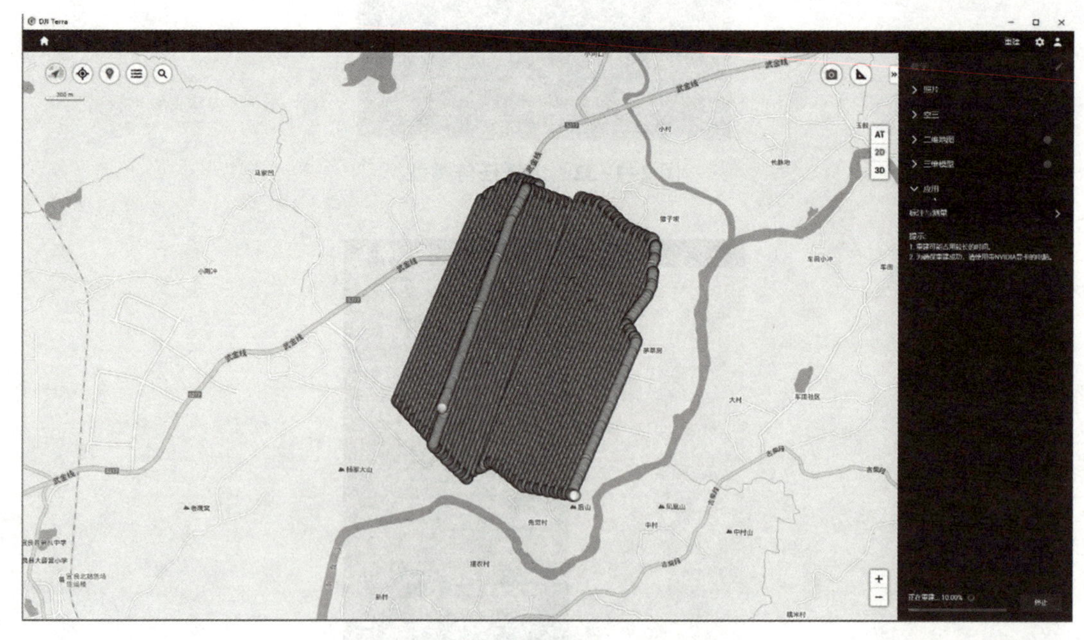

图 2-1-35　提交空三计算中

2. 二次空三计算及成果输出

1) 刺点

在首次空三计算完成之后，将像控点导入软件，此时设置正确的像控点坐标系，将像

控点逐一进行刺点(图 2-1-36)，完成之后再次提交空三计算。空三完成之后检查空三质量报告，质量报告满足项目要求，方可进行下一步操作。

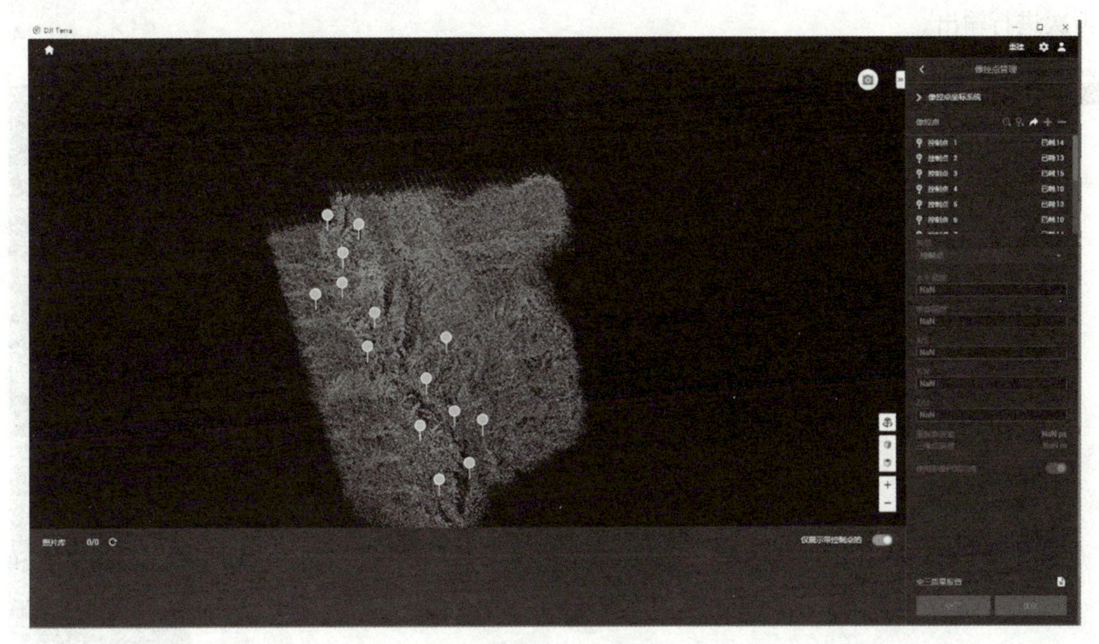

图 2-1-36　逐一刺点

2) 成果输出

选择输出二维地图，设置二维地图的输出坐标系、场景类型、分辨率高低以及输出的范围区域，点击“开始重建”即可进行成果生产(图 2-1-37)。

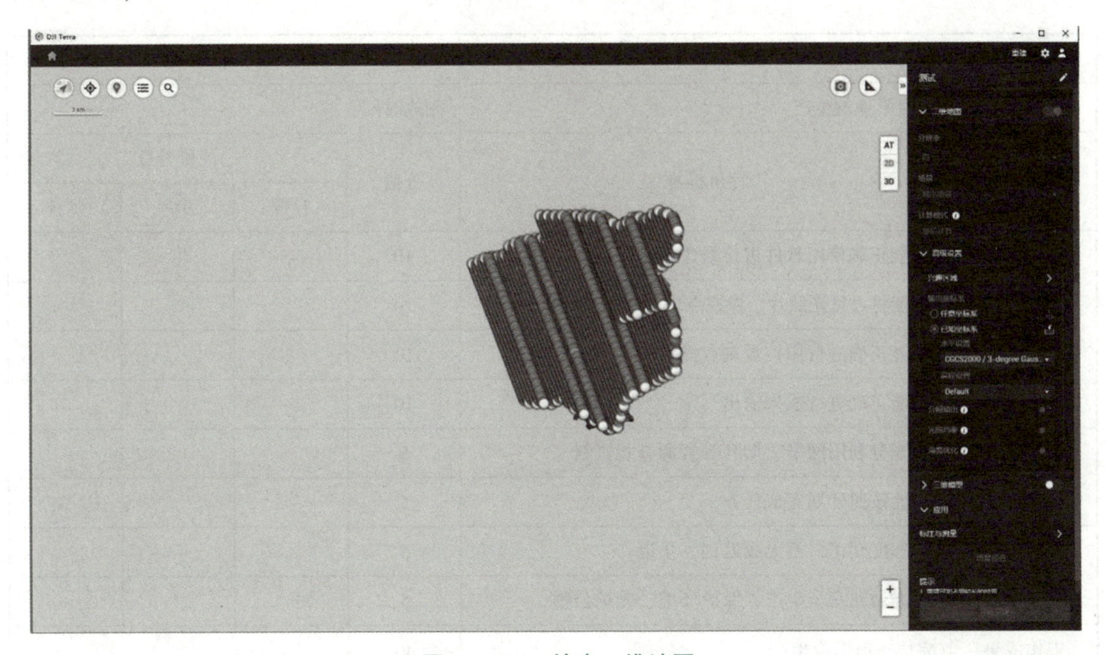

图 2-1-37　输出二维地图

3)检查成果

查看输出的成果(图 2-1-38)是否有错位、漏片现象，如有，检查设置、查找原因，再次进行输出。

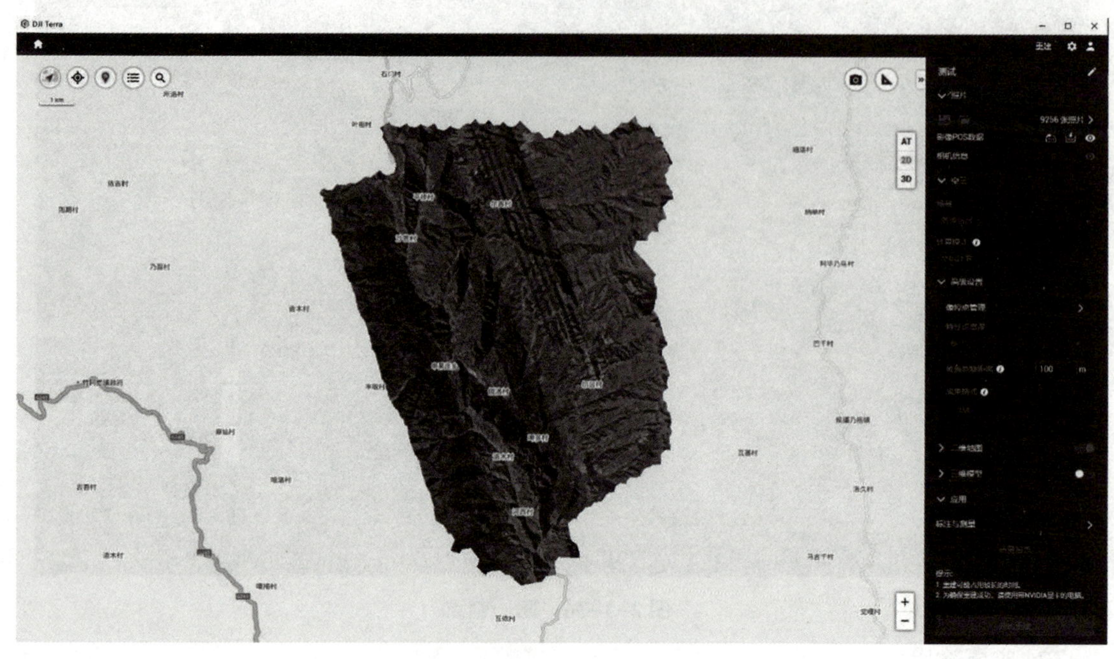

图 2-1-38　输出成果

考核评价

<table>
<tr><td colspan="2">姓名：</td><td>班级：</td><td colspan="4">学号：</td></tr>
<tr><td colspan="3">课程任务：完成正射影像的生产</td><td colspan="4">完成时间：</td></tr>
<tr><td rowspan="2">评价项目</td><td rowspan="2" colspan="2">评价标准</td><td rowspan="2">分值</td><td colspan="3">评价分数</td></tr>
<tr><td>自评</td><td>互评</td><td>师评</td></tr>
<tr><td rowspan="4">专业能力</td><td colspan="2">1. 能正确使用软件进行新建工程</td><td>10</td><td></td><td></td><td></td></tr>
<tr><td colspan="2">2. 能将可见光照片、像控点坐标数据正确导入软件</td><td>10</td><td></td><td></td><td></td></tr>
<tr><td colspan="2">3. 能正确进行像控点刺点操作</td><td>10</td><td></td><td></td><td></td></tr>
<tr><td colspan="2">4. 能正确进行成果输出</td><td>10</td><td></td><td></td><td></td></tr>
<tr><td rowspan="2">方法能力</td><td colspan="2">1. 充分利用网络、期刊等资源查找资料</td><td>5</td><td></td><td></td><td></td></tr>
<tr><td colspan="2">2. 能按照计划完成任务</td><td>5</td><td></td><td></td><td></td></tr>
<tr><td rowspan="2">职业素养</td><td colspan="2">1. 态度端正，不无故迟到、早退</td><td>5</td><td></td><td></td><td></td></tr>
<tr><td colspan="2">2. 能做到安全生产、保护环境、爱护公物</td><td>5</td><td></td><td></td><td></td></tr>
<tr><td>工作成果</td><td colspan="2">完成正射影像生产</td><td>40</td><td></td><td></td><td></td></tr>
</table>

（续）

评价项目	评价标准	分值	评价分数		
			自评	互评	师评
合计		100			
总评分数			教师签名：		
总结与反思： 年　月　日					

练习题

基于任务 1-2 中的练习题成果，将外业采集的像控点坐标及可见光照片导入大疆智图软件进行正射影像生产。

任务 1-4　影像配准与测量

工作任务

任务描述：

本任务将利用消费级无人机拍摄的待造林区域图片，确定其投影坐标系，寻找特征点的坐标进行配准，并基于配准后影像完成面积与长度的测量。

工具材料：

ArcGIS 软件，无人机影像。

影像配准与测量

任务实施

1. 添加地图

①点击标准工具栏上的按钮 (添加数据)（图 2-1-39）。

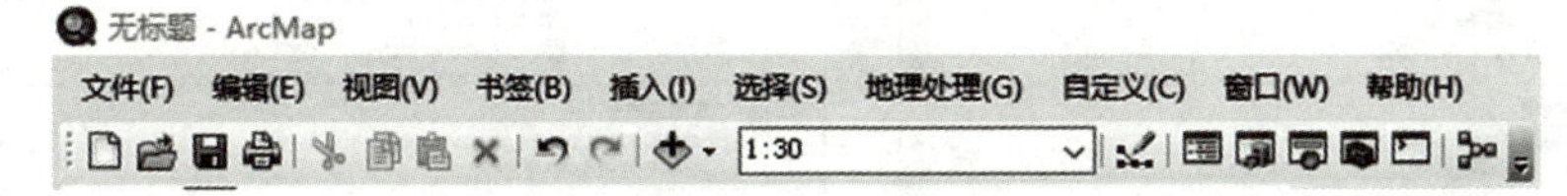

图 2-1-39　添加数据按钮

②在“添加数据”对话框中点击按钮 (连接到文件夹)，打开文件夹“PZ”，选中“Daipz. tif”文件（图 2-1-40）。

③当出现“未知的空间参考”警告对话框时，点击“确定”（图 2-1-41）。

2. 地图投影设置

①右键点击“内容列表”窗口中的“图层”数据框，在弹出的快捷菜单中点击“属性”菜单命令（图 2-1-42）。

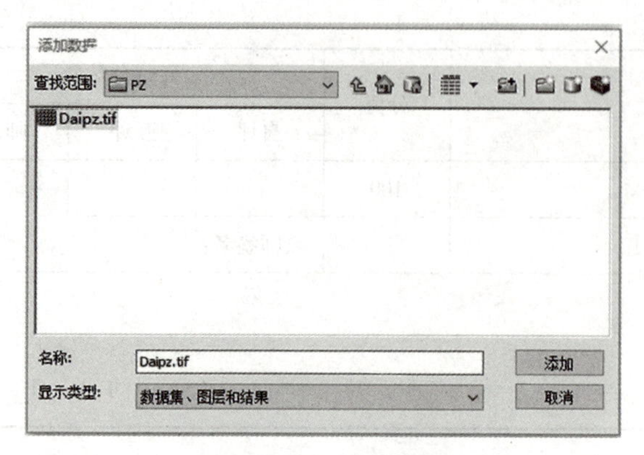

图 2-1-40 添加数据

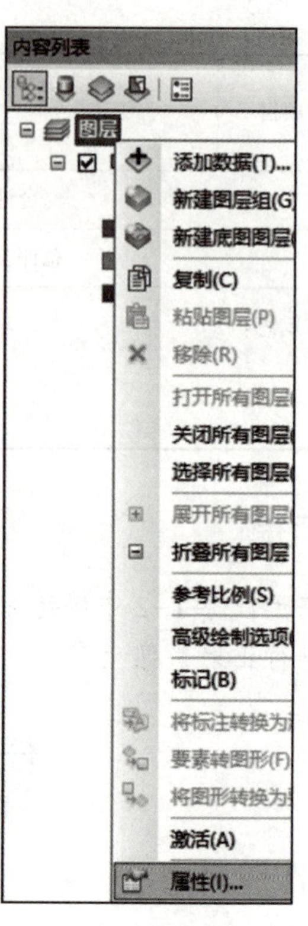

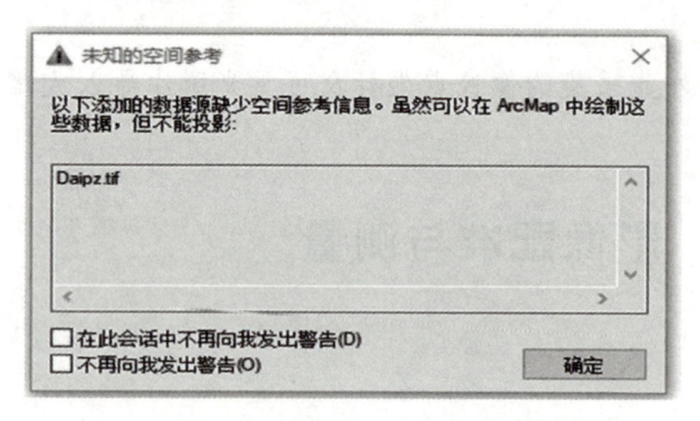

图 2-1-41 “未知的空间参考”警告对话框

图 2-1-42 “属性”菜单命令

②在“数据框属性”窗口中点击“坐标系”选项卡；展开“投影坐标系”→“Gauss Kruger”→“CGCS2000”(图 2-1-43)，选择“CGCS2000_ 3_ Degree_ GK_ Zone_ 38”(图 2-1-44)。

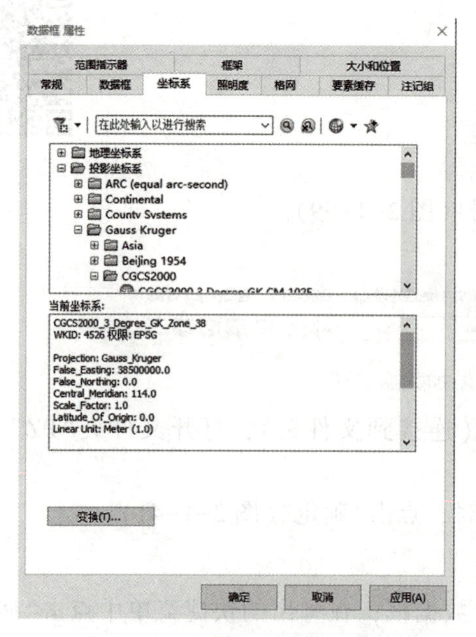

图 2-1-43 投影坐标系路径

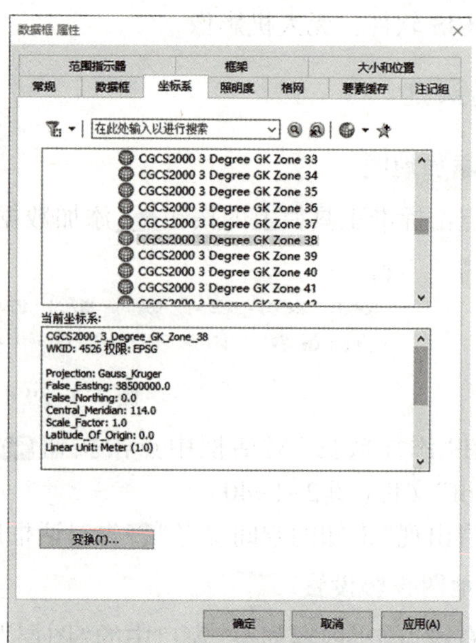

图 2-1-44 选择投影坐标系

3. 影像配准设置

①点击“自定义”菜单→“工具条”，在弹出的快捷菜单中选择“地理配准”(图 2-1-45)。

②在影像的左上角找到 1 号标识点。

③点击“地理配准”工具栏上的按钮(添加控制点)(图 2-1-46)。

④点击 1 号标识点的圆心(图 2-1-47)。

⑤右键点击地图窗口，在弹出的快捷菜单中点击“输入 X 和 Y. . . ”命令(图 2-1-48)。

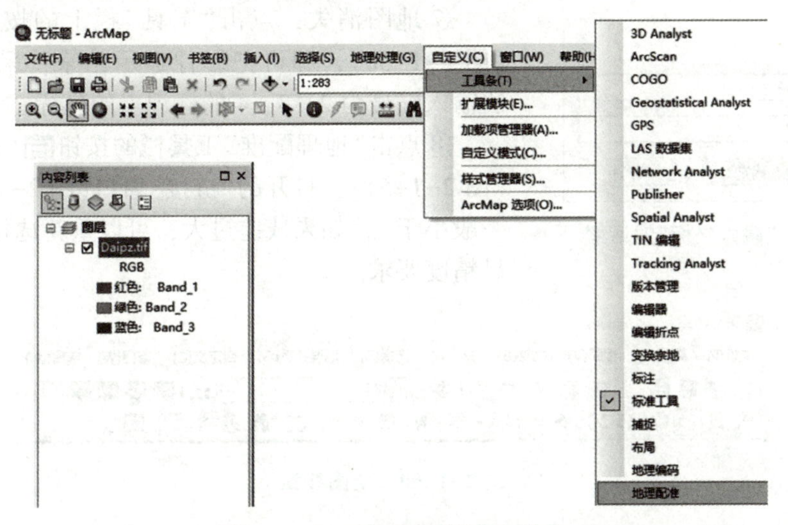

图 2-1-45　“地理配准”菜单命令

图 2-1-46　添加控制点按钮

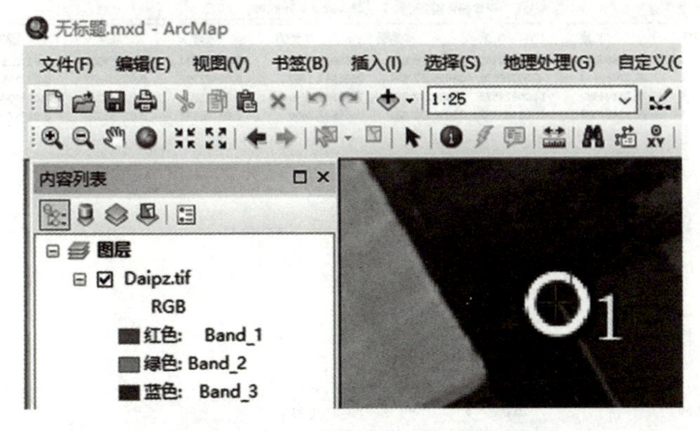

图 2-1-47　1 号标识点的圆心位置

输入 X 和 Y...
输入经度和纬度的 DMS...
取消点

图 2-1-48　“输入 X 和 Y. . . ”命令

⑥把表 2-1-1 中点号为 1 的 X 和 Y 坐标分别输入到"输入坐标"对话框中(图 2-1-49)。

表 2-1-1 配准点坐标

点号	X	Y	点号	X	Y
1	38436079. 054	2566667. 557	3	38436217. 07	2566566. 784
2	38436052. 604	2566547. 176	4	38436190. 881	2566637. 28

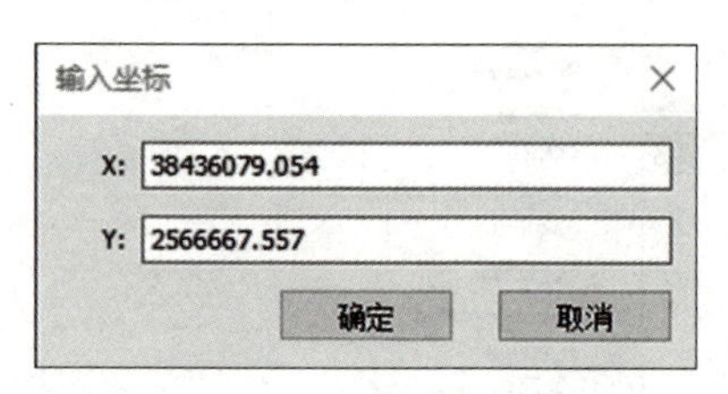

图 2-1-49 "输入坐标"对话框

⑦地图消失，点击"工具"栏上的按钮●(全图)(图 2-1-50)，即可把影像显示出来；采用同样的方法输入编号为 2、3、4 的标识点的坐标。

⑧点击"地理配准"工具栏的按钮▤(查看链接表)(图 2-1-51)，打开的"链接"窗口(图 2-1-52)。残差一般小于 1，如果残差过大，可以重新选择点，直至满足精度要求。

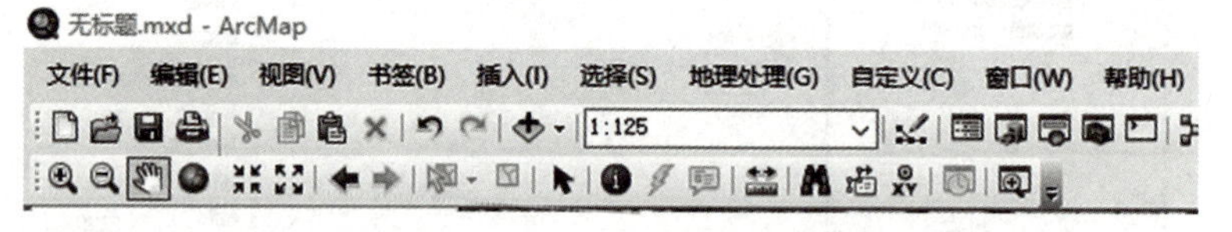

图 2-1-50 全图按钮

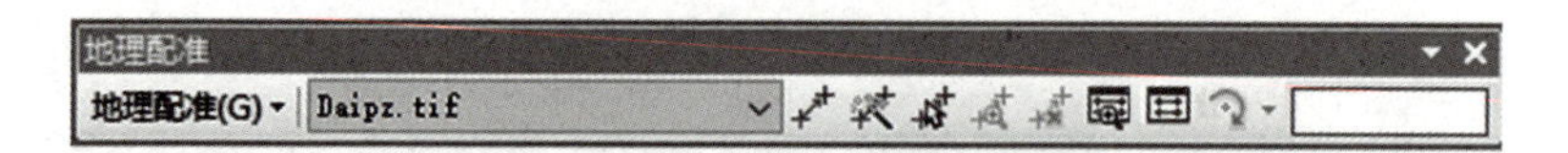

图 2-1-51 查看链接表图标

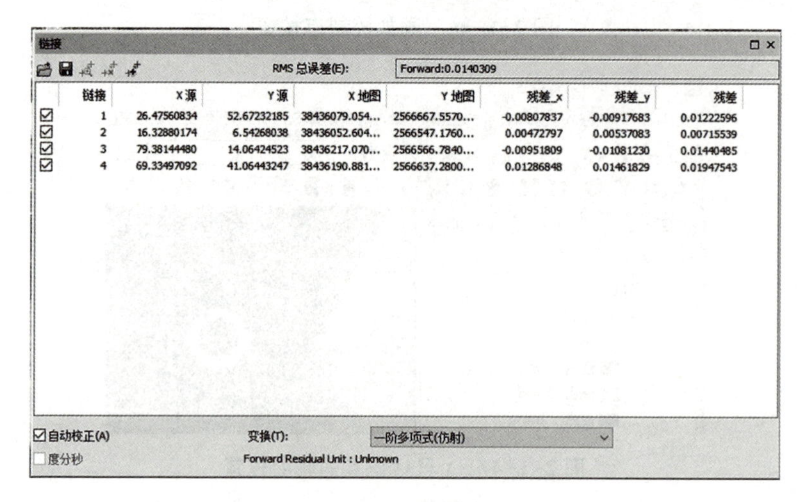

图 2-1-52 "链接"窗口

⑨在"地理配准"菜单的"地理配准"下拉菜单中点击"校正"菜单命令(图 2-1-53)。

⑩在"另存为"对话框中，把输出的位置设置为"D:\Result"；把名称设置为"LQPZ"；点击"保存"(图 2-1-54)。此时可以发现在"D:\Result"文件夹下新增了文件"LQPZ. tif"。

⑪加载"D:\Result"文件夹下的文件"LQPZ.tif"，右键点击"内容列表"窗口中的"LQPZ.tif"，在弹出的快捷菜单中点击"属性"菜单命令(图 2-1-55)。弹出"图层属性"对话框，点击"源"，可以看到"空间参考"的"XY 坐标系"为"CGCS2000_ 3_ Degree_ GK_ Zone_ 38"(图 2-1-56)，说明配准成功。

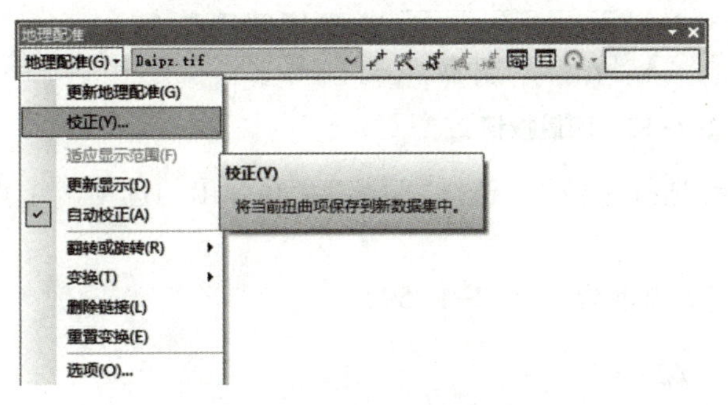

图 2-1-53　"校正"菜单命令

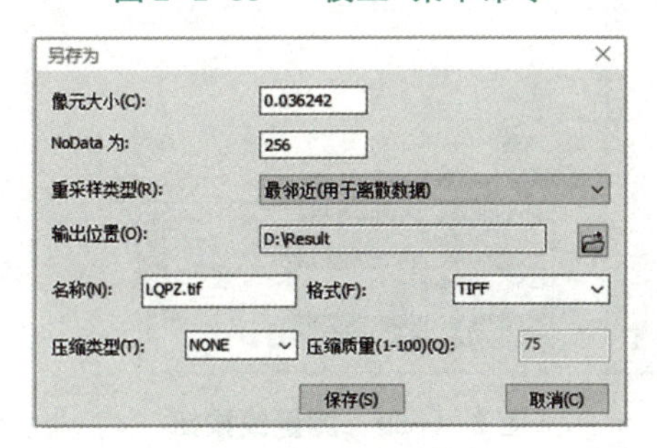

图 2-1-54　文件保存

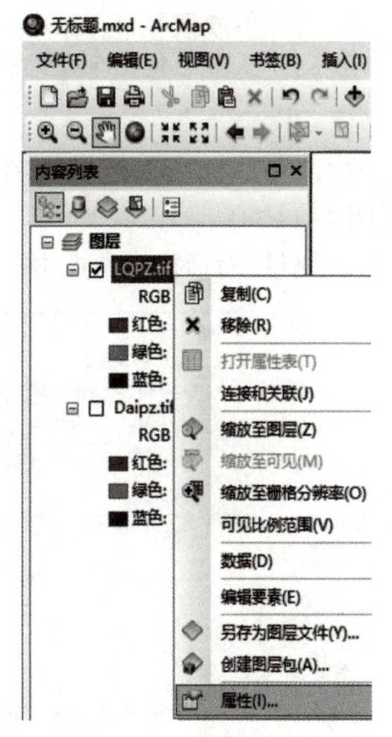

图 2-1-55　"属性"菜单命令

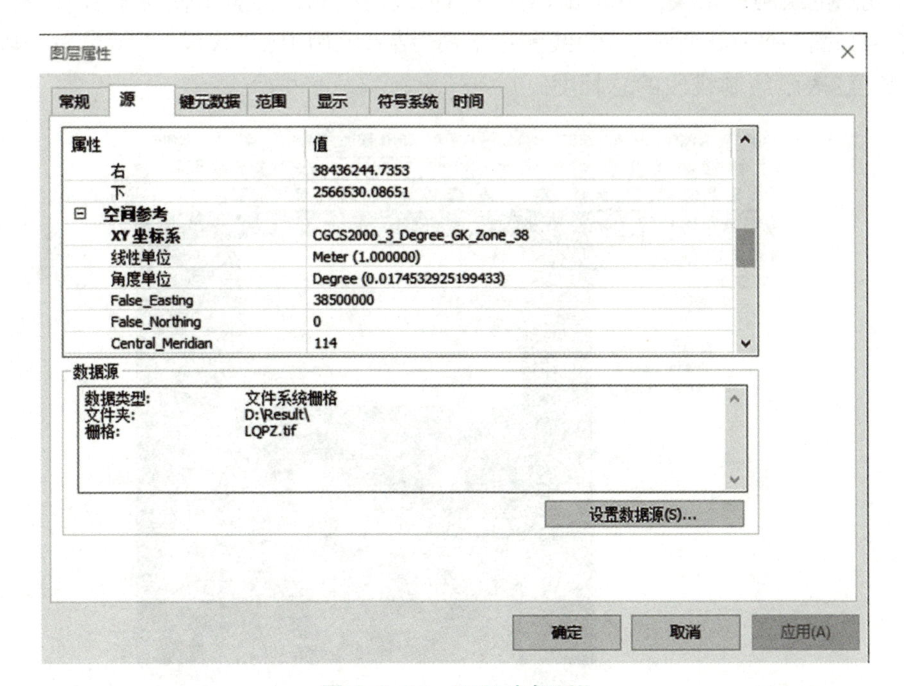

图 2-1-56　"XY 坐标系"

4. 测量距离

①在工具条上点击按钮(测量)(图 2-1-57)，打开“测量”对话框。

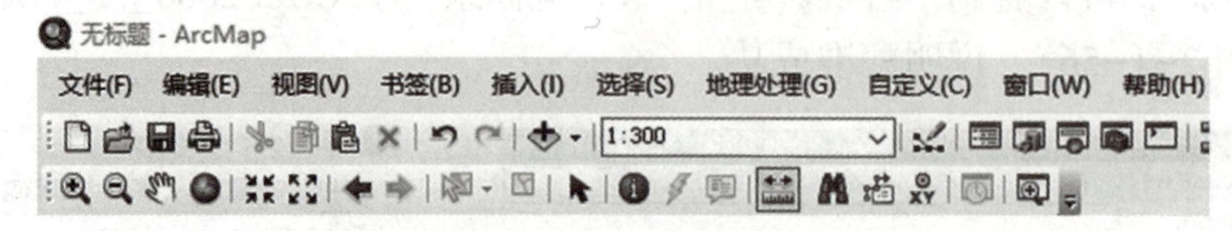

图 2-1-57　测量按钮

②在“测量”对话框中，点击按钮(选择单位)，选择“距离”，在弹出的选项卡中点击“米”(图 2-1-58)。

③在“测量”对话框中，点击按钮(测量线)(图 2-1-59)。

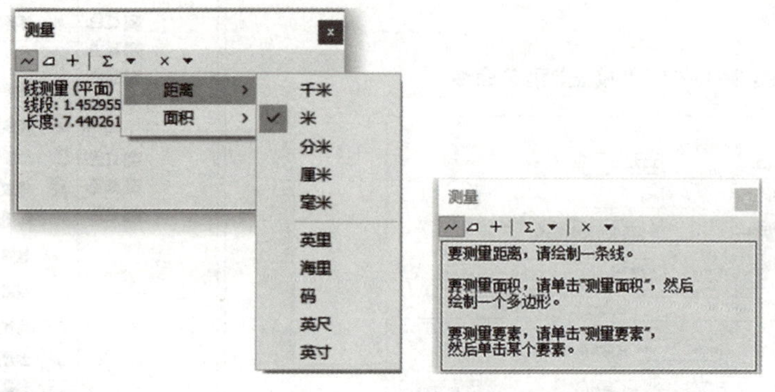

图 2-1-58　距离设置　　　　图 2-1-59　测量线按钮

④在地图上绘制一条线，双击鼠标左键结束线的绘制，测量值便会显示在“测量”对话框中，结果如图 2-1-60 所示。在“线测量平面”结果示例中，“线段”表示最后一段线段的长度，“长度”表示绘制线段的总长度。

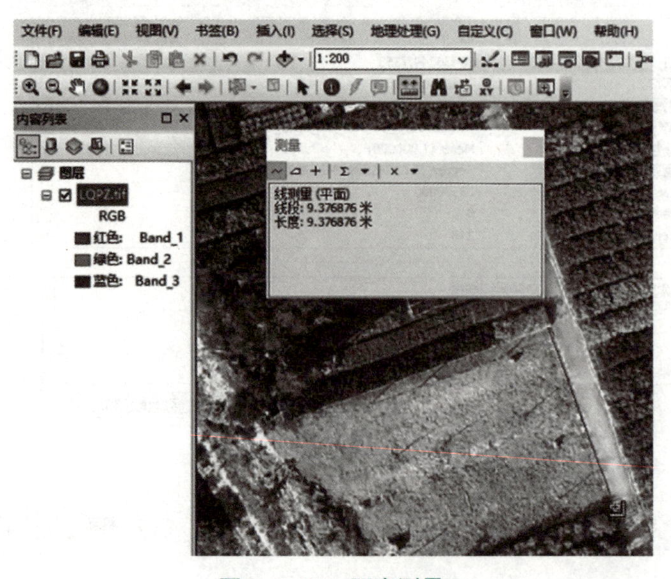

图 2-1-60　距离测量

5. 测量面积

①在“测量”对话框中，点击按钮▾(选择单位)，选择“面积”，在弹出的选项卡中点击“米”(图 2-1-61)。

②在“测量”对话框中，点击按钮(测量面积)(图 2-1-62)。

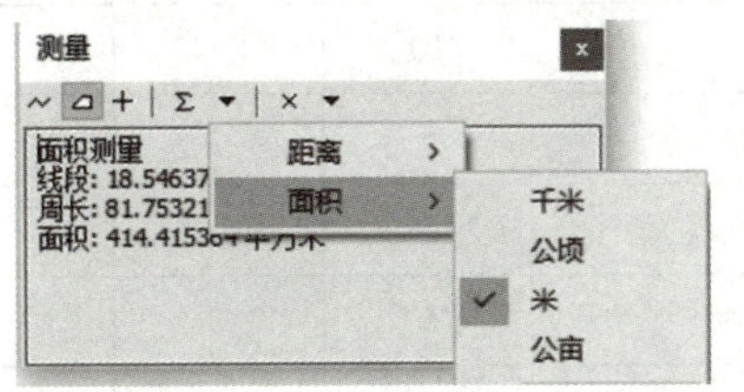

图 2-1-61　“测量”窗口

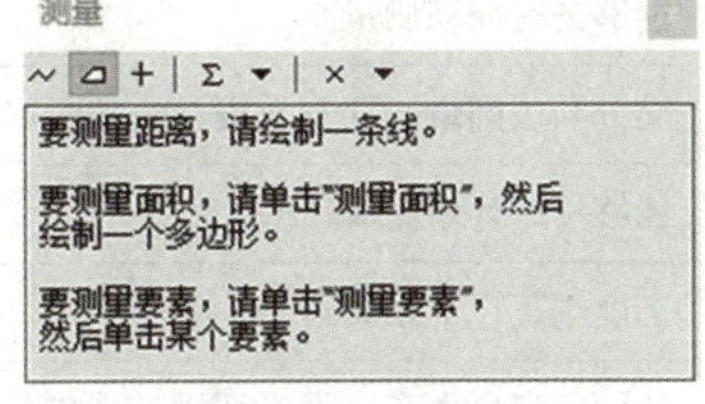

图 2-1-62　测量面积按钮

③在地图上绘制一个面，双击鼠标左键结束线的绘制，测量值便会显示在“测量”对话框，结果如图 2-1-63 所示。在“面积测量”结果示例中，“线段”表示最后一段线段的长度，“周长”表示绘制的多边形的周长，“面积”表示绘制的多边形的面积。

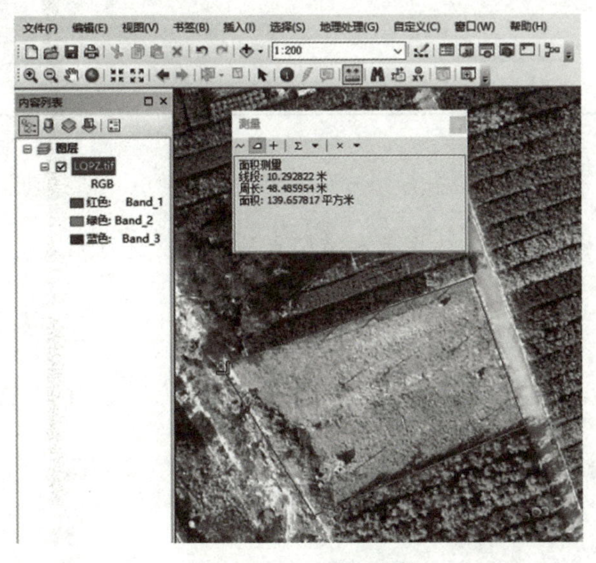

图 2-1-63　面积测量

○ 考核评价

姓名：		班级：	学号：			
课程任务：完成影像配准与测量			完成时间：			
评价项目	评价标准		分值	评价分数		
				自评	互评	师评
专业能力	1. 熟练掌握地图投影设置		10			
	2. 掌握找到特征点，并输入正确坐标数值的方法		10			

（续）

评价项目	评价标准	分值	评价分数		
			自评	互评	师评
专业能力	3. 能够进行距离测量	10			
	4. 能够进行面积测量	10			
方法能力	1. 充分利用网络、期刊等资源查找资料	5			
	2. 能够按照计划完成任务	5			
职业素养	1. 态度端正，不无故迟到、早退	5			
	2. 能做到安全生产、保护环境、爱护公物	5			
工作成果	完成影像配准与测量	40			
合计		100			
总评分数			教师签名：		
总结与反思： 年　月　日					

练习题

根据本教材数字资源中给出的图片和特征点的坐标，进行无人机影像的配准。

项目2 林业倾斜模型生产

学习目标

知识目标：

1. 熟练掌握大疆精灵 4RTK 无人机指南针校准方法。
2. 掌握大疆精灵 4RTK 无人机飞控基本参数设置方法。
3. 掌握大疆精灵 4RTK 无人机起飞、拍摄、降落方法。
4. 掌握应用大疆智图软件制作无人机航拍的倾斜模型的方法。

技能目标：

1. 能够利用大疆精灵 4RTK 无人机进行倾斜摄影外业数据采集。
2. 能够利用大疆智图软件将外业照片导入大疆智图进行三维模型生产。

素质目标：

培养学生团队协作、脚踏实地、吃苦耐劳的精神。

任务 2-1 倾斜影像采集

工作任务

任务描述：

本任务将利用大疆精灵 4RTK 无人机完成飞行准备工作和林区拍摄工作，包括开机准备、指南针校准、飞控基本参数设置、起飞与拍摄、返航与降落，以及规划航线拍摄和采集林区倾斜影像，并编制实验报告。

倾斜影像采集

工具材料：

大疆精灵 4RTK 无人机。

任务实施

1. 无人机开机准备工作

①安装好遥控器电池，移除云台锁扣后，短按一次，再长按 3s 遥控器开机按钮，即开启遥控器，且自动进入飞控软件初始界面(图 2-2-1)。

②正确安装无人机电池、螺旋桨后，短按一次，再长按 3 s 无人机开机按钮后，听到无人机提示音即成功开启无人机(图 2-2-2)。

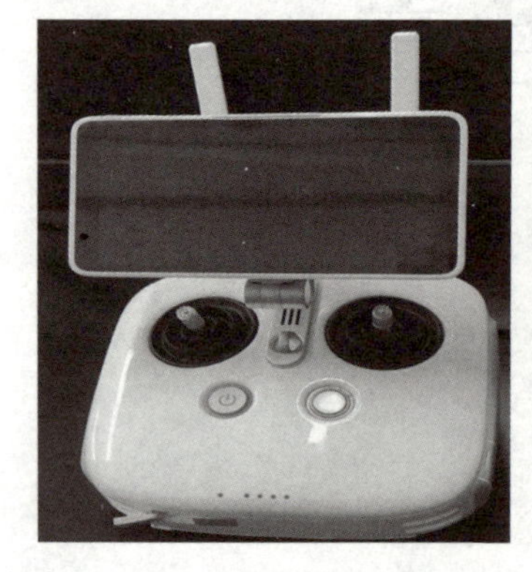

图 2-2-1　遥控器开机按钮

图 2-2-2　无人机开机按钮

③在遥控器屏幕顶部的下拉菜单栏中点击“WLAN”，进入 WiFi 连接界面，连接可用的无线网络(图 2-2-3)。输入 WiFi 密码，点击“完成”(图 2-2-4)。

图 2-2-3　选择可用的无线网络

图 2-2-4　输入密码完成连接

2. 无人机指南针校准

①点击遥控器屏幕左下方的“飞行”按钮(图 2-2-5)。

图 2-2-5　“飞行”按钮

②进入软件的飞行界面后，点击屏幕右上角“...”按钮(图 2-2-6)。

③选择按钮▣(飞机)列表下的“高级设置”功能(图 2-2-7)。

④点击“IMU 及指南针校准”(图 2-2-8)。

图 2-2-6 “...”按钮

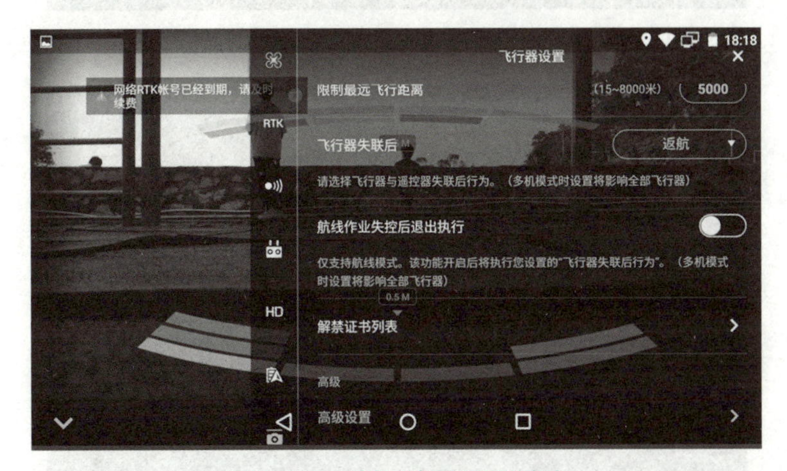

图 2-2-7 选择“高级设置”功能

图 2-2-8 IMU 及指南针校准

⑤选择“指南针校准”(图 2-2-9)。

⑥按照提示步骤，先在距离地面约 1.2m 处水平逆时针转动无人机 360°(图 2-2-10)，看到机尾常亮绿灯。

⑦将无人机竖直逆时针旋转 360°(图 2-2-11)，若机尾绿灯闪烁表示校准完成；若指示灯为红灯闪烁，表示校准失败。如多次校准失败，则换个场地再进行校准。

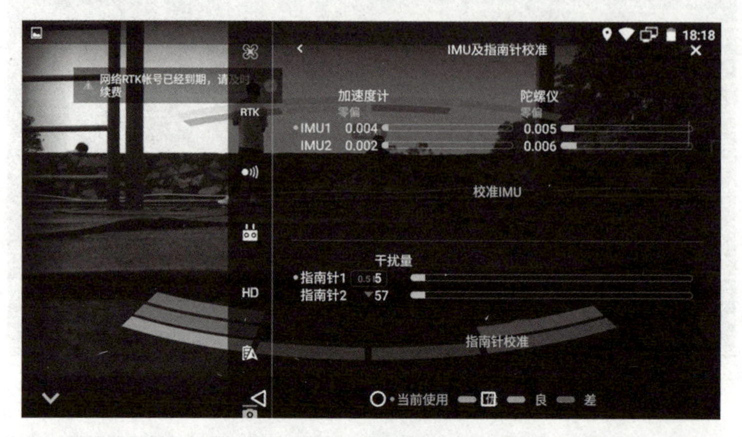

图 2-2-9　指南针校准

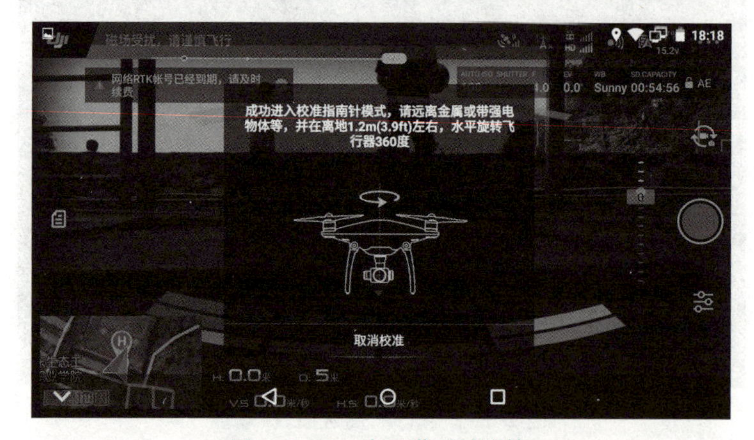

图 2-2-10　水平逆时针旋转

图 2-2-11　竖直逆时针旋转

3. 无人机飞控基本参数设置

①点击屏幕右上角“...”，选择按钮(飞机)，进入“飞行器设置”，设置“返航高度”。本任务根据测区海拔高度，设置最低返航高度为 100 m(图 2-2-12)。

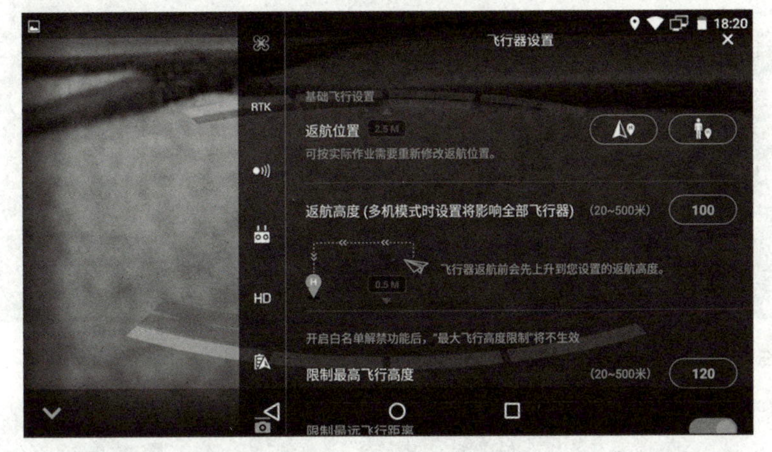

图 2-2-12　“返航高度”设置

②一般“限制最高飞行高度”设置为 500m，此高度也是大疆无人机的飞行最大高度，“限制最远飞行距离”设置为 5000m，可按照实际情况而定，“飞行器失联后”选项可选择“返航”，一般建议在飞机失控情况下都选择返航(图 2-2-13)。

图 2-2-13　设置飞行高度与限制距离

③点击屏幕右上角“...”，选择按钮(摇杆)，点击进入“摇杆模式”(图 2-2-14)，设置主机的遥控模式，根据个人习惯，主要设置摇杆对“上升/下降”“左转/右转”“前进/后退”“向左/向右”的控制。“摇杆模式”主要有日本手、美国手、中国手和自定义 4 种模式(图 2-2-15)，在起飞前一定要进行摇杆模式的确认。

④本任务摇杆模式以“美国手”为例：左摇杆控制飞行高度与方向，右摇杆控制飞行器的前进、后退以及左右飞行方向；云台俯仰控制拨轮可控制相机的俯仰拍摄角度。

⑤点击屏幕右上角“...”，选择按钮(电池)，进入“智能电池设置”，设置电池的“低电量警报”为“25%”，“严重低电量报警”为“15%”(图 2-2-16)。

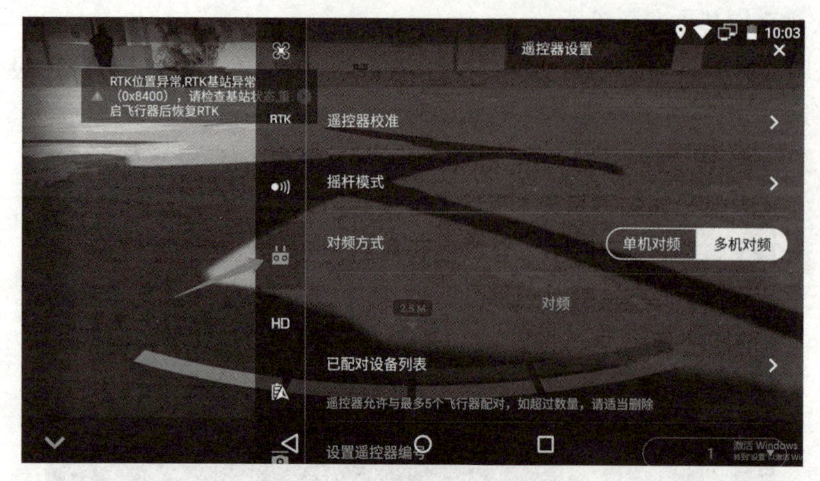

图 2-2-14　点击进入“摇杆模式”

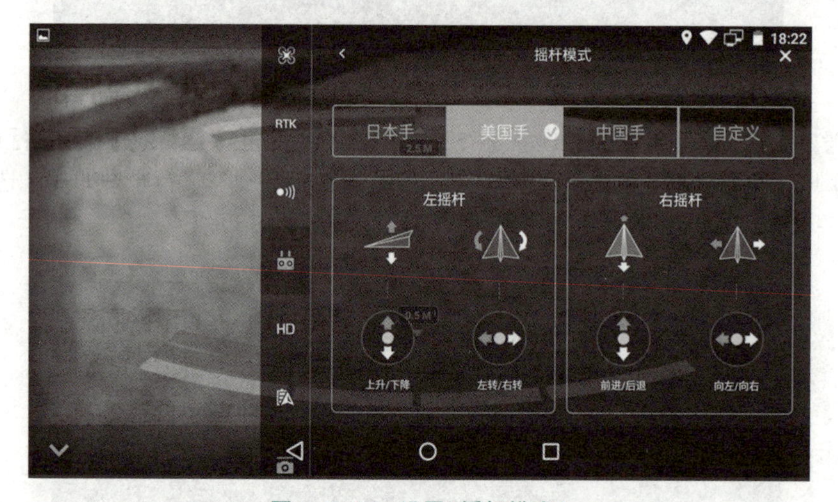

图 2-2-15　设置“摇杆模式”

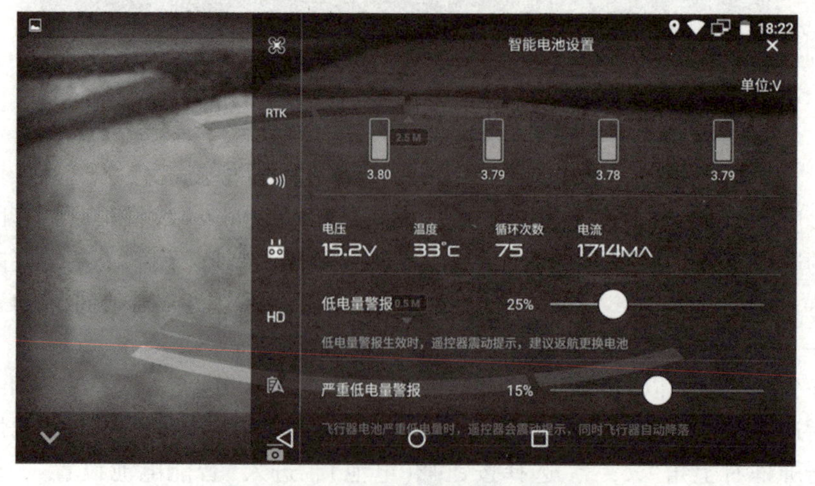

图 2-2-16　电池电量报警数值设置

4. 无人机起飞与拍摄

①遥控器摇杆“内八字”操作解锁无人机，同时将挡位调至“P”挡。

②轻推上升油门摇杆起飞，同时注意观察屏幕上高度、距离的前后变化(图 2-2-17、图 2-2-18)。

图 2-2-17　高度与距离(前)

图 2-2-18　高度与距离(后)

③根据任务需要点击，选择照片或视频拍摄(图 2-2-19)。

5. 飞机返航与降落

可以选择手动返航或者一键返航。使用一键返航功能时(长按一键返航键)，如果飞机高度低于设置的返航高度，飞机将会爬升至该高度后再返航；如果飞机高度高于设置的返航高度，飞机将会按照当前高度返航(图 2-2-20)。

6. 规划航线拍摄

①规划航线拍摄是无人机自动执行的预设航线任务，打开遥控器，选择“规划”(图 2-2-21)。

图 2-2-19　照片或视频拍摄模式切换按钮

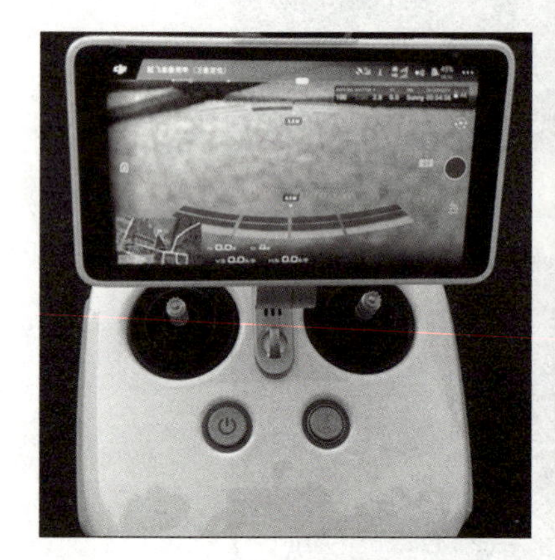

图 2-2-20　一键返航键

图 2-2-21　“规划”按钮

②在“请选择你所需的规划方式”窗口中，点击“摄影测量 3D(井字飞行)”(图 2-2-22)。

图 2-2-22　选择规划方式

③在“航线规划”界面中，通过触屏移动或缩放地图，调整至测区范围，点击地图建立航点；建立 5 个航点，航点间自动连接(形成紫色点封闭区域)，拖动黄点可以调整航线方向，也可双击该点删除(图 2-2-23)。

④屏幕右侧出现航点设置信息，根据任务需求调整飞行高度为 100m、速度为 7.9m/s，以及拍摄模式为“定距拍摄”，完成动作选择“返航”(图 2-2-23)。

图 2-2-23 调整航点设置信息

⑤“任务相对高度(米)”是设置起飞点相对于拍摄场景的高度，需要根据实际起飞的高度情况设置，本任务不设置。继续下滑设置列表，点击“相机设置”(图 2-2-24)。

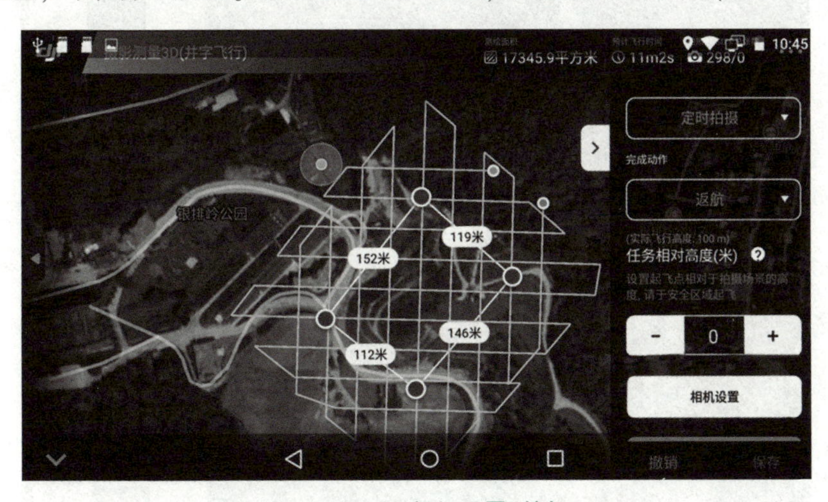

图 2-2-24 “相机设置”按钮

⑥“白平衡”根据当时天气选择，此处选择“晴天”，“云台角度”选择“-60”，关闭“畸变修正”，点击“保存”(图 2-2-25)。

⑦继续下滑设置列表，点击“重叠率设置”(图 2-2-26)。

⑧在“重叠率设置”界面中，根据地形起伏高差选取合适的航向重叠率，避免测区最高点重叠度不够。“旁向重叠率(%)”设置为 80%，“纵向重叠率(%)”设置为 80%，点击“保存”(图 2-2-27)。以上参数设置完毕后点击“保存”(图 2-2-28)。

图 2-2-25 “相机设置”调整

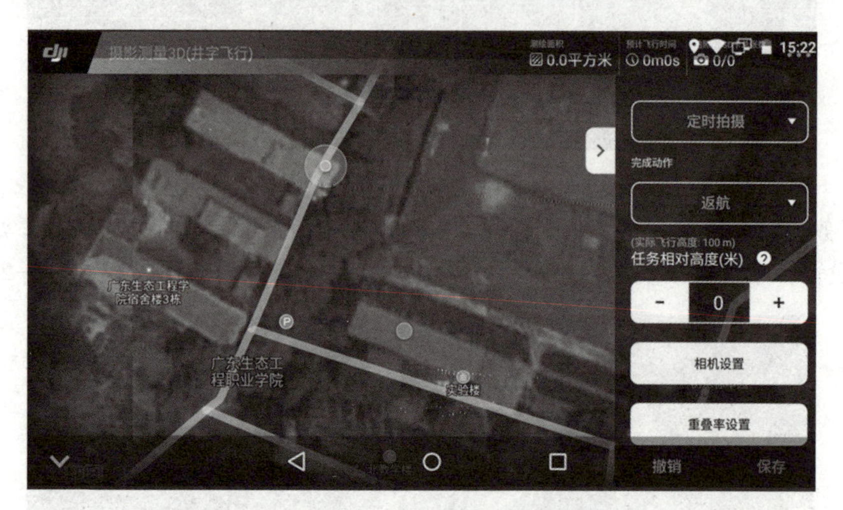

图 2-2-26 “重叠率设置”按钮

图 2-2-27 “重叠率设置”调整

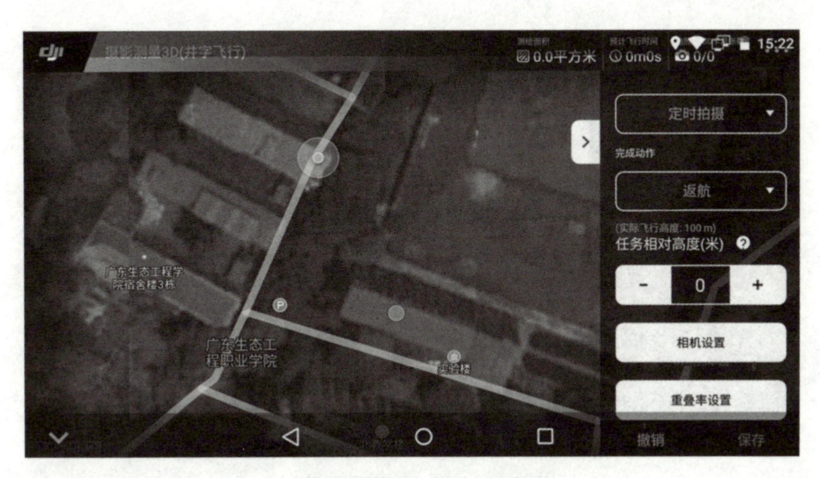

图 2-2-28　保存设置

⑨将任务信息命名为“xsp”，点击“确定”(图 2-2-29)。

⑩点击屏幕右下角的“调用”按钮(图 2-2-30)，在出现的“注意事项”提示对话框中点击“确定”(图 2-2-31)。

图 2-2-29　任务信息命名

图 2-2-30　任务调用

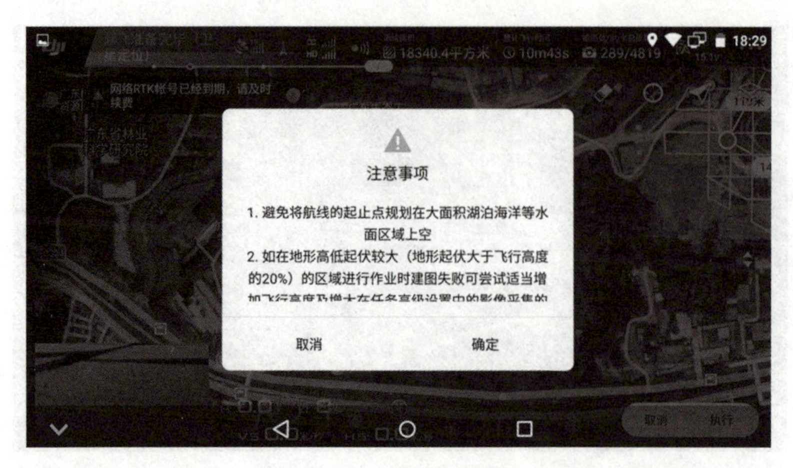

图 2-2-31　注意事项确认

⑪查看状态栏是否为绿色，确保安全后点击“执行”(图 2-2-32)。

⑫在“作业前自检”对话框中，拖动“向右滑动自动执行”(图 2-2-33)，无人机即可起飞，沿设定的航线自动飞行。

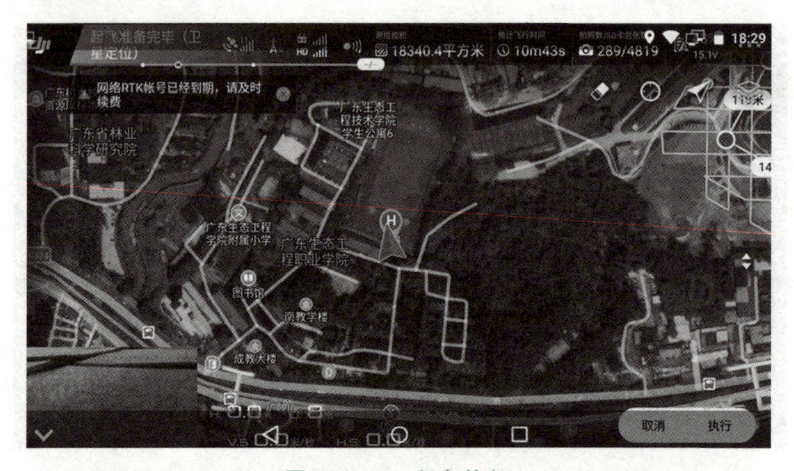

图 2-2-32　任务执行

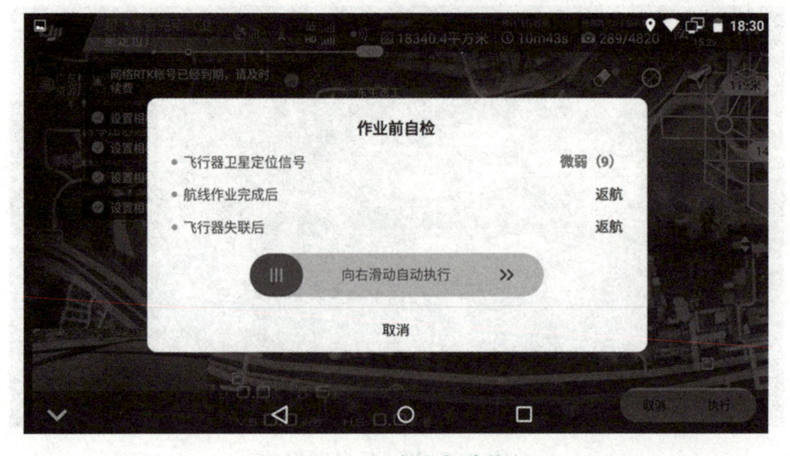

图 2-2-33　确认自动执行

⑬如果任务完成前出现电池电量不足，可手动结束任务，App 将记录断点，更换电池后可继续执行任务。作业完成后，无人机根据规划设置，默认自动返航。

⑭无人机返航后，将 micro SD 卡中的图片导入计算机进行建图。

航线规划飞行任务可以提前设置保存，需要飞行时打开该任务调用即可。测区范围也可以通过导入 KML 格式的文件(其属性只能是面类，不能是线类)，导入范围线后按照以上步骤进行参数设置。

考核评价

姓名：	班级：		学号：			
课程任务：完成倾斜影像采集			完成时间：			
评价项目	评价标准		分值	评价分数		
				自评	互评	师评
专业能力	1. 熟练掌握大疆精灵 4RTK 无人机指南针校准		10			
	2. 掌握大疆精灵 4RTK 无人机飞控基本参数设置		10			
	3. 掌握大疆精灵 4RTK 无人机起飞、拍摄、降落		10			
	4. 能够利用软大疆精灵 4RTK 无人机规划航线		10			
方法能力	1. 充分利用网络、期刊等资源查找资料		5			
	2. 能够按照计划完成任务		5			
职业素养	1. 态度端正，不无故迟到、早退		5			
	2. 能做到安全生产、保护环境、爱护公物		5			
工作成果	完成倾斜影像采集验收		40			
合计			100			
总评分数				教师签名：		
总结与反思： 年　　月　　日						

练习题

根据当地情况，选择一片林区进行倾斜影像采集。

任务 2-2　制作无人机航拍影像的三维模型

工作任务

任务描述：

本任务将利用大疆制图软件对任务 2-1 中无人机采集的林区倾斜影像进行三维模型生产。

制作三维模型

工具材料：

大疆智图软件、读卡器、TF 卡。

○ 任务实施

1. 新建任务

①打开大疆智图软件，点击软件左下角的“新建任务”按钮(图 2-2-34)。

②在弹出的“选择任务类型”窗口中点击“三维模型”按钮(图 2-2-35)。

③在弹出的“任务名称”对话框中输入“小山坡”(图 2-2-36)，点击“确定”。

2. 添加文件夹

①在软件右边出现的窗口中，点击按钮(添加文件夹)(图 2-2-37)。

图 2-2-34 “新建任务”按钮

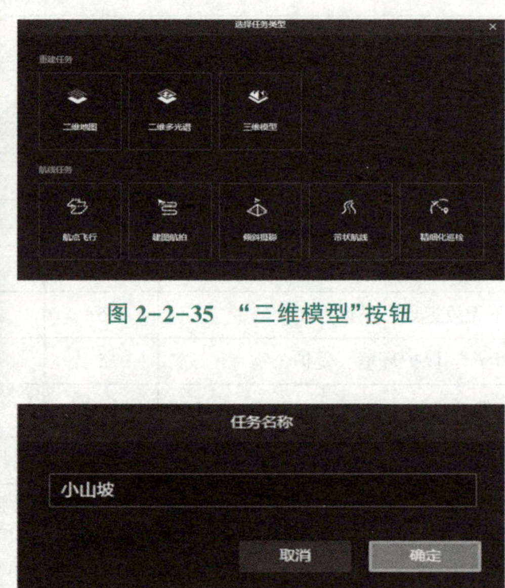

图 2-2-35 “三维模型”按钮

图 2-2-36 “任务名称”对话框

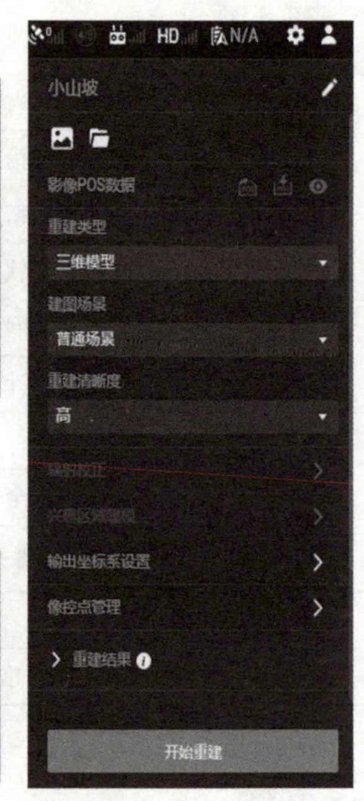

图 2-2-37 添加文件夹按钮

②在弹出的“选择文件夹”对话框中找到并选择需要的文件夹，本任务选择“100_0035”文件夹(图 2-2-38)。

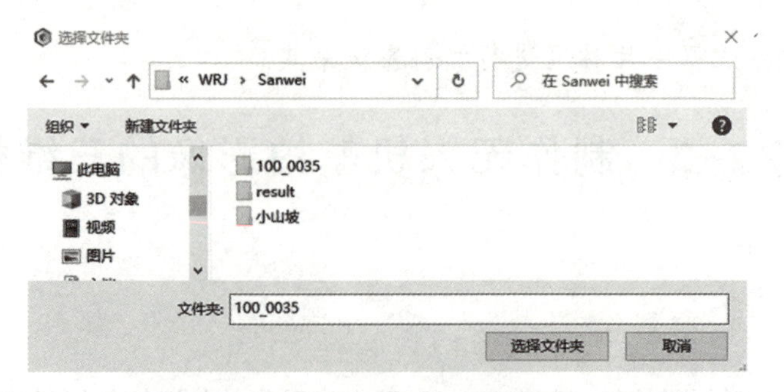

图 2-2-38 文件夹选择

3. 开始重建

点击“重建结果”，勾选“空三”下的“XML”，以及“模型”下的“OSGB”“DBJ”，点击“开始重建”(图 2-2-39)。

4. 打开模型文件夹

①选择重建的文件，点击打开“任务文件夹”。

②点击软件右上方的<按钮，打开任务库(图 2-2-40)。

③点击按钮(打开文件夹)(图 2-2-41)。

④打开“terra_ osgbs”文件夹，可以看到模型文件夹打开结果如图 2-2-42 所示。

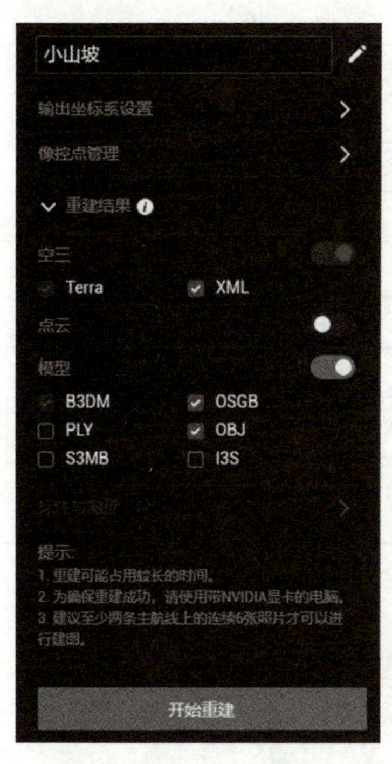

图 2-2-39　“开始重建”

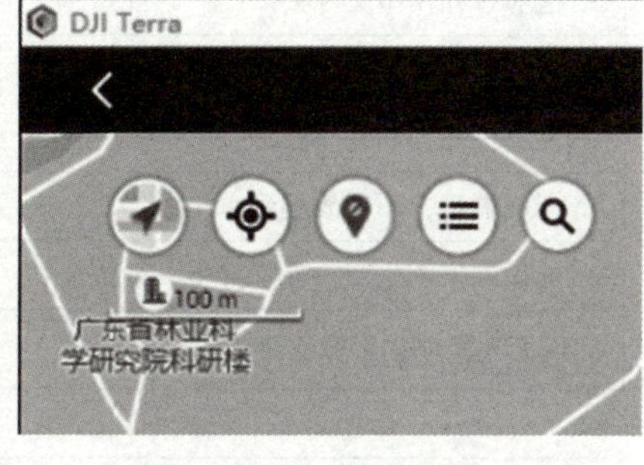

图 2-2-40　打开任务库

图 2-2-41　打开文件夹按钮

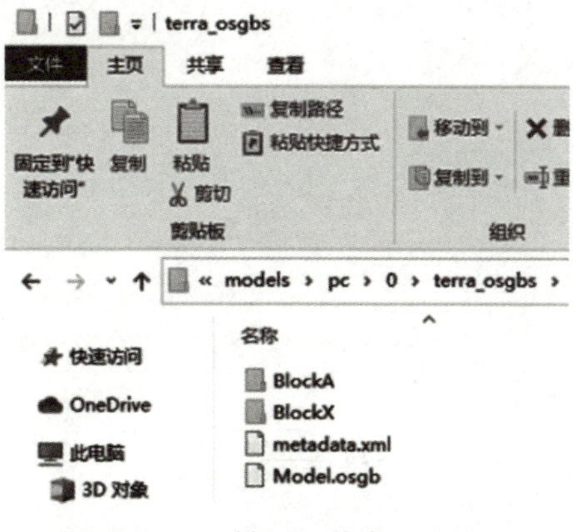

图 2-2-42　模型文件夹打开结果

考核评价

<table>
<tr><td colspan="2">姓名：</td><td colspan="2">班级：</td><td colspan="3">学号：</td></tr>
<tr><td colspan="3">课程任务：完成无人机航拍影像三维模型的制作</td><td colspan="4">完成时间：</td></tr>
<tr><td rowspan="2">评价项目</td><td colspan="2" rowspan="2">评价标准</td><td rowspan="2">分值</td><td colspan="3">评价分数</td></tr>
<tr><td>自评</td><td>互评</td><td>师评</td></tr>
<tr><td rowspan="3">专业能力</td><td colspan="2">1. 熟练掌握三维模型设置</td><td>10</td><td></td><td></td><td></td></tr>
<tr><td colspan="2">2. 掌握三维模型重建</td><td>20</td><td></td><td></td><td></td></tr>
<tr><td colspan="2">3. 能够打开模型文件夹</td><td>10</td><td></td><td></td><td></td></tr>
<tr><td rowspan="2">方法能力</td><td colspan="2">1. 充分利用网络、期刊等资源查找资料</td><td>5</td><td></td><td></td><td></td></tr>
<tr><td colspan="2">2. 能够按照计划完成任务</td><td>5</td><td></td><td></td><td></td></tr>
<tr><td rowspan="2">职业素养</td><td colspan="2">1. 态度端正，不无故迟到、早退</td><td>5</td><td></td><td></td><td></td></tr>
<tr><td colspan="2">2. 能做到安全生产、保护环境、爱护公物</td><td>5</td><td></td><td></td><td></td></tr>
<tr><td>工作成果</td><td colspan="2">完成无人机航拍影像三维模型制作</td><td>40</td><td></td><td></td><td></td></tr>
<tr><td colspan="3">合计</td><td>100</td><td></td><td></td><td></td></tr>
<tr><td colspan="3">总评分数</td><td></td><td colspan="3">教师签名：</td></tr>
<tr><td colspan="7">总结与反思：

年　　月　　日</td></tr>
</table>

练习题

基于任务 2-1 练习题中所采集的影像制作三维模型。

项目3 林草无人机灾害防治应用

学习目标

知识目标：

1. 掌握图层创建与编辑的方法。
2. 掌握坐标信息提取及数据转换的方法。
3. 了解外业调查工作所需的准备材料。
4. 掌握DRG影像配准及矢量化的方法。
5. 掌握根据无人机回传画面排查山火风险点的方法。

技能目标：

1. 能够根据内业判读信息绘制图层，并提取相关坐标信息。
2. 学会使用外业调查软件找到目标物，完成病虫害防治应用专题图制作。
3. 能够使用大疆经纬M300RTK无人机搭载大疆禅思四合一云台相机，采用航点飞行的方式对目标林区进行拍照和录像。

素质目标：

培养学生团队协作、脚踏实地、吃苦耐劳的精神。

任务3-1 收集林区病死木分布坐标

工作任务

收集林区病死木分布坐标

任务描述：

本任务将基于处理后的无人机飞拍影像，利用ArcGIS软件，通过目视判读的方法找出至少20处疑似病死木点位，获取疑似病死木的所在点位的坐标信息，并完成点位的数据格式转换，导入手机外业调查App。

工具材料：

ArcGIS软件、无人机影像、奥维地图或两步路户外助手App。

任务实施

1. 创建图层

1) 新建空白图层

①启动 ArcMap，点击“标准”工具条上的按钮(目录)，打开“目录”窗口，选中将要存放图层数据的文件夹，在弹出的快捷菜单中选择“新建”，在打开的下一级菜单中，右键点击选择“Shapefile(S)…”，新建矢量图层(图 2-3-1)。

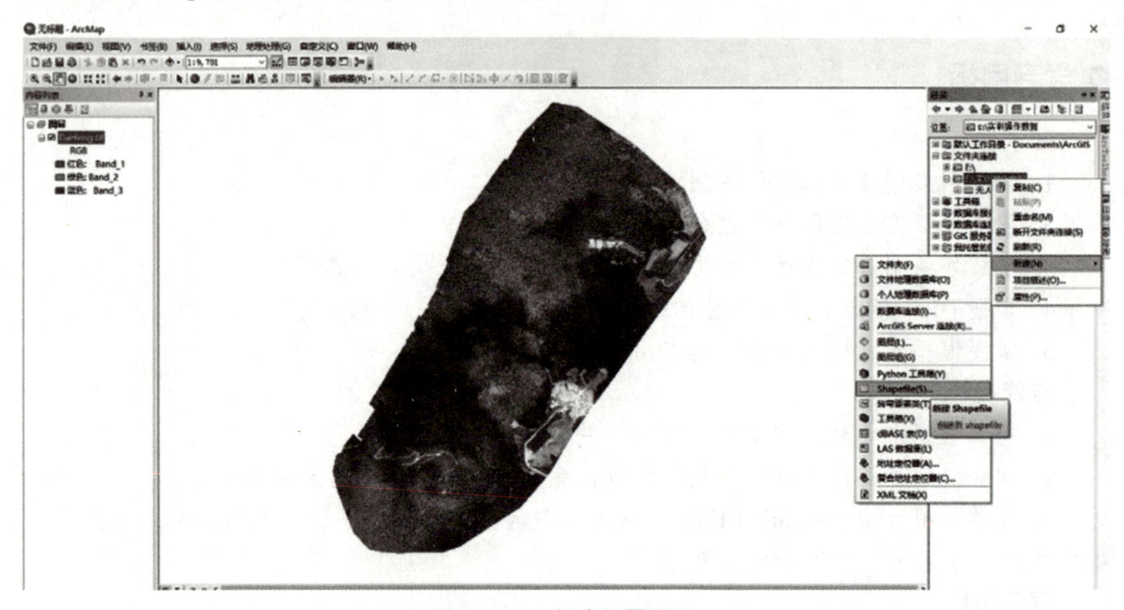

图 2-3-1　新建矢量图层

②在弹出的“创建新 Shapefile”对话框中，输入图层名称“疑似病死木点位”，要素类型默认选择“点”，点击对话框下方的“编辑”按钮(图 2-3-2)，弹出“空间参考属性”对话框。

③在弹出的“空间参考属性”对话框中，点击按钮(添加坐标系)，出现下拉菜单，选择下拉菜单中的“导入”选项(图 2-3-3)，弹出“浏览数据集或坐标系”对话框。找到无人机影像数据“DaHeng. tif”并选中，点击对话框中的“添加”按钮，完成坐标系信息导入(图 2-3-4)。

④返回“创建新 Shapefile”对话框后，“空间参考”中的“描述”内显示出图层定义的坐标系信息，点击下方的“确定”按钮完成图层创建(图 2-3-5)，此时内容列表中出现空白点图层“疑似病死木点位”。

2) 编辑图层

①右键“内容列表”中的“疑似病死木点位”图层，选择“编辑图层”→“开始编辑”，进入矢量图层编辑状态(图 2-3-6)。

②在弹出的“创建要素”窗口中选择“疑似病死木点位”图层，鼠标切换成“添加点要素”状态。设置图层符号类型为“星型 3”，颜色为“火星红”，大小为“18”(图 2-3-7)。

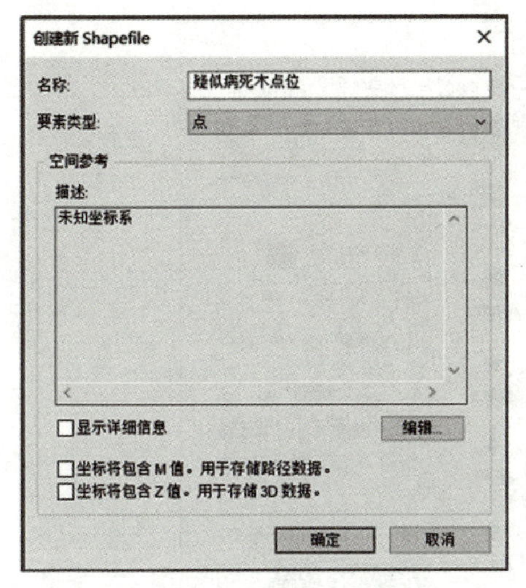

图 2-3-2　“创建新 Shapefile”对话框

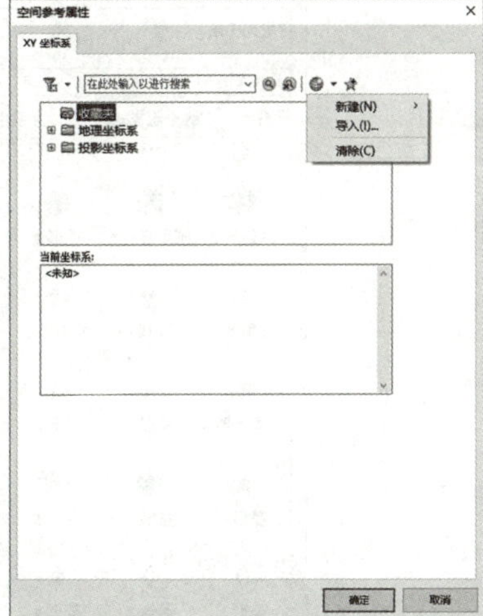

图 2-3-3　“空间参考属性”对话框

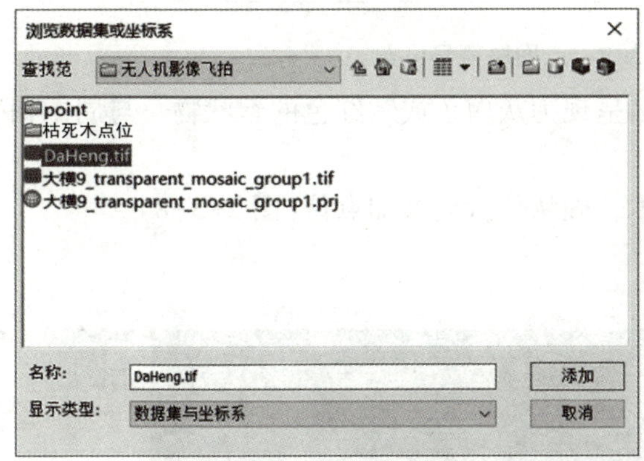

图 2-3-4　导入坐标信息

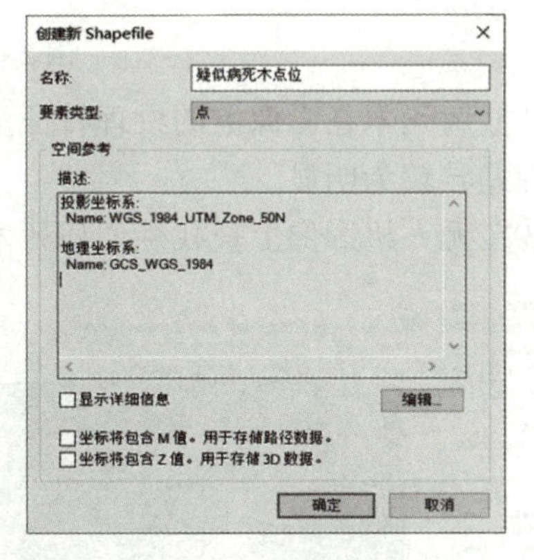

图 2-3-5　完成图层创建

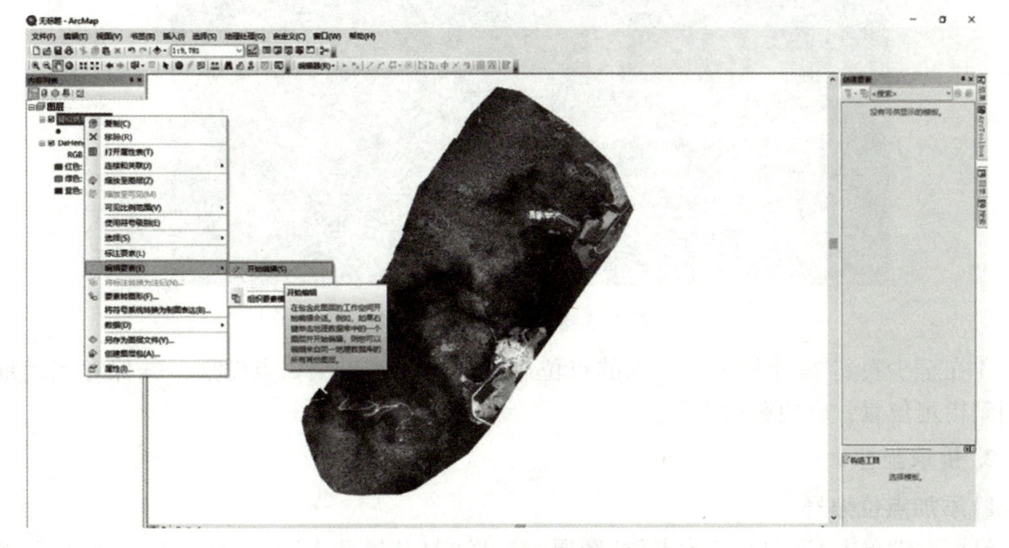

图 2-3-6　进入矢量图层编辑状态

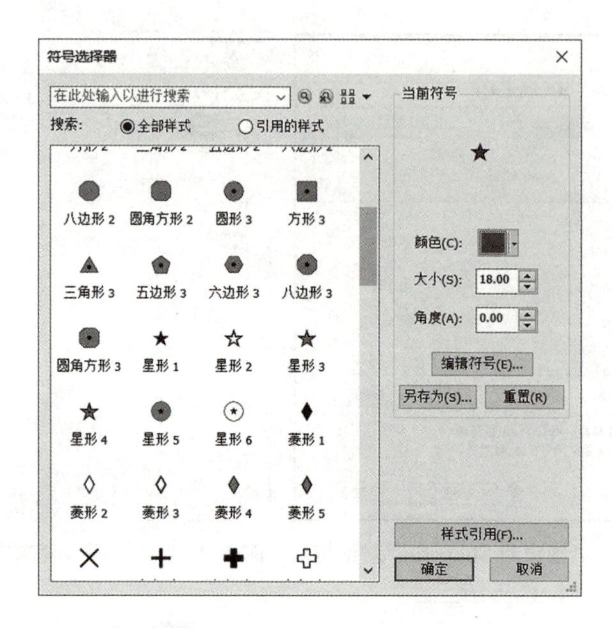

图 2-3-7　点图层符号设置

疑似病死木在影像上的纹理特征多呈现为灰白色或锈红色的絮状物，与周围树木颜色和纹理差异较为明显。

③在无人机影像上查找疑似病死木，确认位置后添加点位(图 2-3-8)。

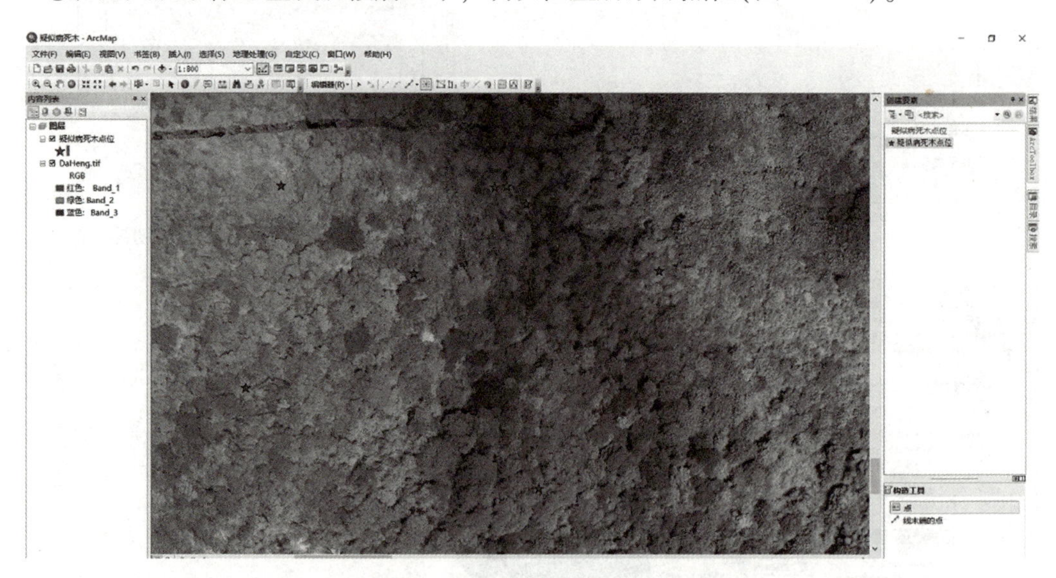

图 2-3-8　疑似病死木点位

④在至少找到 20 个疑似病死木的点位后，保存并停止编辑点图层，并保存当前地图文档到指定位置，以便后续操作。

2. 提取坐标

1) 添加点位编号

鼠标右键单击“疑似病死木点位”图层，选择“打开属性表”(图 2-3-9)。在打开的属

性表中，鼠标右键单击“Id”字段选择“字段计算器”，在弹出的“字段计算器”对话框中输入表达式“[FID]+1”，完成点位编号的添加(图 2-3-10)。

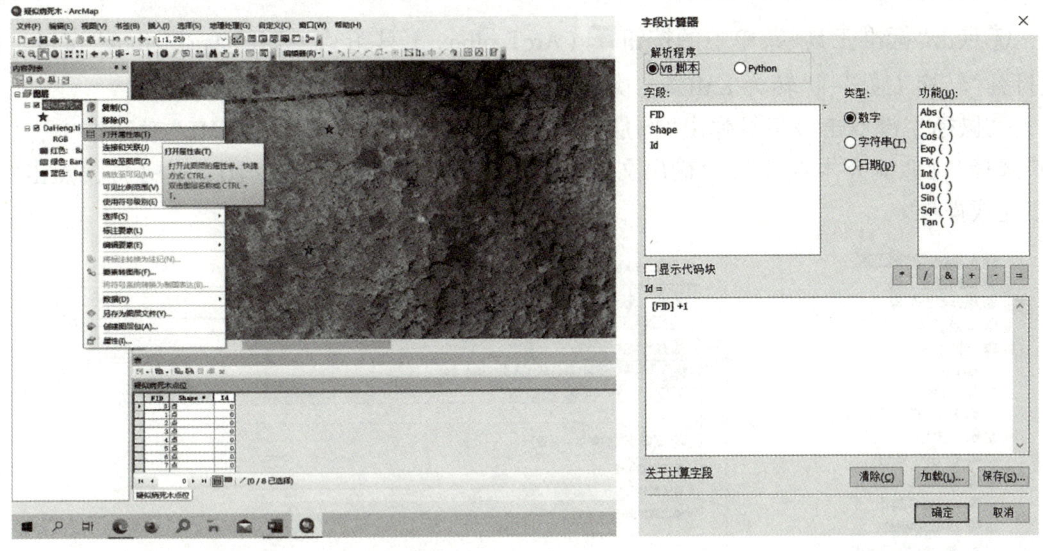

图 2-3-9　打开属性表　　　　图 2-3-10　添加点位编号

2) 添加 XY 坐标

①按住快捷键“Ctrl+F”，在弹出的“搜索”窗口中选择“工具”类型，在搜索框中输入“坐标”并按“Enter”键，在弹出的工具列表中找到“添加 XY 坐标(数据管理)”并双击鼠标左键打开工具(图 2-3-11)。

②在弹出的“添加 XY 坐标”对话框中的“输入要素”中选择“疑似病死木点位”图层，点击“确定”完成操作(图 2-3-12)。

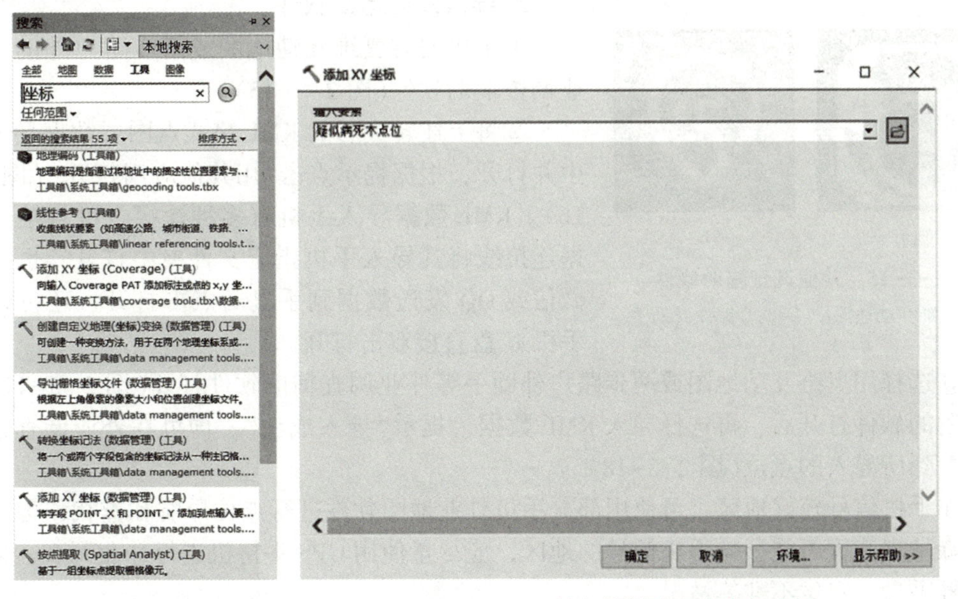

图 2-3-11　打开添加工具　　　　图 2-3-12　输入疑似病死木点位坐标

3. 转换数据

1) 转换为 KML/KMZ 格式

①点击“标准工具”菜单中的按钮 (ArcToolbox 工具箱)，打开“ArcToolbox”窗口，依次打开“转换工具”→“转为 KML”，找到“图层转 KML”工具(图 2-3-13)。

②鼠标左键双击该工具弹出“图层转 KML”对话框，在“图层转 KML”对话框中，“图层”选择“疑似病死木点位”，“输出文件”选择所要保存的指定位置(图 2-3-14)，点击“确定”完成操作。

图 2-3-13　ArcToolbox 工具箱

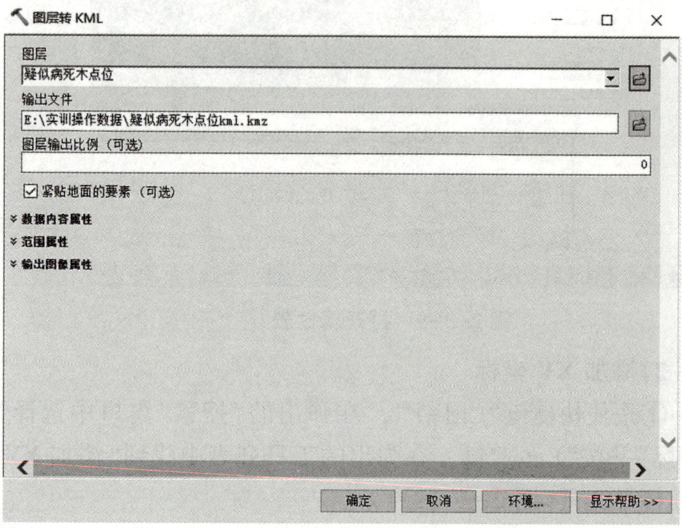

图 2-3-14　“图层转 KML”对话框

2) 导入外业地图软件

①手机安装奥维互动地图或两步路户外助手等外业调查辅助软件(图 2-3-15)。

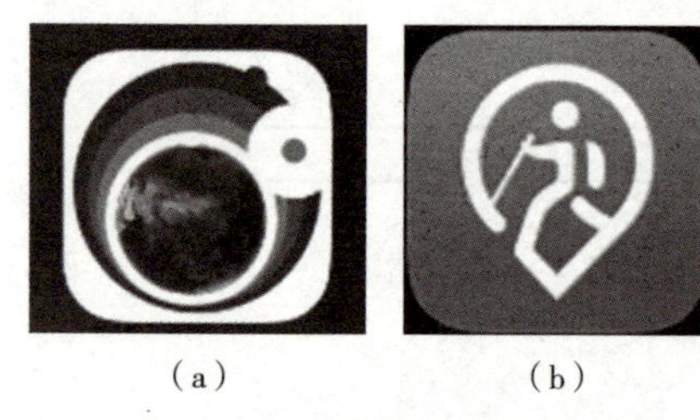

(a)　(b)

图 2-3-15　外业调查辅助软件

(a)奥维互动地图；(b)两步路户外助手

②将上述转换后的 KML 格式点图层数据导入手机中并打开，根据提示点击“用其他应用打开”(图 2-3-16)。KML 数据导入手机有多种途径，可直接通过数据连接线将其导入手机指定文件夹中打开，也可通过微信或 QQ 发送数据到手机后点击打开，还可以通过手机 U 盘直接双击打开。

③选择用奥维互动地图或两步路户外助手等外业调查辅助软件打开(图 2-3-17)。选择合适的软件打开后，再选择导入 KML 数据，提示“导入成功”，即可在外业调查辅助软件中看到所导入的点位(图 2-3-18)。

在手机信号较好地区，可使用部分手机外业地图软件进行点位导航和查找，但是在偏远或森林繁茂等可能影响手机信号的地区，应尽量使用 GPS 手持机进行外业调查，以免发生信号丢失、定位不准等情况。

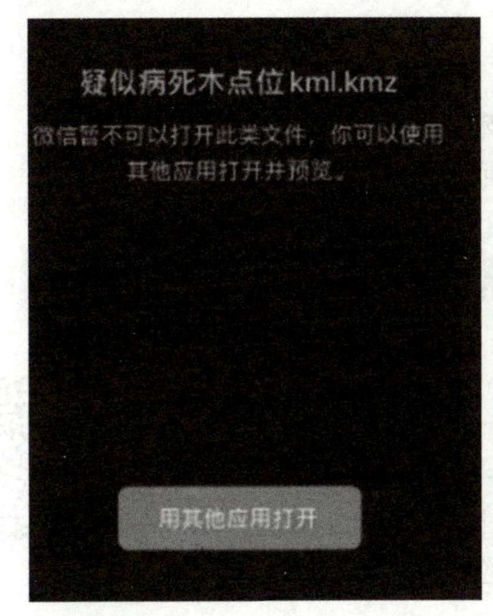

图 2-3-16　打开 KML 数据提示页面

图 2-3-17　应用选择

图 2-3-18　数据导入成功后的页面

考核评价

姓名：		班级：	学号：		
课程任务：完成林区病死木分布坐标收集			完成时间：		
评价项目	评价标准	分值	评价分数		
			自评	互评	师评
专业能力	1. 熟练掌握图层创建	10			
	2. 掌握绘制处至少 10 处疑似染病枯死木点位的方法	10			
	3. 能利用软件计算图层的 XY 坐标	10			
	4. 能够利用软件工具箱将 SHP 转换为 KML 格式	10			
方法能力	1. 充分利用网络、期刊等资源查找资料	5			
	2. 能按照计划完成任务	5			
职业素养	1. 态度端正，不无故迟到、早退	5			
	2. 能做到安全生产、保护环境、爱护公物	5			
工作成果	收集病死木分布坐标	40			
合计		100			
总评分数			教师签名：		
总结与反思： 年　月　日					

练习题

1. 简要描述林业无人机病虫害防治中进行疑似病死木定位调查的基本流程。
2. 将前序练习中生成的 KML/KMZ 文件导入手机并打开。

任务 3-2　实施无人机森林防火巡查

工作任务

实施无人机森林防火巡查

任务描述：

本任务将利用大疆经纬 M300RTK 无人机搭载禅思四合一云台相机，以航点飞行方式对林区拍照和录像，进行林区日常防火巡查。

工具材料：

大疆经纬 M300RTK、大疆禅思四合一云台相机。

任务实施

1. 搭载四合一云台相机

①打开遥控器，开启大疆经纬 M300RTK 无人机(图 2-3-19)，并将大疆禅思四合一云台相机(图 2-3-20)安装在无人机下置的单云台上。

图 2-3-19　大疆经纬 M300RTK 无人机

图 2-3-20　大疆禅思四合一云台相机

②进入遥控器飞行软件 DJI Pilot App 界面(图 2-3-21)。点击“手动飞行”，进入相机界面(图 2-3-22)。

2. 进行航点飞行

①进入遥控器飞行软件 DJI Pilot App 界面，如图 2-3-25，点击“航线飞行”，进入航线选择界面，选择“航点飞行”，如图 2-3-26 所示。

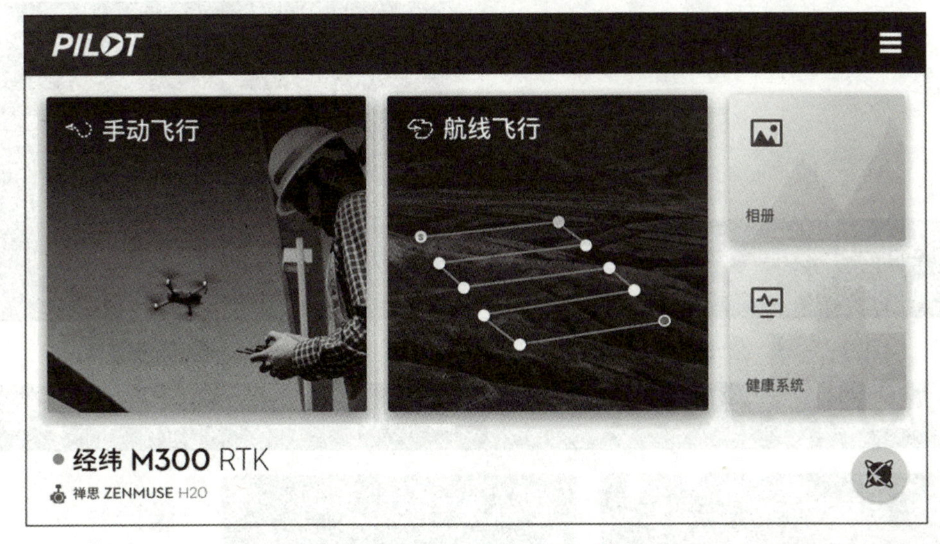

图 2-3-21　DJI Pilot App 界面

图 2-3-22　相机界面

1. 激光测距：点击可开启激光测距功能(图 2-3-23)。激光测距可对测量范围内的物体进行距离测量，显示画面中心点的被测物体与飞行器的距离、相对高度及 GPS 位置。开启该功能后，可点击截屏按键保存含激光测距信息的当前实时画面，图片会被存储在遥控器中；2. 相机及变焦倍率：显示当前主画面所属相机及对应的变焦倍率；3. 相机参数：显示相机当前拍照或录像参数；4. 对焦模式：点击可调节变焦相机的对焦模式，支持手动对焦(MF)，自动连续对焦(AF-C)，自动单点对焦(AF-S)；5. 自动曝光锁定：点击可锁定当前曝光值；6. 相机设置菜单；7. 拍照或录像切换按钮；8. 变焦相机变焦调节：点击可调节变焦相机的变焦倍率(图 2-3-24)。若主画面为变焦相机，调节变焦可直接变动实时画面；若主画面不是变焦相机，调节变焦则改变实时画面中央的变焦相机画面预览框。变焦相机的变焦倍率为 2X 至 200X；9. 拍照或录像按键；10. 回放：点击可查看已拍摄的照片与视频；11. 拍摄参数设置：点击可设置相机的 ISO、快门、曝光补偿等参数；12. 相机画面切换按键：点击可进行变焦、广角、红外画面切换

图 2-3-23　激光打点参数图 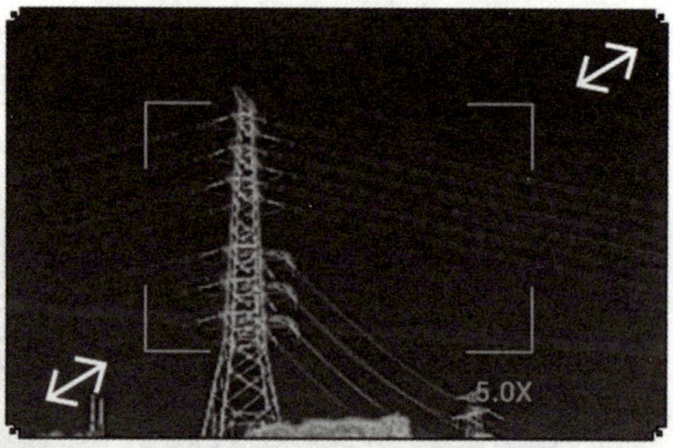　　图 2-3-24　变焦调节界面

图 2-3-25　DJI　Pilot App 界面

图 2-3-26　航线选择界面　　图 2-3-27　航点飞行方式选择

有两种方式可选(图 2-3-27)。第 1 种为“地图选点”，可通过在地图页面中添加编辑航点以生成航线；第 2 种为“在线任务录制”，是在飞行过程中记录飞行器打点、拍照等信息以自动生成航线。这里主要介绍利用“地图选点”进行航点飞行。

②点击“地图选点”，可进入航线编辑界面(图 2-3-28)。

③航线设置好后，上传航线并执行飞行任务。飞行任务执行过程中，可通过遥控器观看无人机实时回传画面，查看林区内是否有会引起山火的危险源，或者在飞行任务结束后，关闭飞行器电源，取出云台相机中的 micro SD 卡并连至计算机，在 DCIM 文件夹中找到巡查航线所拍摄的照片与视频数据，进行二次筛查(图 2-3-29)。

图 2-3-28　航线编辑界面

1. 兴趣点：点击开启兴趣点功能，地图上将自动添加一个兴趣点，拖动可调整位置，添加兴趣点后可在设置飞行器偏航角时选择朝向兴趣点，则执行航线任务时飞行器机头将始终朝向兴趣点，实际作业中，可将重点巡查区域设置为兴趣点，再次点击此图标可关闭兴趣点功能；2. 航线反向：点击可将航线起始点与结束点位置互换；3. 清除航点：点击可清除所有已添加的航点；4. 删除：删除选中的航点；5. 参数主页：在参数主页编辑航线名称，选择飞行器为 M300RTK 并将负载设置为所挂载的云台相机型号，如 H20T；6. 航线设置：可设置飞行器速度、高度、飞行器偏航角、云台控制、航点类型、节能模式及完成动作，根据林区实际情况设置，高度须高于巡查区域最高障碍物；7. 单个航点设置：点击选中需单独设置航点，可进行飞行器速度、高度、飞行器偏航角、航点类型、航点动作、经度和纬度等设置，点击“<”或“>”可切换航点；8. 航线信息：显示航线长度、预计飞行时间、航点数、拍照张数与经纬度；9. 开始执行：点击可进行航线任务执行；10. 保存创建：点击保存当前参数，创建航线

SDXC (F:) ▸ DCIM ▸

名称	修改日期	类型	大小
DJI_202103301053_006	2021/3/30 10:53	文件夹	
DJI_202103301105_007	2021/3/30 11:06	文件夹	
DJI_202103301501_008	2021/3/30 15:01	文件夹	
DJI_202103301501_009	2021/3/30 15:01	文件夹	
DJI_202103301501_010	2021/3/30 15:01	文件夹	
DJI_202103301501_011	2021/3/30 15:01	文件夹	
DJI_202103301502_012	2021/3/30 15:02	文件夹	
DJI_202103301502_013	2021/3/30 15:02	文件夹	
DJI_202103301511_014	2021/3/30 15:11	文件夹	
DJI_202103301512_015	2021/3/30 15:12	文件夹	
DJI_202103301523_016	2021/3/30 15:23	文件夹	
DJI_202103301523_017	2021/3/30 15:23	文件夹	
DJI_202103301523_018	2021/3/30 15:23	文件夹	
DJI_202103301535_019	2021/3/30 15:35	文件夹	
DJI_202103301535_020	2021/3/30 15:35	文件夹	

图 2-3-29　micro SD 卡文件界面

考核评价

<table>
<tr><td colspan="2">姓名：</td><td>班级：</td><td colspan="4">学号：</td></tr>
<tr><td colspan="3">课程任务：实施无人机森林防火巡查应用</td><td colspan="4">完成时间：</td></tr>
<tr><td rowspan="2">评价项目</td><td rowspan="2" colspan="2">评价标准</td><td rowspan="2">分值</td><td colspan="3">评价分数</td></tr>
<tr><td>自评</td><td>互评</td><td>师评</td></tr>
<tr><td rowspan="2">专业能力</td><td colspan="2">1. 熟练使用无人机搭载四合一云台相机</td><td>20</td><td></td><td></td><td></td></tr>
<tr><td colspan="2">2. 掌握航点飞行方法</td><td>20</td><td></td><td></td><td></td></tr>
<tr><td rowspan="2">方法能力</td><td colspan="2">1. 充分利用网络、期刊等资源查找资料</td><td>5</td><td></td><td></td><td></td></tr>
<tr><td colspan="2">2. 能按照计划完成任务</td><td>5</td><td></td><td></td><td></td></tr>
<tr><td rowspan="2">职业素养</td><td colspan="2">1. 态度端正，不无故迟到、早退</td><td>5</td><td></td><td></td><td></td></tr>
<tr><td colspan="2">2. 能做到安全生产、保护环境、爱护公物</td><td>5</td><td></td><td></td><td></td></tr>
<tr><td>工作成果</td><td colspan="2">完成无人机森林防火巡查</td><td>40</td><td></td><td></td><td></td></tr>
<tr><td colspan="3">合计</td><td>100</td><td></td><td></td><td></td></tr>
<tr><td colspan="3">总评分数</td><td></td><td colspan="3">教师签名：</td></tr>
<tr><td colspan="7">总结与反思：

年　　月　　日</td></tr>
</table>

练习题

根据当地情况，利用无人机对某个林区进行防火巡查，并录制视频。

项目 4　林草无人机影像应用

学习目标

知识目标：

1. 掌握林区规划要点。
2. 掌握正射影像中单木冠幅的计算方法。

技能目标：

1. 能够裁剪无人机影像。
2. 能进行林区规划。
3. 能够制作林区规划专题图。
4. 能够使用 ArcGIS 从正射影像中提取单木，并计算冠幅面积和周长。

素质目标：

培养学生团队协作、脚踏实地、吃苦耐劳的精神。

任务 4-1　基于无人机影像进行林区规划

工作任务

任务描述：

本任务将利用 ArcMap 软件，通过影像裁剪、绘制林区等步骤，对林区进行规划，并计算出相应面积，最终完成林区规划专题图的制作。

基于无人机影像进行林区规划

工具材料：

ArcMap 软件，无人机正射影像。

任务实施

1. 裁剪影像

1) 添加地图

①打开 ArcMap 软件，点击标准工具栏上的按钮（添加数据）（图 2-4-1）。

②在“添加数据”对话框中点击按钮（连接到文件夹），打开文件夹“YCL”，选中

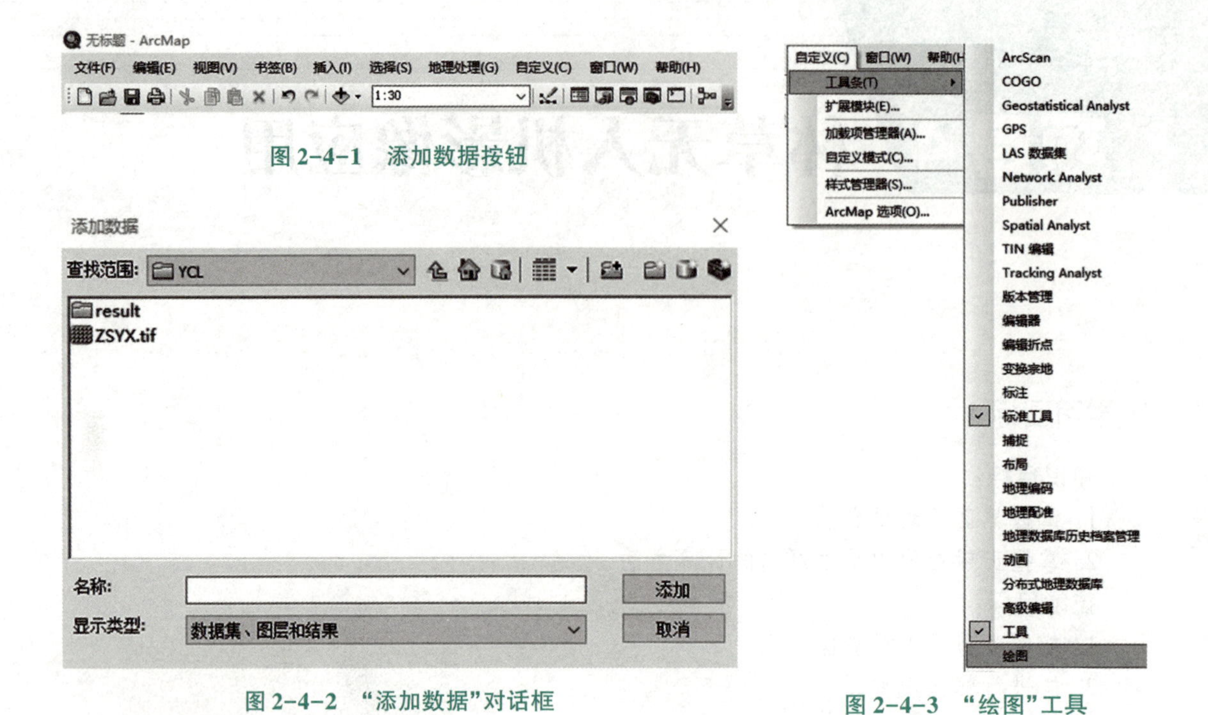

图 2-4-1 添加数据按钮

图 2-4-2 “添加数据”对话框

图 2-4-3 “绘图”工具

“ZSYX. tif”文件(图 2-4-2)。

2) 绘制面

①在菜单栏上点击“自定义”，在下拉列表中点击“工具条”，并在弹出的快捷菜单中选择“绘图”(图 2-4-3)。

②在绘图工具条中，点击按钮 ▢ ▾右侧的倒三角形，在弹出的下拉列表中，选择“面”(图 2-4-4)。

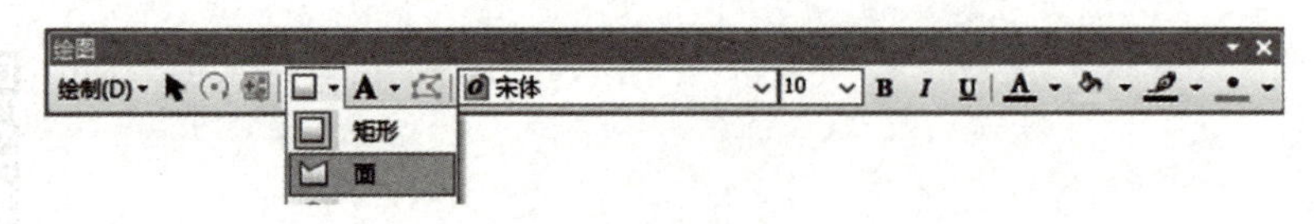

图 2-4-4 “面”按钮

③把鼠标放在图中林地的位置，然后推动鼠标滚轮，把林地缩放到合适的大小。在地图中点击林地边界的左上角作为采集面的第 1 个点(图 2-4-5)，而后依次点击林地边界上的拐点，在最后 1 个拐点处双击鼠标左键完成绘制(图 2-4-6)。

3) 裁剪面(导出数据)

①在“内容列表”中，右键点击“ZSYX. tif”，在弹出的下拉菜单中依次点击“数据”→“导出数据”(图 2-4-7)。

②在“导出栅格数据”对话框，导出“范围”选择“所选图形”，输出要素名称改为“Caijian. tif”，点击“保存”(图 2-4-8)。在弹出的“输出栅格”对话框中，点击“是”(图 2-4-9)，即可在“内容列表”中加载出“Caijian. tif”图层。

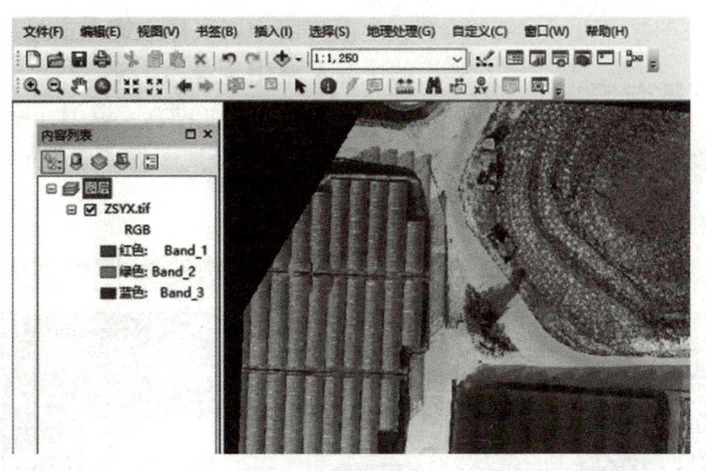

图 2-4-5　采集面的第 1 个点

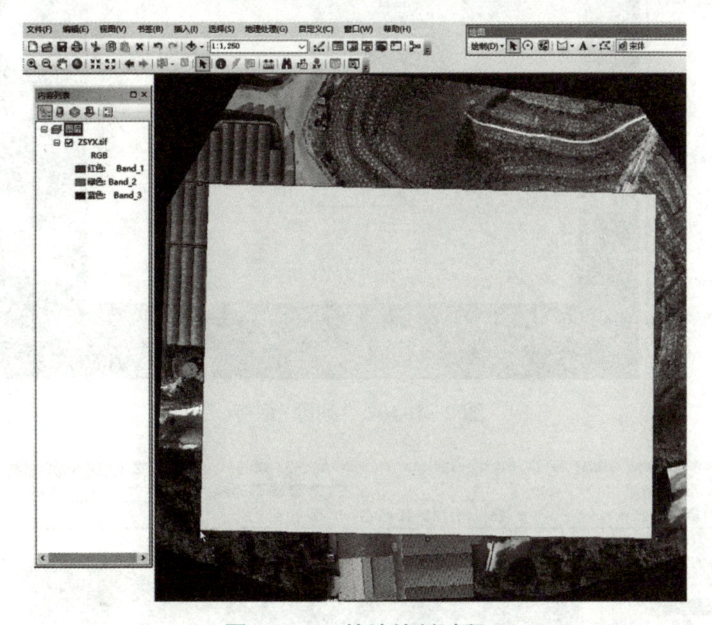

图 2-4-6　林地绘制过程

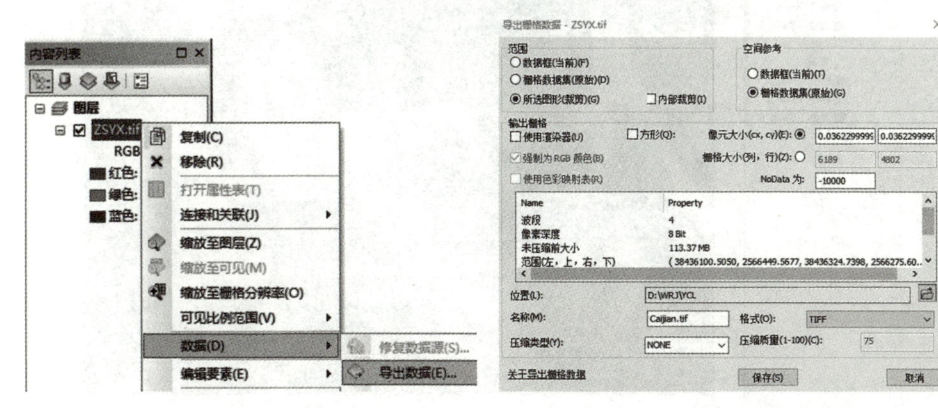

图 2-4-7　“导出数据”工具　　　　图 2-4-8　“导出栅格数据”窗口

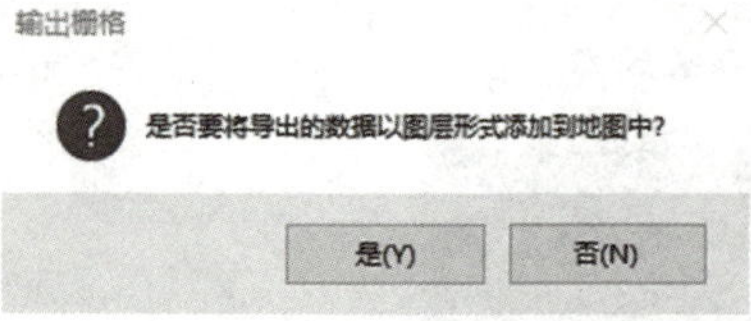

输出栅格

是否要将导出的数据以图层形式添加到地图中?

是(Y) 否(N)

图 2-4-9 “输出栅格”对话框

③在地图界面中，鼠标右键点击绘图区域任意地方，在弹出的快捷菜单中选择“删除”命令，再将内容列表中“ZSYX. tif”图层前方框内的“√”取消，则取消了该图层的显示(图 2-4-10)；最终地图界面中仅显示出“Caijian. tif”图层(图 2-4-11)。

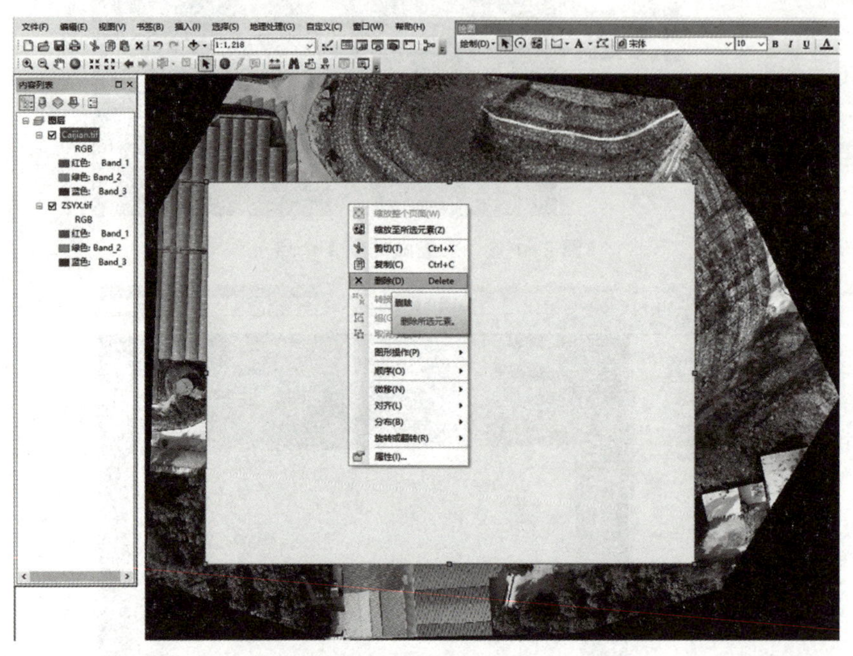

图 2-4-10 “删除”命令

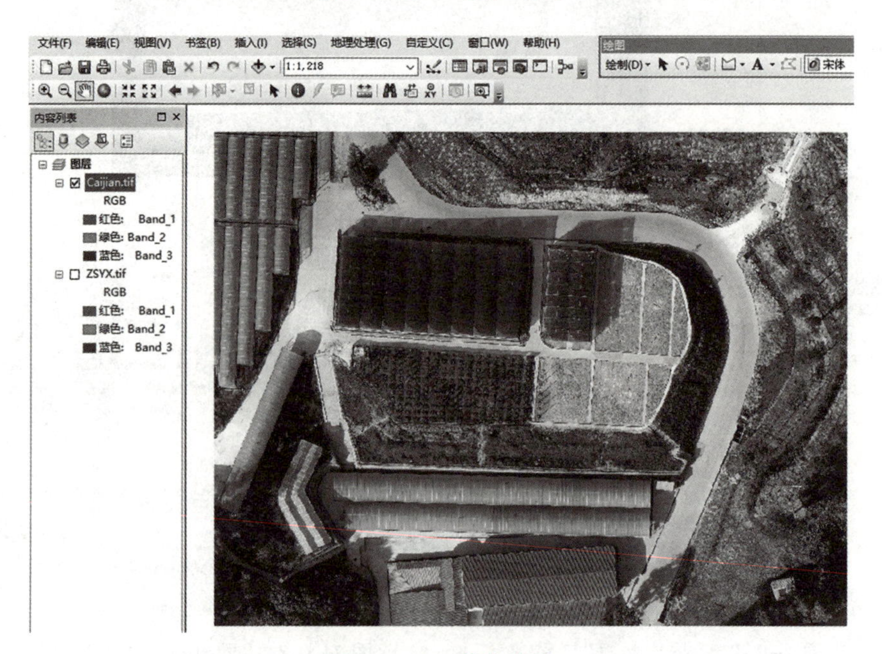

图 2-4-11 裁剪结果

2. 林区规划

1) 创建 Shapefile

①点击标准工具条中的按钮（目录）（图 2-4-12），打开“目录”窗口。

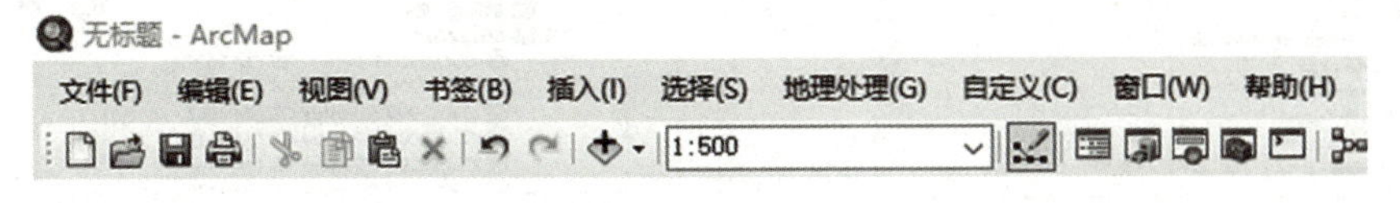

图 2-4-12　目录按钮

②在“目录”窗口中展开“D:\WRJ\YCL\result”文件，右键点击“result”文件夹；在弹出的快捷菜单中，用鼠标点击“新建”菜单命令，并在下一级菜单中选择“Shapefile”（图 2-4-13）。

③在“创建新 Shapefile”对话框的“名称”文本框中输入“LD”，要素类型选择“面”；并点击“空间参考”中的“编辑”按钮（图 2-4-14）。

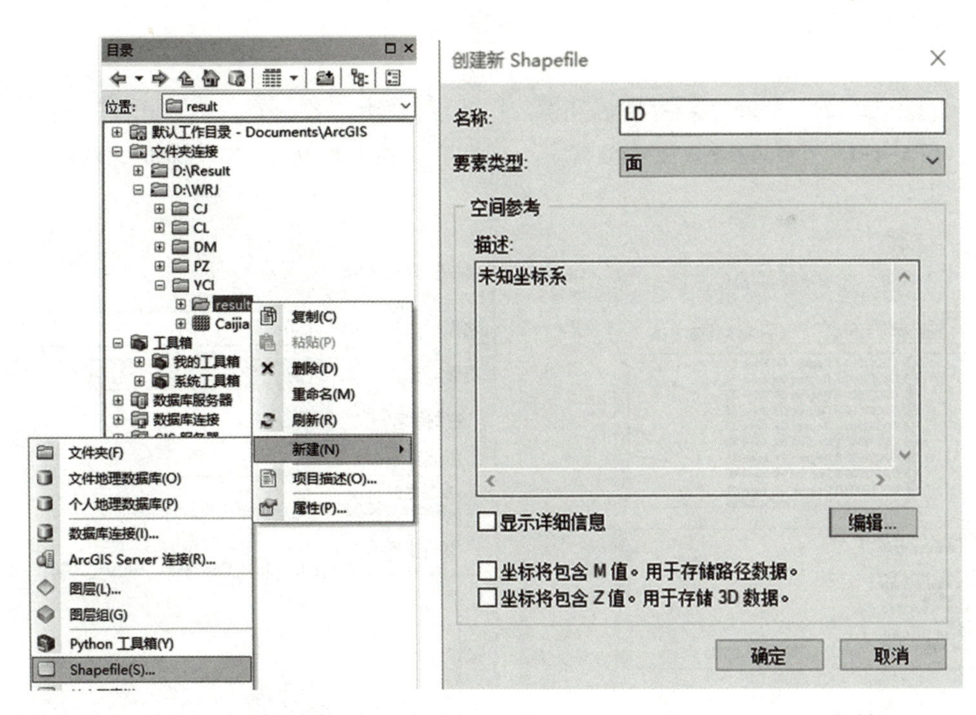

图 2-4-13　“Shapefile”菜单命令　　　　图 2-4-14　“创建 Shapefile”对话框

④展开“空间参考属性”对话框中“投影坐标系”→“Gauss Kruger”文件夹（图 2-4-15）；选择“CGCS2000”下的“CGCS2000_3_Degree_GK_Zone_38”，点击“确定”（图 2-4-16、图 2-4-17）。

⑤点击“创建新 Shapefile”对话框的“确定”按钮（图 2-4-18），完成 Shapefile 文件的创建，此时“LD”会被自动添加到“内容列表”中。

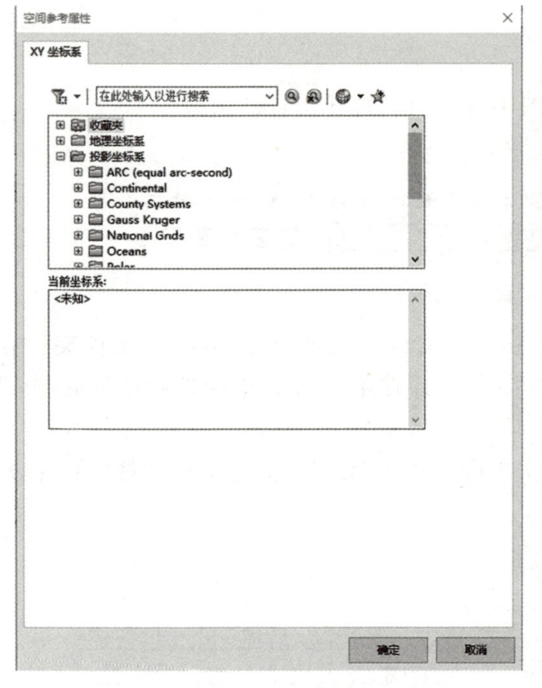

图 2-4-15 “空间参考属性”对话框

图 2-4-16 “CGCS2000”文件夹

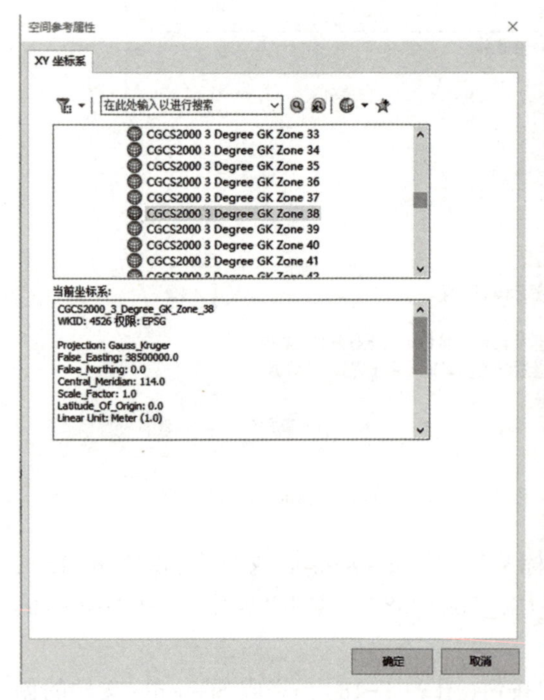

图 2-4-17 “CGCS2000_3_Degree_GK_Zone_38”坐标

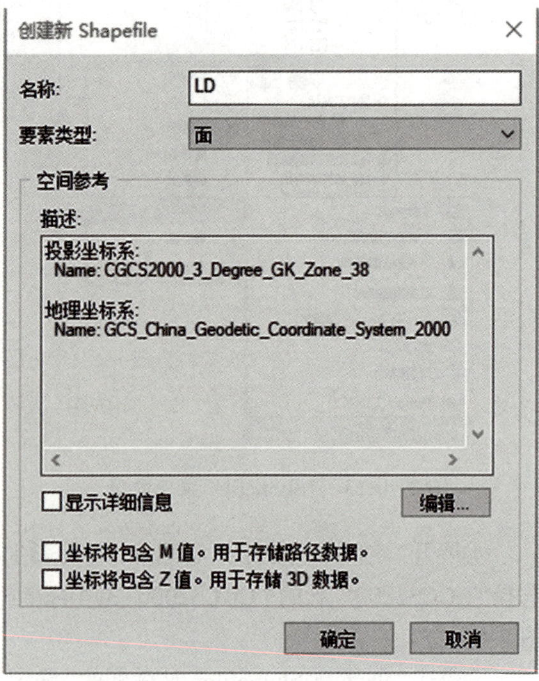

图 2-4-18 “创建新 Shapefile”对话框

2) 创建面

①在菜单栏中点击“自定义”按钮，在下拉列表中点击“工具条”，在弹出的快捷菜单中选择“编辑器”(图 2-4-19)。

②点击“编辑器”下拉菜单，选择“开始编辑”(图 2-4-20)。点击按钮(创建要素)(图 2-4-21)，弹出“创建要素”窗口(图 2-4-22)。

③在“创建要素”窗口中，点击“LD”，在“构造工具”处选择“面”(图 2-4-22)。

④在地图界面中，画出需要规划的林区边界(图 2-4-23)，绘至最后一点时，双击鼠标左键完成绘制(图 2-4-24)。

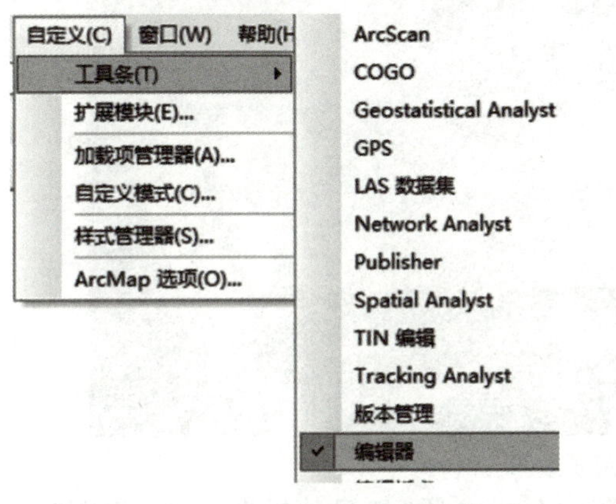

图 2-4-19　“编辑器”菜单命令

图 2-4-20　“编辑器”菜单命令

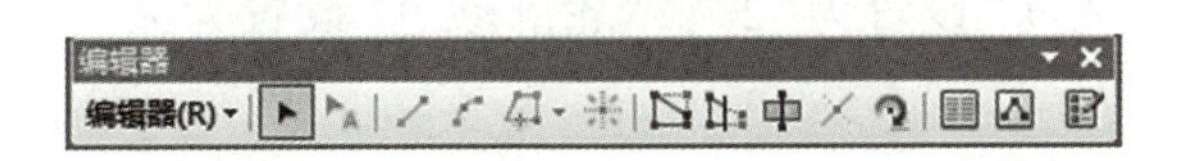

图 2-4-21　创建要素按钮

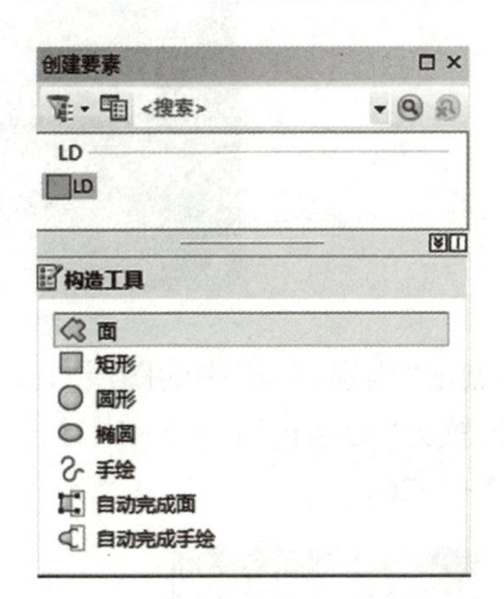

图 2-4-22　“创建要素”窗口

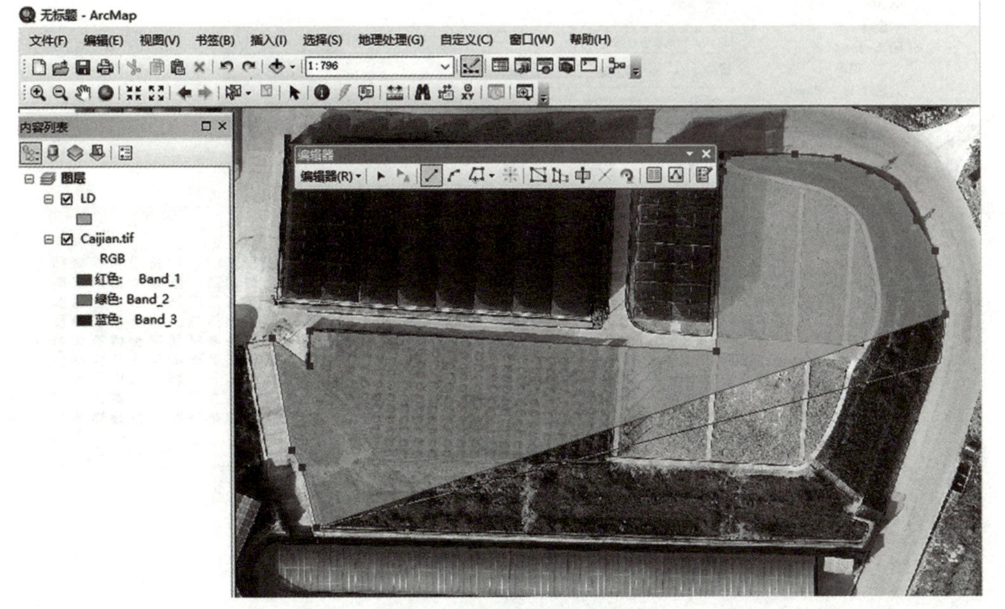

图 2-4-23　绘制过程

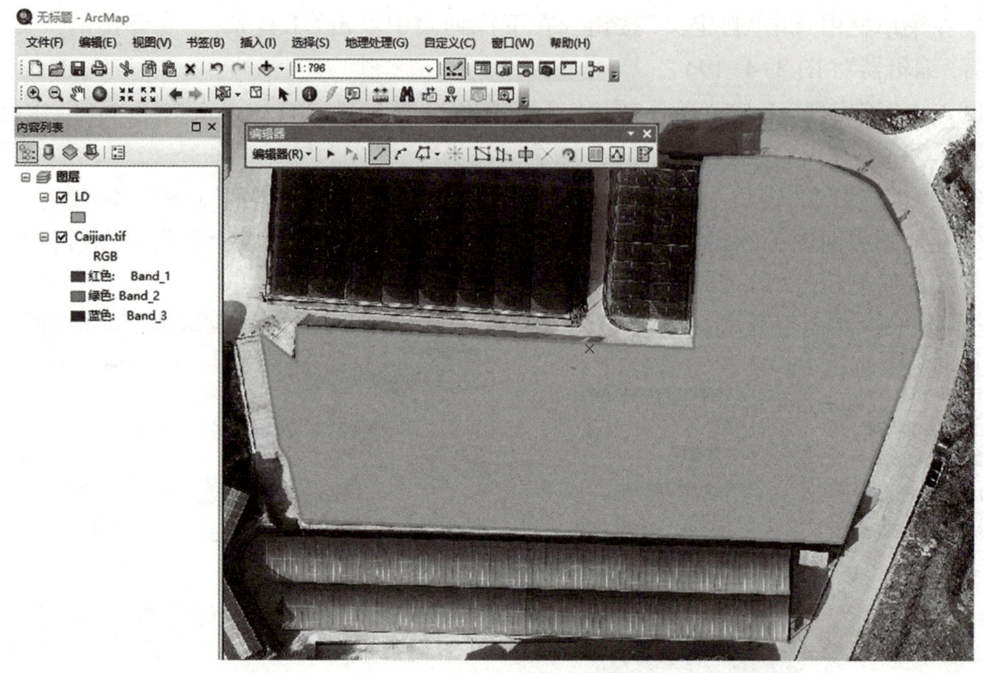

图 2-4-24　绘制完成效果

⑤点击"内容列表"中的图层"LD"下的符号▭，在弹出的"符号选择器"中，将"填充颜色"设置为"无颜色"(图 2-4-25)，将"轮廓宽度"设置为"2"，"轮廓颜色"设置为火星红(图 2-4-26)。

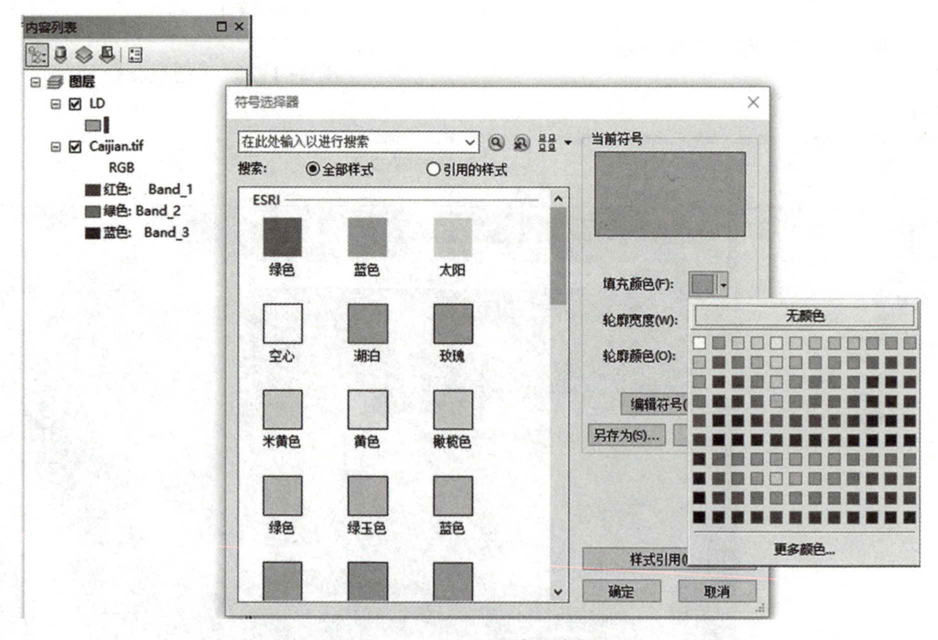

图 2-4-25　设置填充颜色

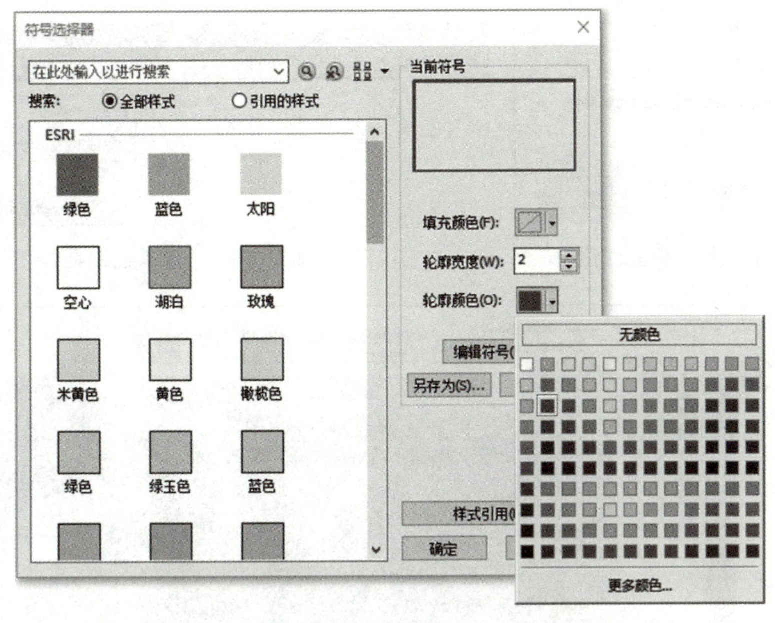

图 2-4-26　设置轮廓宽度

3) 备份数据

①右键点击“内容列表”中的图层“LD”，在弹出的快捷菜单中选择“数据”菜单命令，并在下一级菜单中选择“导出数据”(图 2-4-27)。

②在“导出数据”对话框中(图 2-4-28)，可选择“输出要素类”文件位置，点击“确认”完成后会弹出提示信息对话框(图 2-4-29)，此处选择“否”。

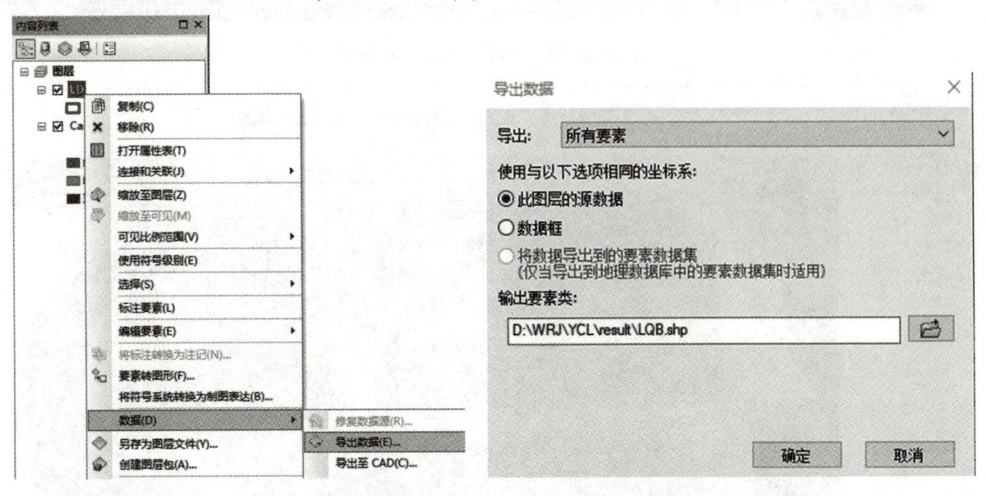

图 2-4-27　“导出数据”菜单命令　　图 2-4-28　“导出数据”对话框

4) 裁剪面

在编辑器中选择 (裁剪面工具)(图 2-4-30)，从所需要裁剪的林区外点击的第一个点开始裁剪林区(图 2-4-31～图 2-4-33)。

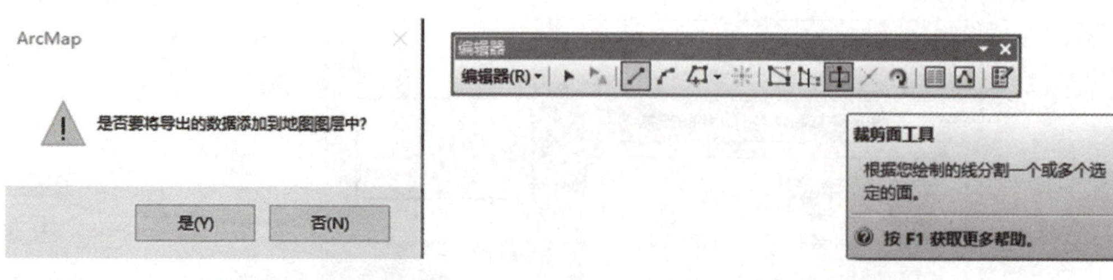

图 2-4-29　提示信息对话框　　　　图 2-4-30　裁剪面工具

图 2-4-31　自面外部开始裁剪

图 2-4-32　裁剪过程

图 2-4-33　裁剪完成结果

打开“编辑器”工具栏中的“编辑器”下拉菜单，点击“停止编辑”(图 2-4-34)，此时会弹出“保存”对话框(图 2-4-35)，选择“是”。

图 2-4-34　“停止编辑”菜单命令　　图 2-4-35　“保存”对话框

5) 输入属性数据

①在“内容列表”窗口中，点击“LD”图层，在弹出的快捷菜单中点击“打开属性表”菜单命令(图 2-4-36)。

②打开“表”窗口中的 (表选项) 下拉菜单，点击“添加字段”(图 2-4-37)。

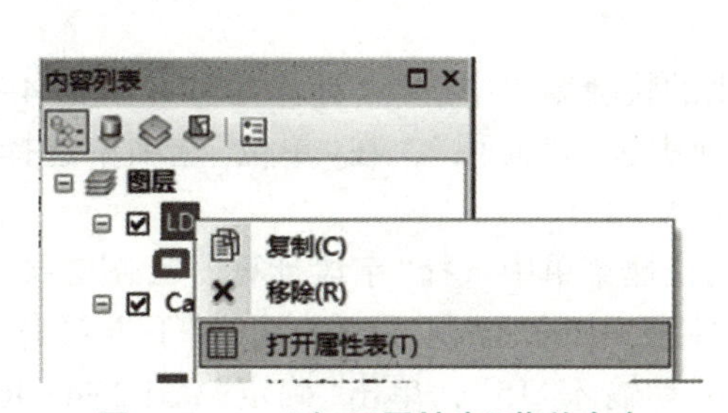

图 2-4-36　“打开属性表”菜单命令

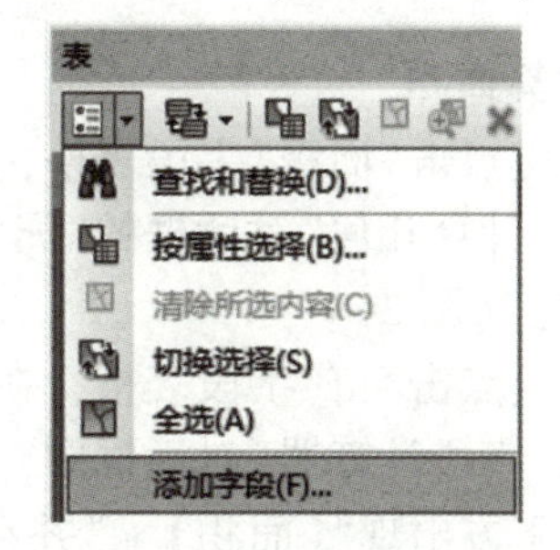

图 2-4-37　“添加字段”菜单命令

③在“添加字段”对话框中的“名称”文本框中输入“名称”，在“类型”选项中选择“文本”，点击“确定”(图 2-4-38)。按照上述方法再依次添加“面积”字段(图 2-4-39)、“亩”字段(图 2-4-40)。

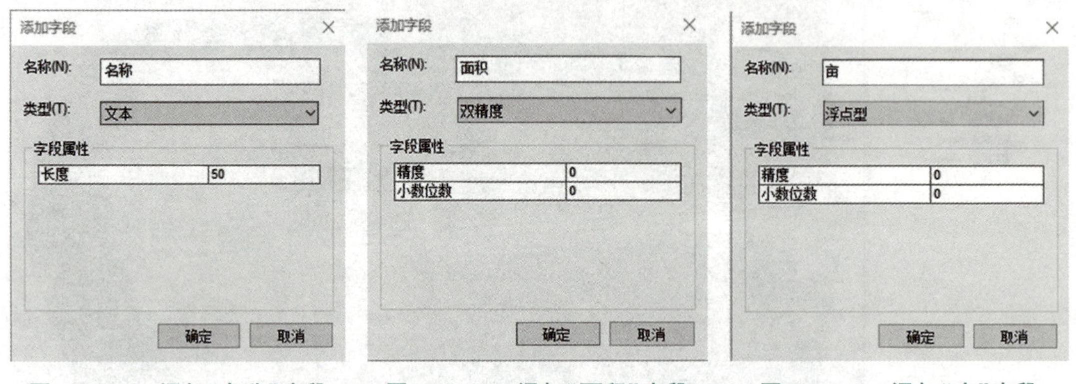

图 2-4-38　添加“名称”字段　　图 2-4-39　添加“面积”字段　　图 2-4-40　添加“亩”字段

④打开“编辑器”工具栏中的“编辑器”下拉菜单，点击“开始编辑”(图 2-4-41)。

⑤在“表”窗口中，选中“名称”字段下方的表格，在“FID”列为“0”“1”“2”的对应位置分别输入“多彩树种展示区”“芳香树种展示区”“乡土树种展示区”(图 2-4-42)。

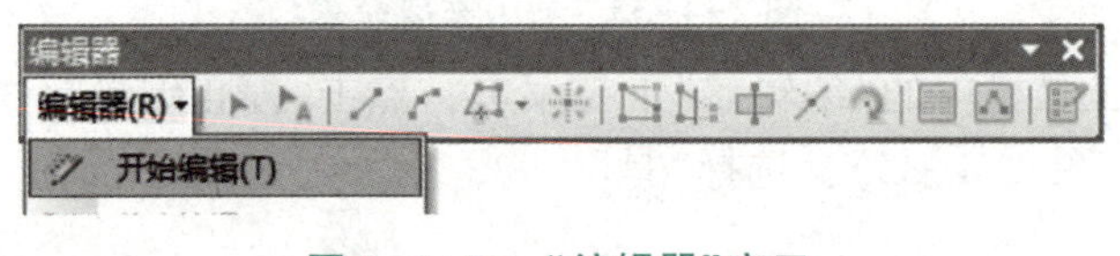

图 2-4-41　“编辑器”窗口

表

LD

FID	Shape *	Id	名称	面积	亩
0	面	0	多彩树种展示区	0	0
1	面	0	芳香树种展示区	0	0
2	面	0	乡土树种展示区	0	0

3　(0 / 3 已选择)

LD

图 2-4-42　“名称”录入

6) 计算面积

①右键点击“面积”字段表格，在弹出的快捷菜单中选择“计算几何”(图 2-4-43)。

②在“计算几何”对话框的“属性”选项中选择“面积”，在“单位”选项中选择“公顷”，点击“确定”(图 2-4-44)。

③右键点击“亩”字段表格，在弹出的快捷菜单中选择“字段计算器”(图 2-4-45)。

④在“字段计算器”对话框中，双击“字段”中的“面积”，在“功能”下方双击“ * ”，即在“亩 =”下方出现“【面积】* ”并在其后手动输入“15”，单击“确定”(图 2-4-46)。结果如图 2-4-47 所示，点击“表”窗口右上角的“×”按钮关闭窗口。

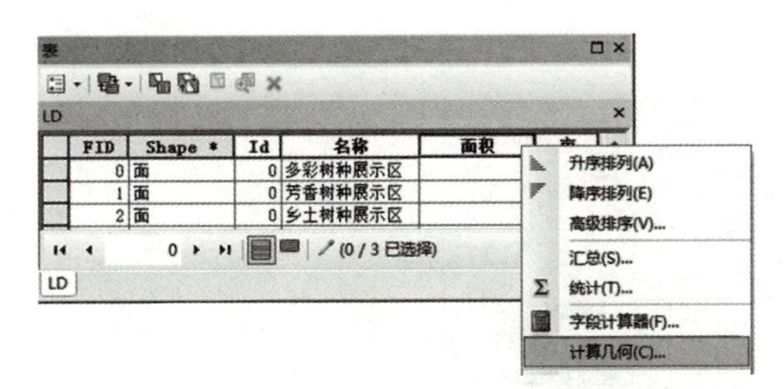

图 2-4-43　“计算几何”菜单命令

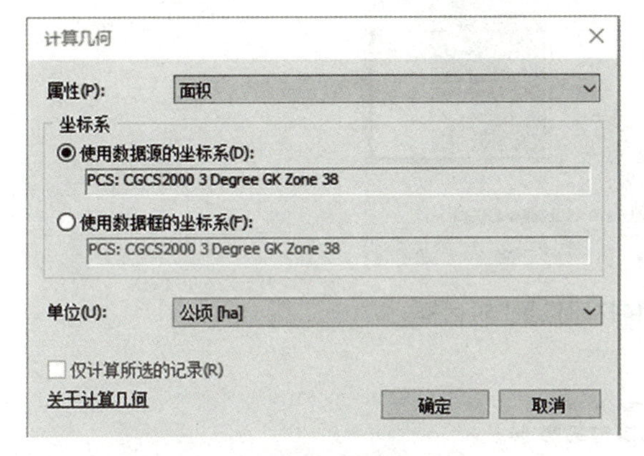

图 2-4-44　“计算几何”窗口

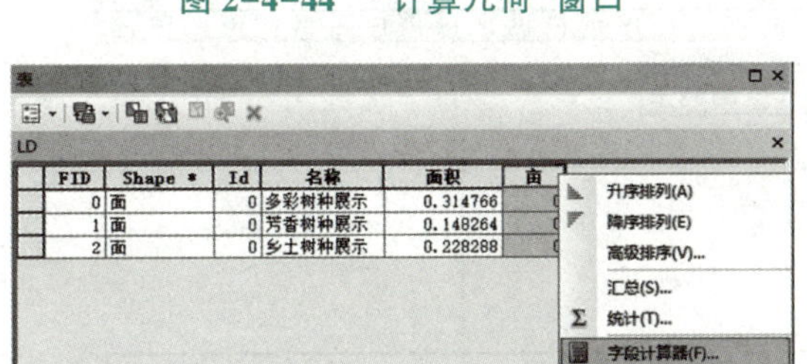

图 2-4-45　“字段计算器”菜单命令

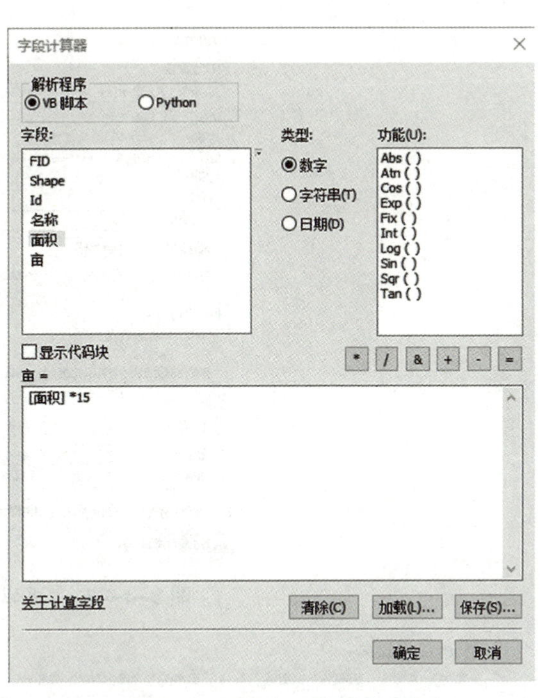

图 2-4-46　“字段计算器”窗口

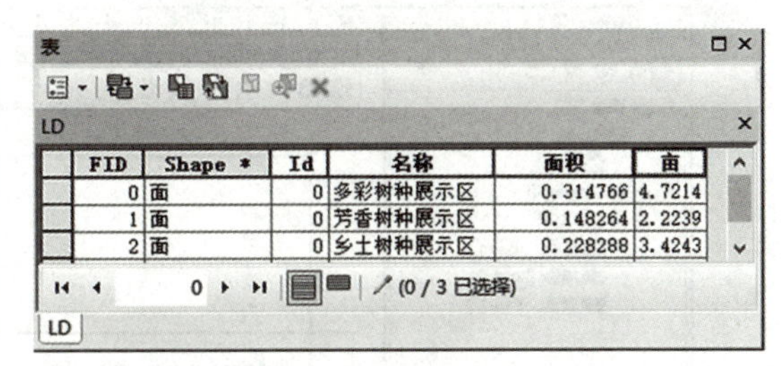

图 2-4-47　属性数据输入结果

3. 制作林区规划专题图

1) 布局设置

①点击菜单栏上的“视图”按钮；在弹出的下拉菜单中点击“布局视图”菜单命令(图 2-4-48)，此时，将切换至布局视图。

②在“页码和打印设置”对话框中，设置“方向”为“横向”，设置完成后点击“确定”按钮(图 2-4-49)。

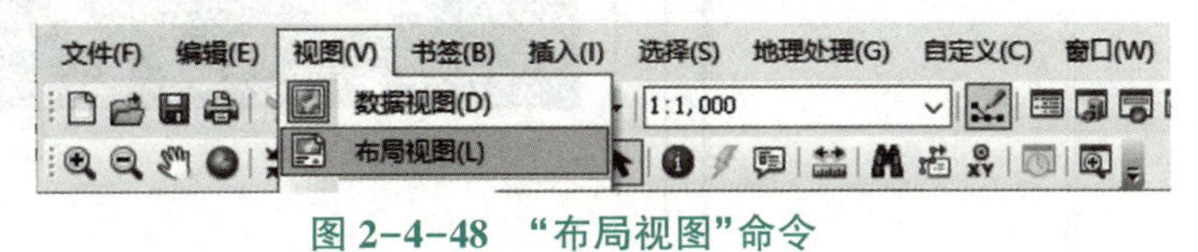

图 2-4-48　“布局视图”命令

③选中布局视图内的边框中点(图 2-4-50)，用鼠标拖曳至如图 2-4-51 所示位置。

2) 显示符号设置

①右键点击“内容列表”中的“LD”图层，在弹出的快捷菜单中，选择“属性”菜单命令(图 2-4-52)。

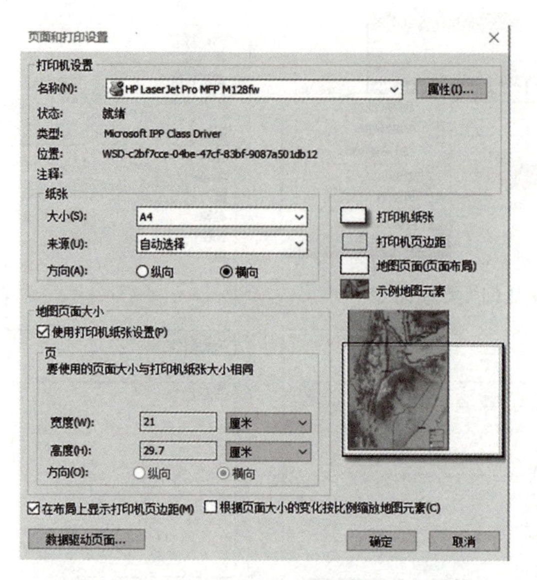

图 2-4-49 “页码和打印设置”对话框

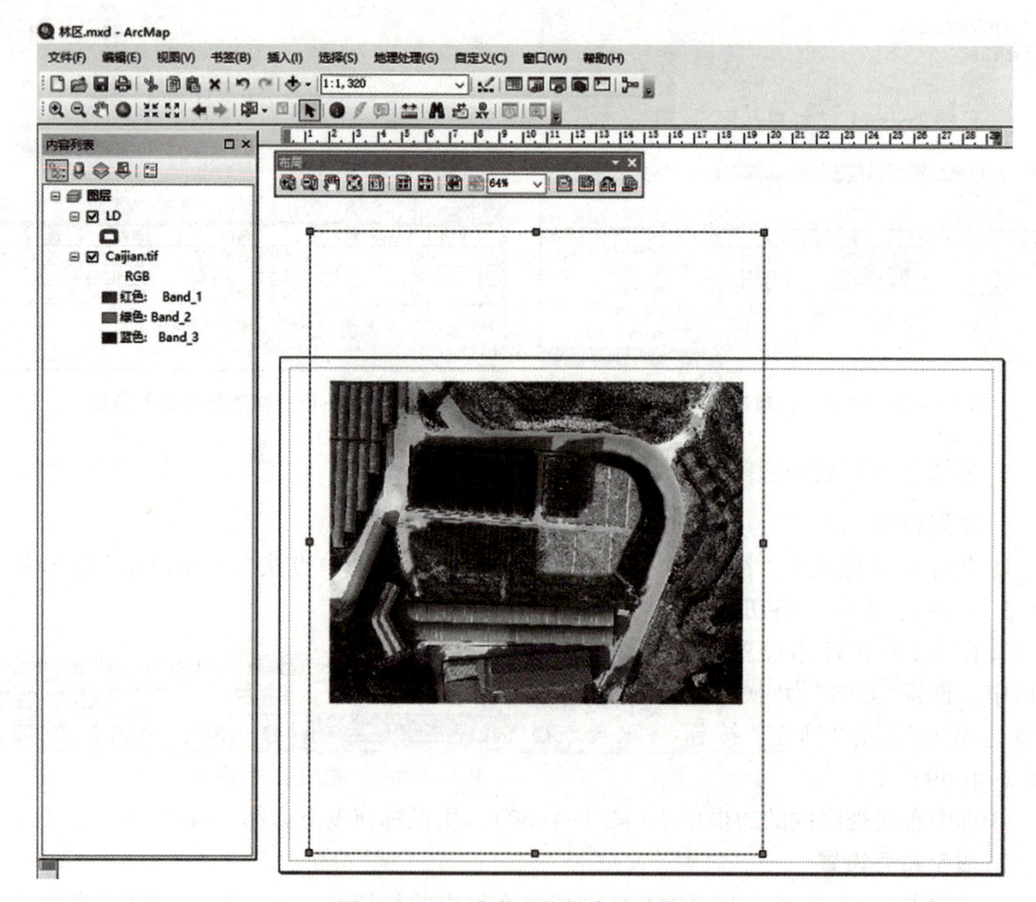

图 2-4-50 选中边框中点进行拖曳

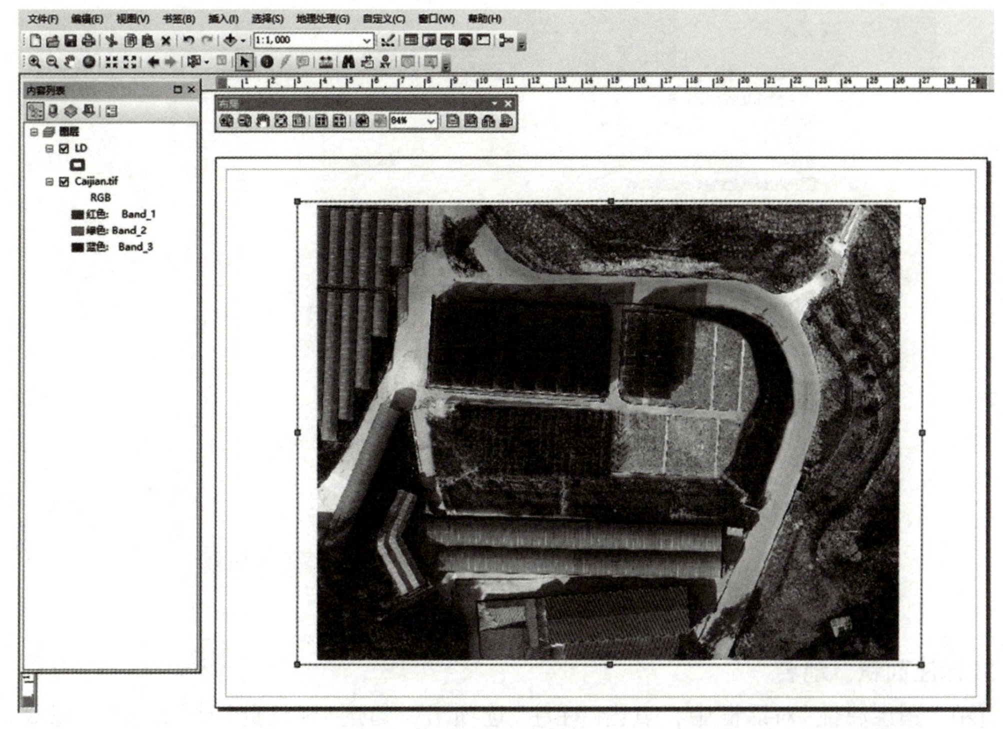

图 2-4-51　布局调整结果

②在“图层属性”对话框中，点击“符号系统”标签，在“显示”列表框中，点击“类别”并选择“唯一值”；在“值字段”下拉列表框中选择字段“名称”；在“符号”列表框中点击空白方框使其处于勾选状态，完成以上所有设置后，点击“添加所有值”按钮(图 2-4-53)。

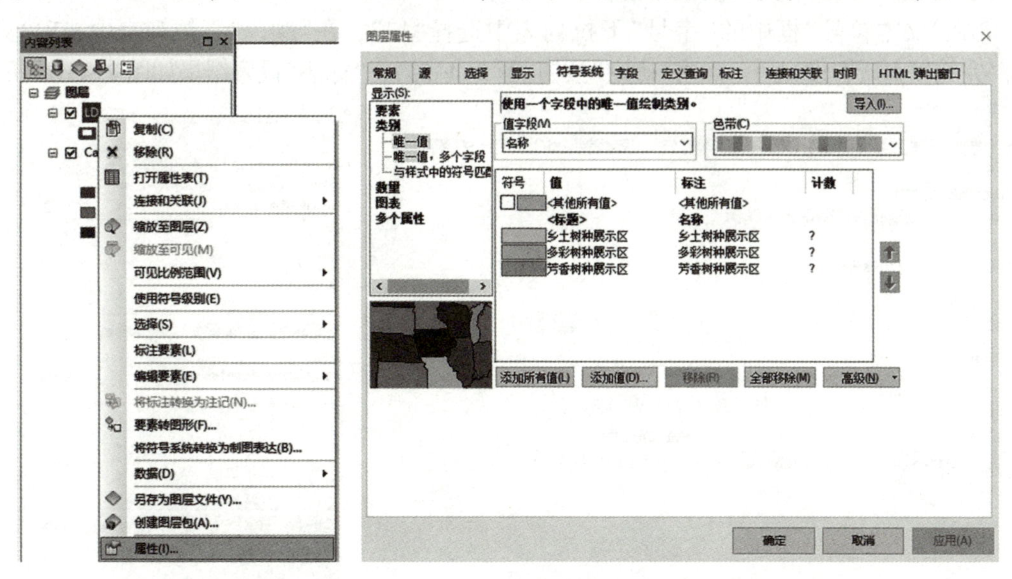

图 2-4-52　“属性”菜单命令　　　　图 2-4-53　“符号系统”设置

③在“图层属性”对话框中，点击“显示”标签，在“透明度”框中输入“50”，完成以上设置后，点击“应用”按钮(图 2-4-54)。

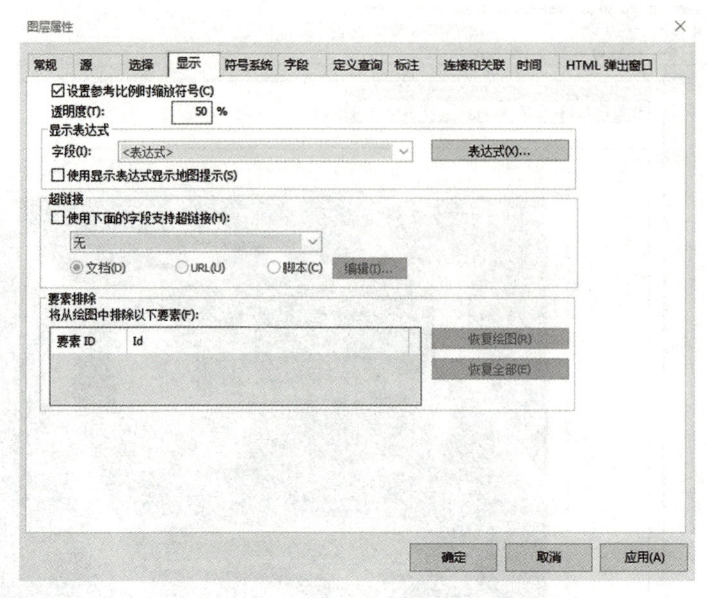

图 2-4-54 “显示”设置

3) 标注面积、地名

①在“图层属性”对话框中，点击“标注”选项卡，勾选“标注此图层要素”。完成以上设置后，点击“表达式”按钮(图 2-4-55)。

②在“标注表达式”对话框中，点击“加载”按钮(图 2-4-56)；在弹出的“打开”对话框中，连接到“YCL”文件夹，选中“Biaodashi. lxp”文件，点击“打开”(图 2-4-57)；在“标注表达式”窗口中点击“确定”按钮(图 2-4-58)。

③在“文本符号”框中的“字号”下拉列表中选择“12”，在“颜色”下拉列表中选项“火星红”。完成以上所有设置后，点击“确定”按钮(图 2-4-59)，“标注”设置结果如图 2-4-60 所示。

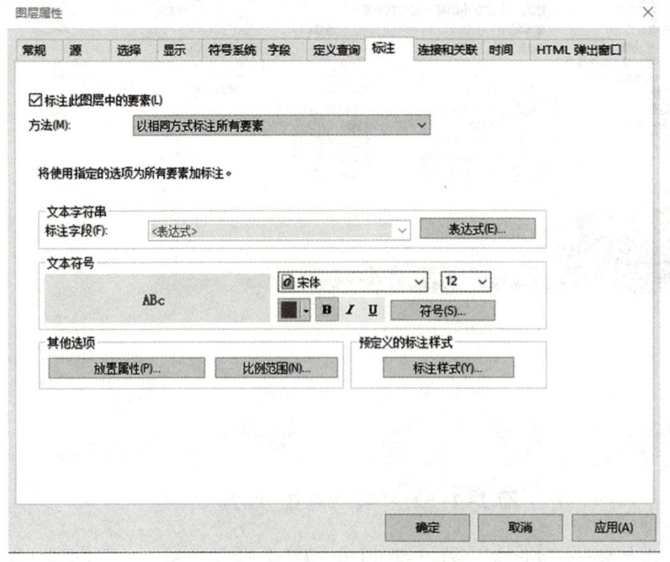

图 2-4-55 “标注”设置

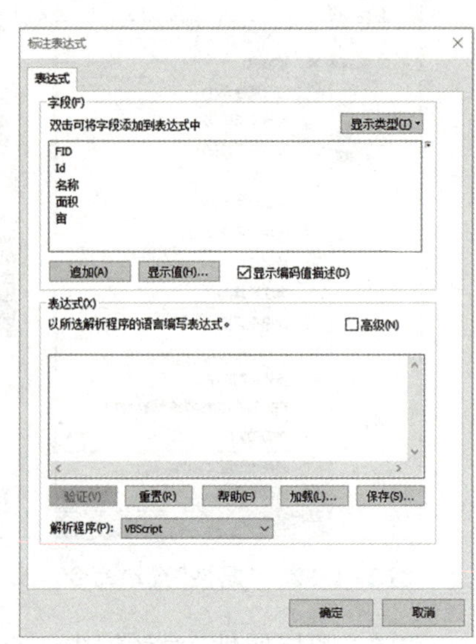

图 2-4-56 “加载”按钮

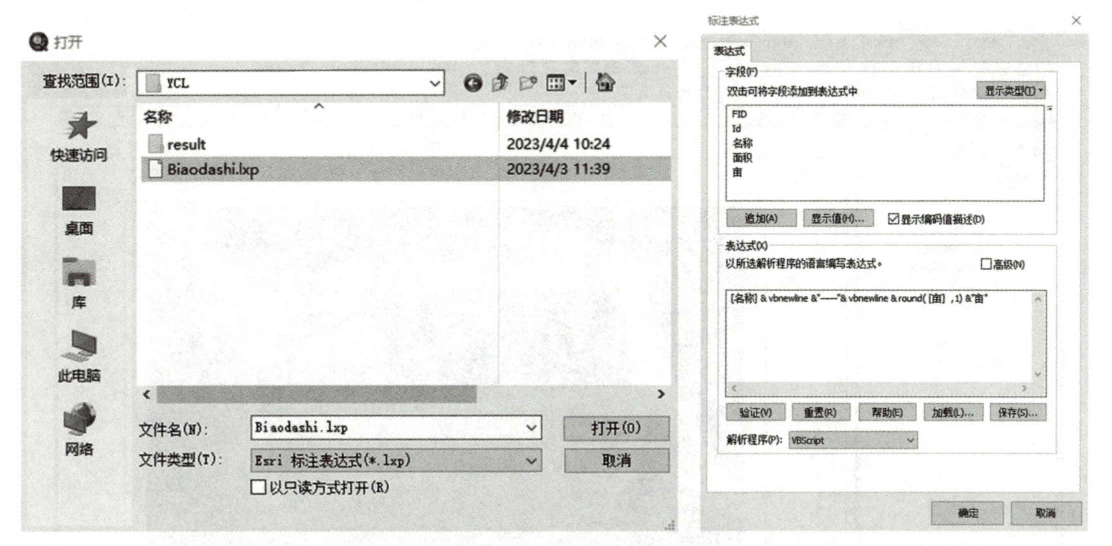

图 2-4-57　加载表达式　　　　图 2-4-58　“标注表达式”窗口

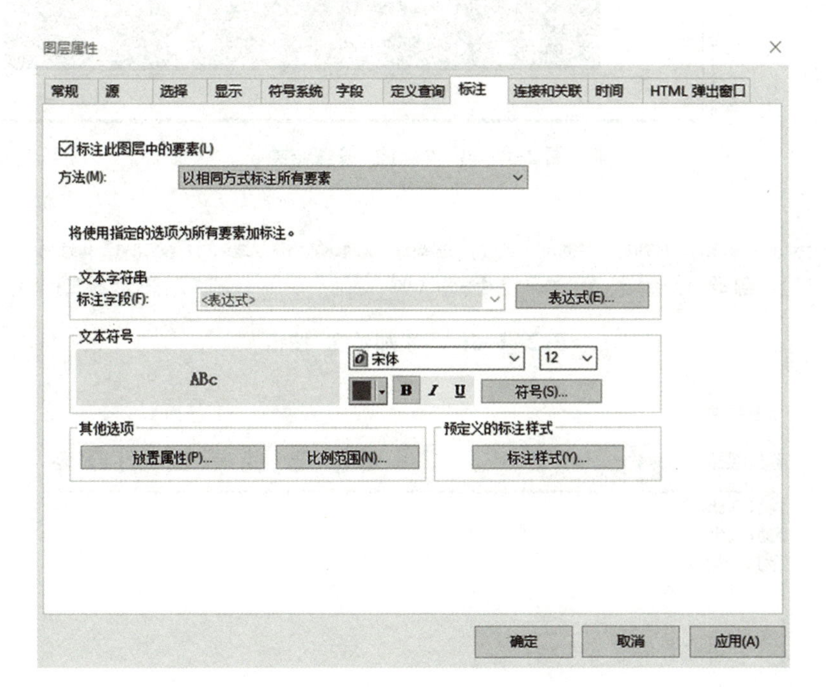

图 2-4-59　“文本符号”设置

4）轮廓设置

①点击标准工具栏上的按钮 （添加数据）（图 2-4-61）。在“添加数据”对话框中连接到文件夹“result”，选中“LQB. shp”文件，点击“添加”（图 2-4-62）。

②在“内容列表”中点击“LQB”图层下的符号 ，打开“符号选择器”，调整“填充颜色”为“无颜色”（图 2-4-63）；设置“轮廓宽度”为“2”，“轮廓颜色”为“火星红”，点击“确定”按钮（图 2-4-64）。

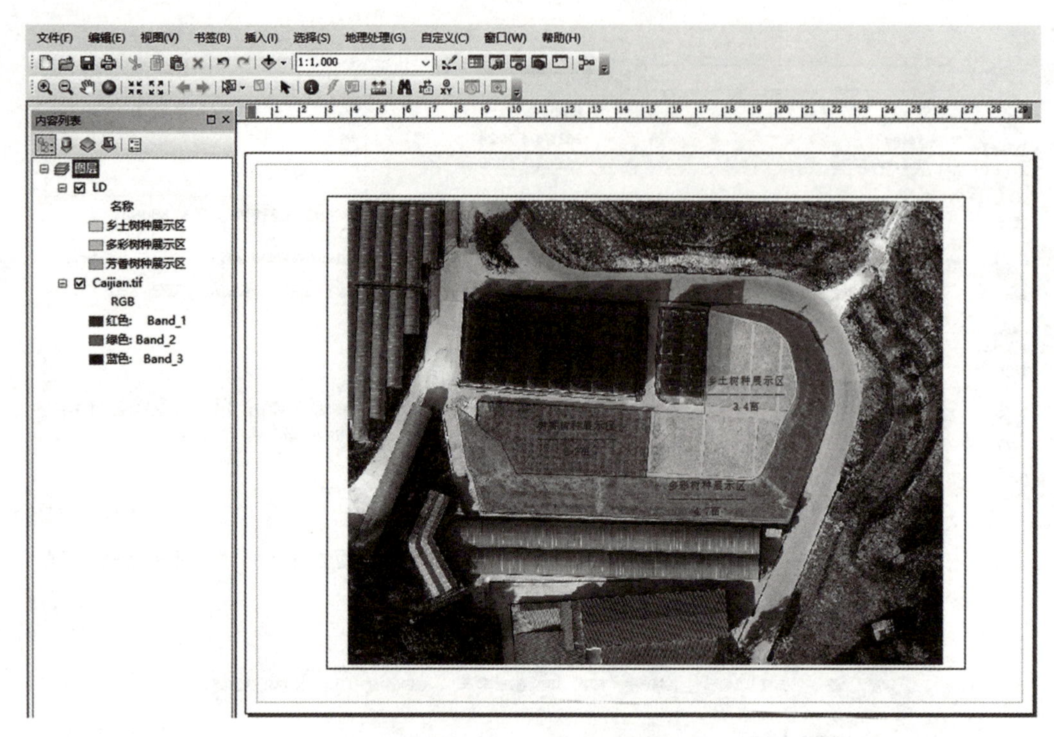

图 2-4-60 “标注”设置结果

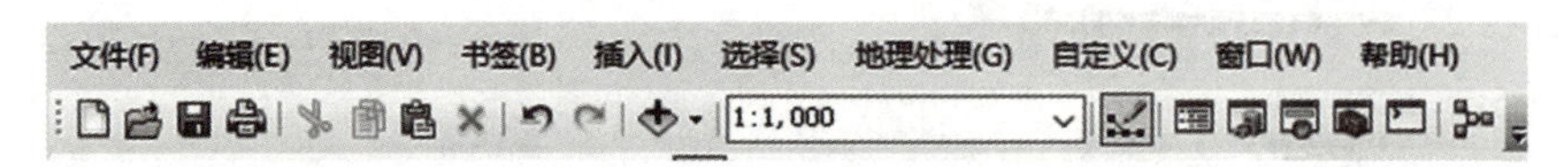

图 2-4-61 “添加数据”按钮

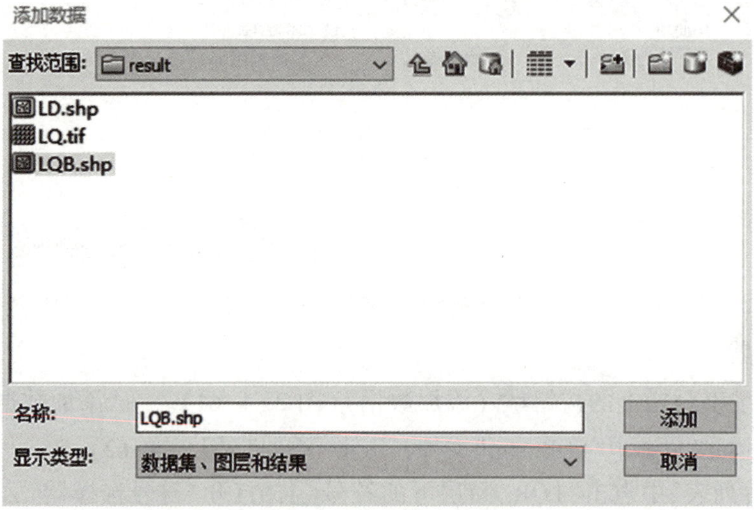

添加数据

查找范围: result

LD.shp
LQ.tif
LQB.shp

名称: LQB.shp 添加

显示类型: 数据集、图层和结果 取消

图 2-4-62 添加图层数据

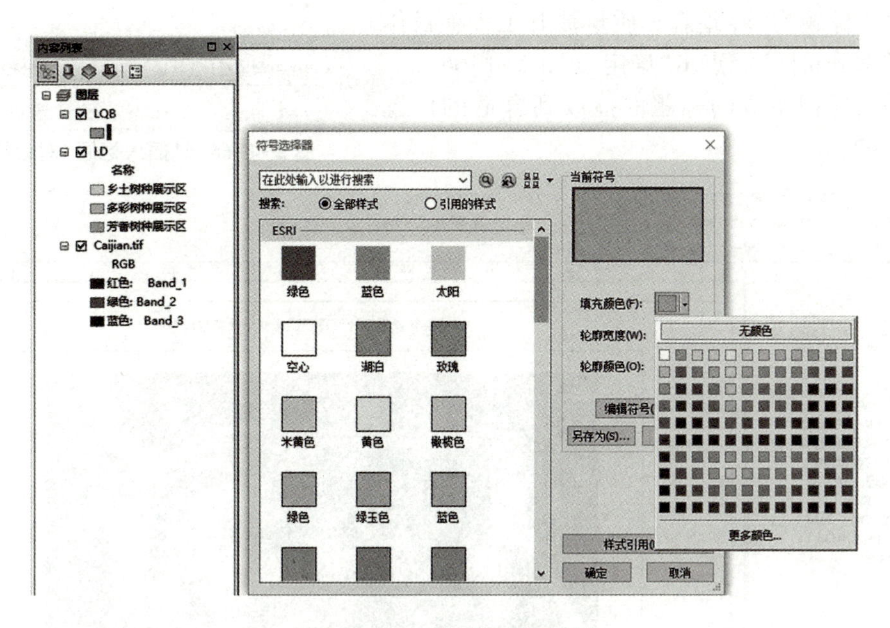

图 2-4-63　“填充颜色”设置

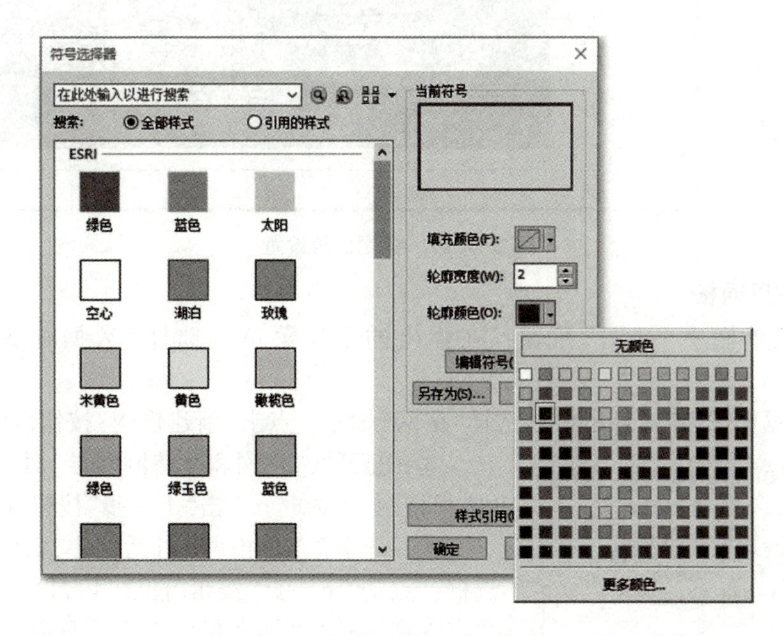

图 2-4-64　“轮廓宽度”“轮廓颜色”设置

5) 放置图名

①点击菜单栏中的“插入”按钮，在弹出的下拉菜单中选择“标题”菜单命令(图 2-4-65)。

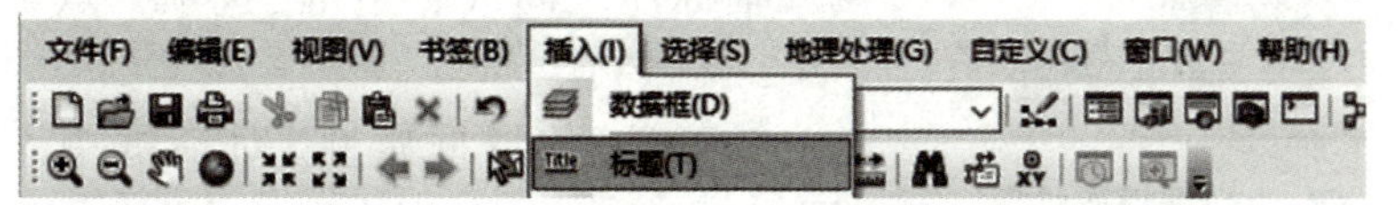

图 2-4-65　“标题”菜单命令

②输入标题为“××地森林质量提升工程项目作业设计类型分布图”，点击“确定”(图 2-4-66)。

③用鼠标把生成的标题框拖放到合适的位置(图 2-4-67)。

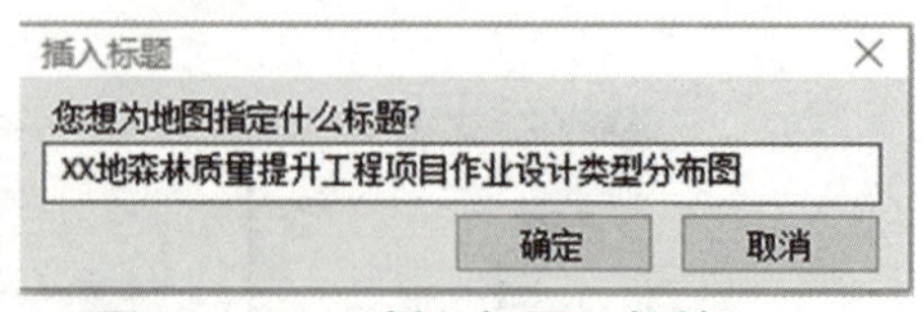

图 2-4-66 “插入标题”对话框

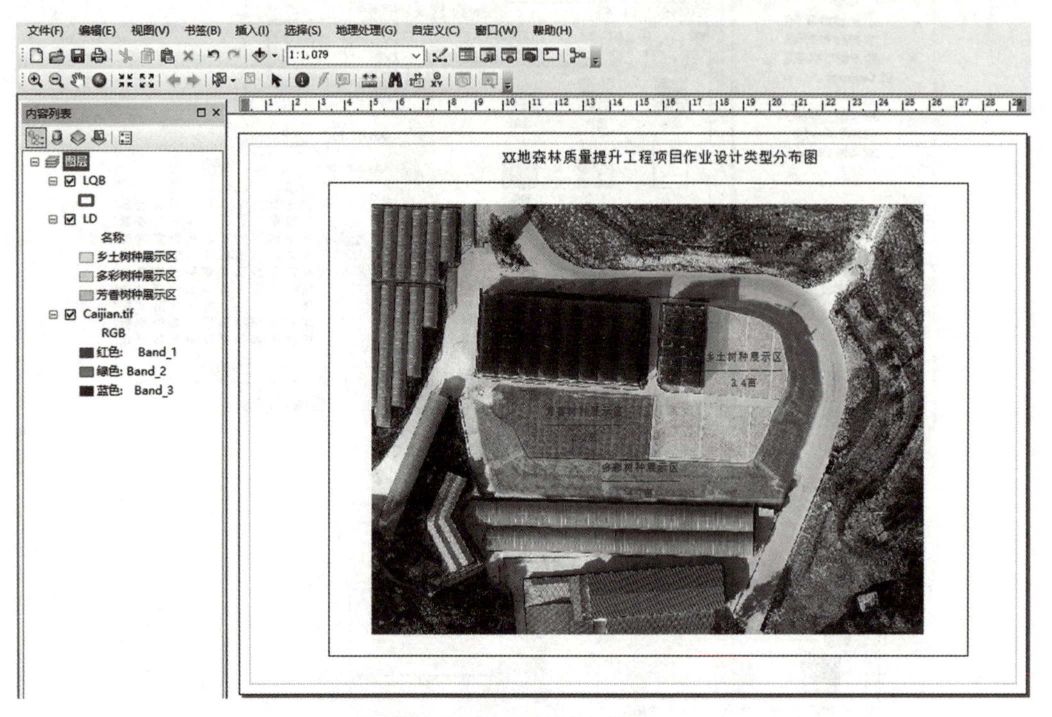

图 2-4-67 标题位置设置

6)绘制方里网格

①点击菜单栏中“视图”按钮，在弹出的下拉菜单中选择“数据框属性”菜单命令(图 2-4-68)。

②在“数据框属性”对话框中，选择“格网”标签，点击“新建格网”按钮(图 2-4-69)。

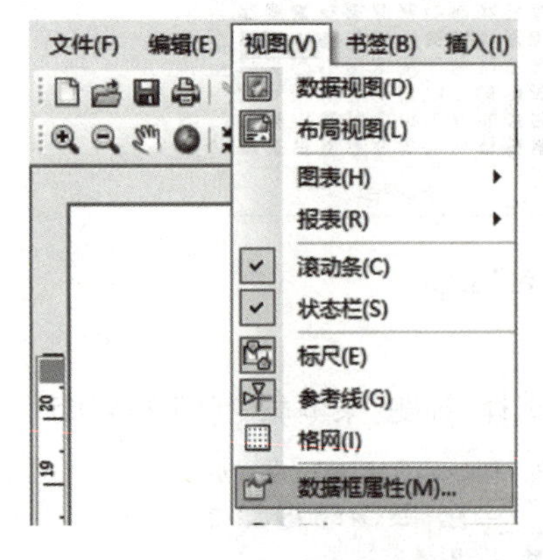

图 2-4-68 “数据框属性”菜单命令

③在打开的“格网和经纬网向导”对话框中，选择“方里格网”单选框，点击“下一步”按钮(图 2-4-70)。

④在“创建方里格网”对话框中选择“仅标注”单选框，点击“下一页”按钮(图 2-4-71)。

⑤在打开的“轴和标注”对话框中，保持默认设置，点击“下一步”按钮(图 2-4-72)。

⑥回到“创建方里格网”对话框中，勾选“在格网和轴标注之间放置边框”选项，点击“完成”按钮(图 2-4-73)。

⑦回到“数据框属性”对话框中，点击“确定”(图 2-4-74)，方里网格生成效果如图 2-4-75 所示。

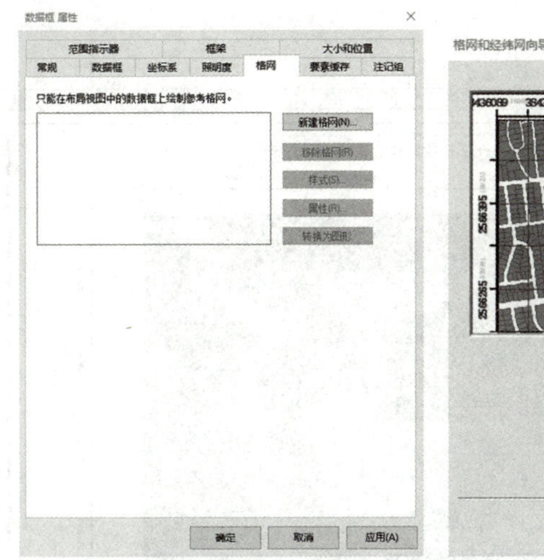

图 2-4-69　新建网格

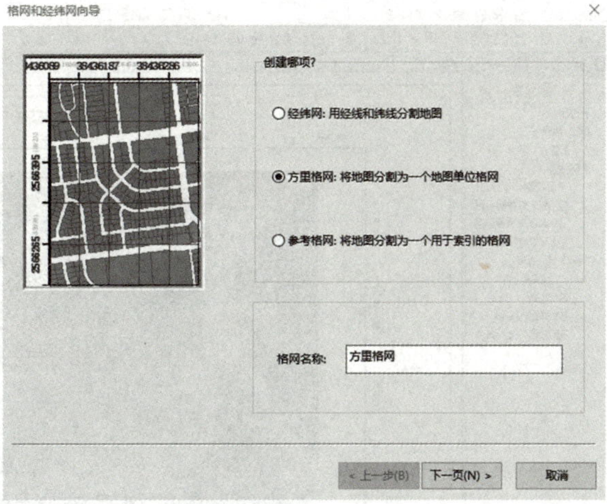

图 2-4-70　选择创建项

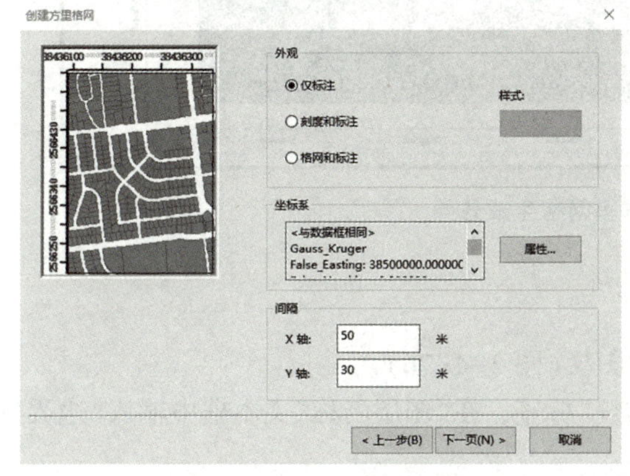

图 2-4-71　外观设置

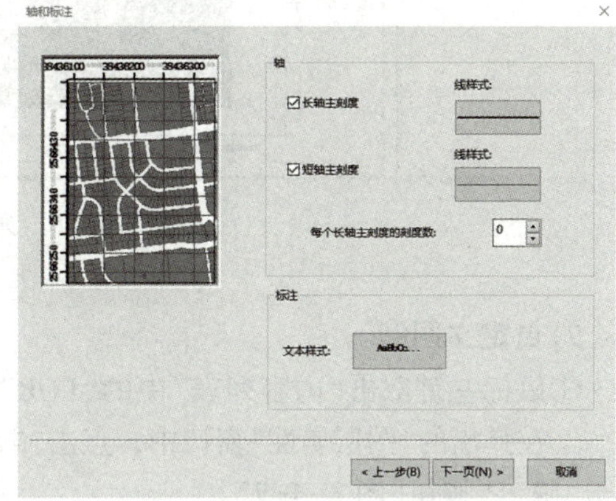

图 2-4-72　默认设置

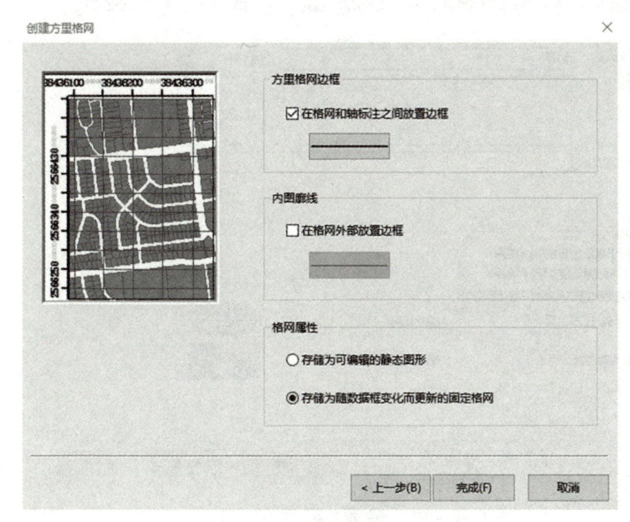

图2-4-73　完成方里格网创建

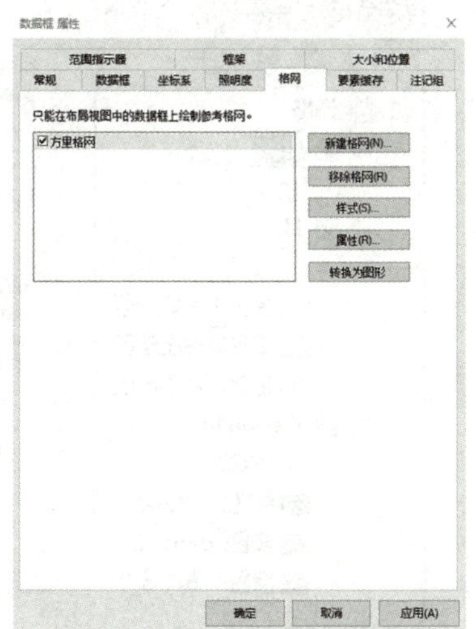

图 2-4-74　“数据框属性”窗口

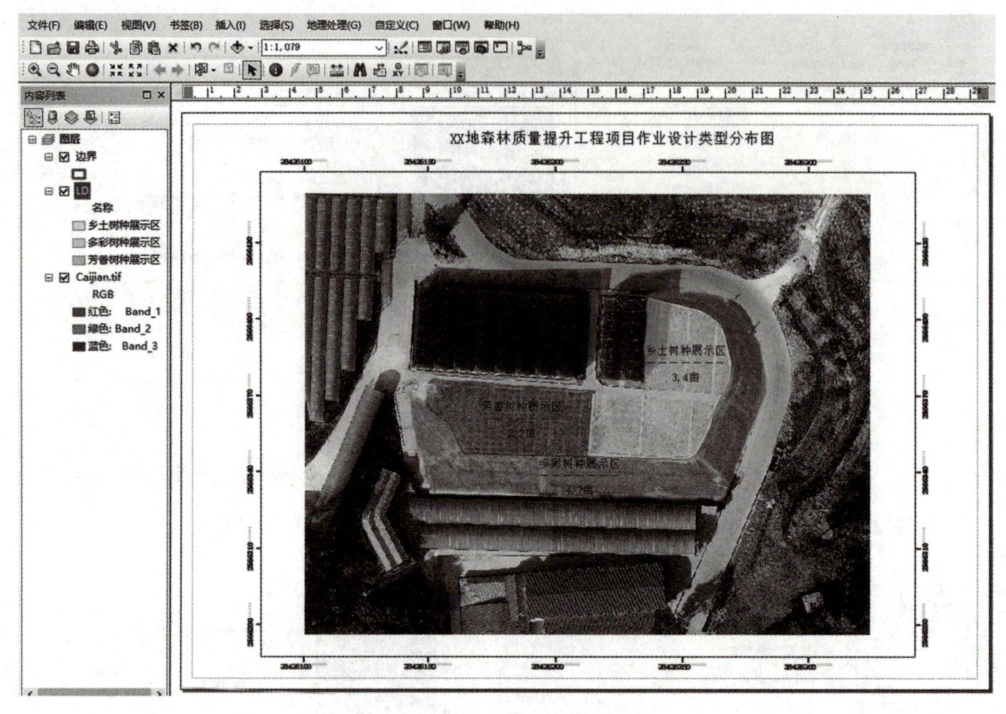

图 2-4-75　方里网格生成效果

7) 自定义图例

①鼠标左键双击“内容列表”中的“LQB”图层(图 2-4-76)。

②在弹出的“图层属性”窗口中，点击“常规”标签，在“图层名称”文本框中输入“边界”，点击“确定”按钮(图 2-4-77)。

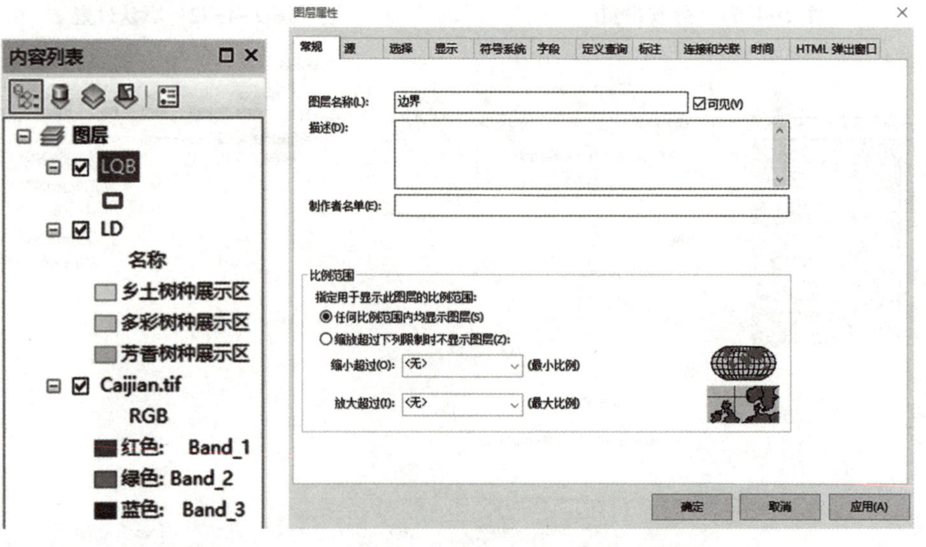

图 2-4-76　“LQB”图层　　　　图 2-4-77　设置“图层名称”

③点击菜单栏中的“插入”按钮，在弹出的下拉菜单中选择“图例”菜单命令(图 2-4-78)。

④在打开的“图例向导”对话框中，选择“图例项”下的“Caijian. tif”，点击按钮 < (移除)，设置完成后，点击“下一页”按钮(图 2-4-79)。

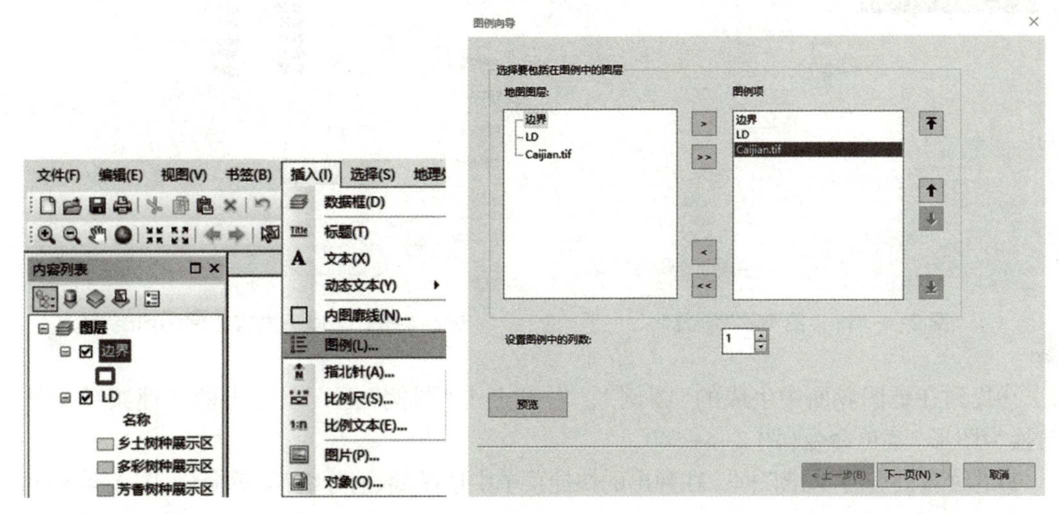

图 2-4-78　“图例”菜单命令　　　图 2-4-79　移除“Caijian. tif”图例项

⑤在“图例向导”对话框中，“图例标题”保持默认设置，点击“下一页”按钮(图 2-4-80)。

⑥在“图例向导”对话框中，点击“背景”下拉列表，选择“白色”，设置完成后，点击“下一页”(图 2-4-81)。

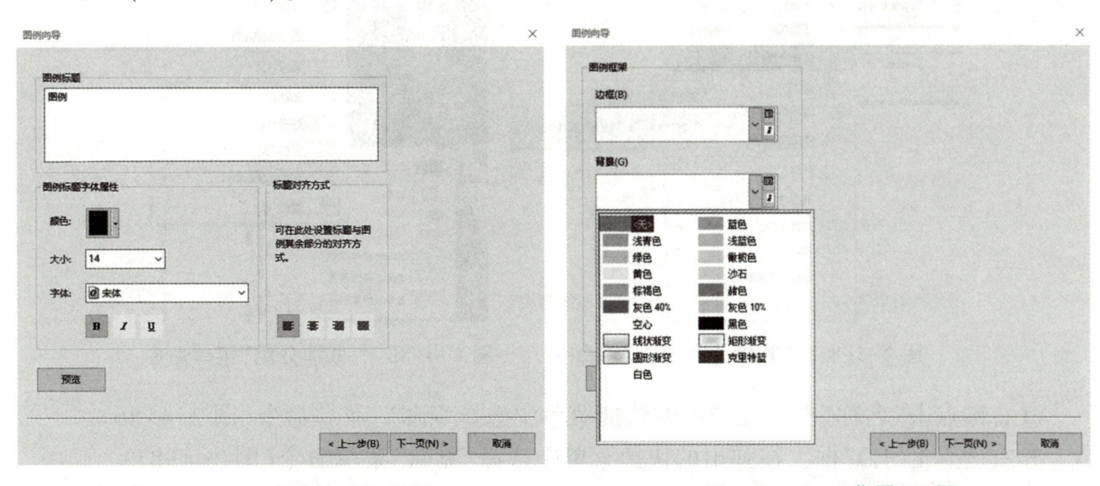

图 2-4-80　“图例标题”设置　　　图 2-4-81　“背景”设置

⑦在“图例向导”对话框中，“图例项”保持默认项，点击“下一页”按钮(图 2-4-82)。

⑧在“图例向导”对话框中，“以下内容之间的间距”保持默认项，点击“完成”按钮(图 2-4-83)，即生成“图例”。

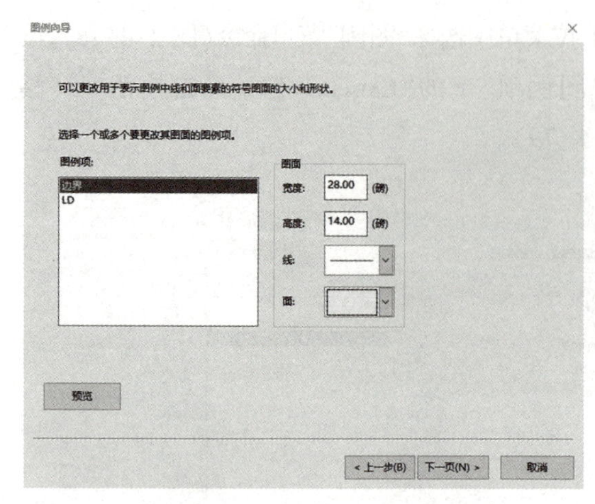

图 2-4-82　“图例项”设置

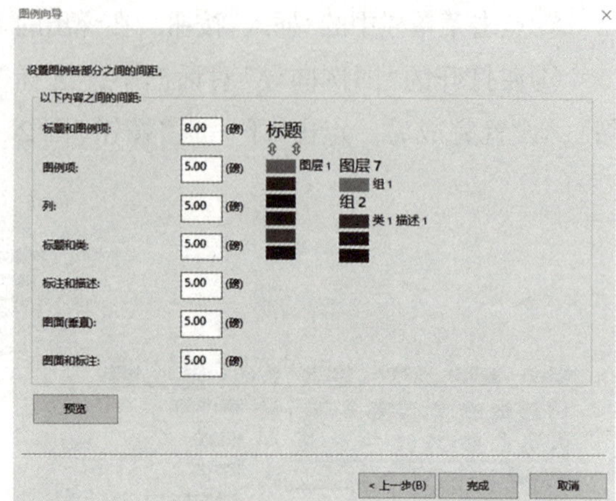

图 2-4-83　“以下内容之间的间距”设置

⑨找到在地图界面中生成的“图例”，右键点击“图例”框，在弹出的快捷菜单中选择“转换为图形”菜单命令(图 2-4-84)。

⑩继续右键点击“图例”框，在弹出的快捷菜单中选择“取消分组”菜单命令(图 2-4-85)。

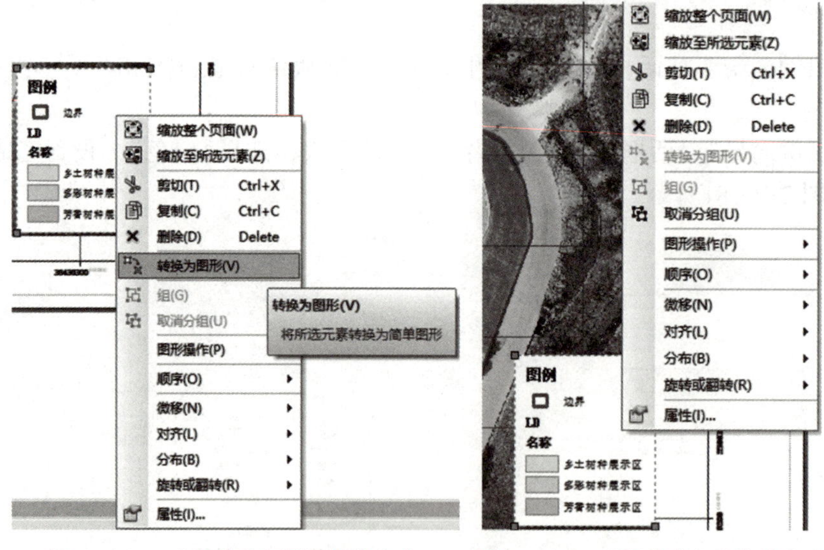

图 2-4-84　“转换为图形”菜单命令　　图 2-4-85　“取消分组”菜单命令

⑪右键点击“名称”框，在弹出的快捷菜单中选择“删除”菜单命令(图 2-4-86)。

⑫右键点击“LD”框，在弹出的快捷菜单中选择“删除”菜单命令(图 2-4-87)。

⑬通过鼠标拖曳可把“图例”放置在地图的右下角(图 2-4-88)。

8)插入指北针

①点击菜单栏上的“插入”按钮，在弹出的下拉菜单中点击“指北针”菜单命令(图 2-4-89)。

②在“指北针选择器”中，选择类型为“ESRI 指北针 3”，点击“确定”(图 2-4-90)。

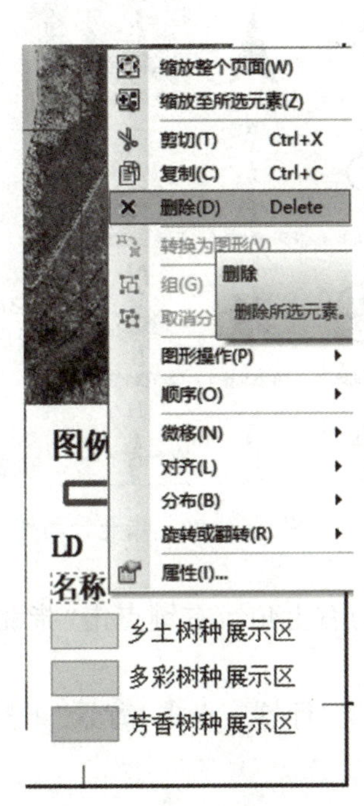

图 2-4-86　“名称”“删除”菜单命令

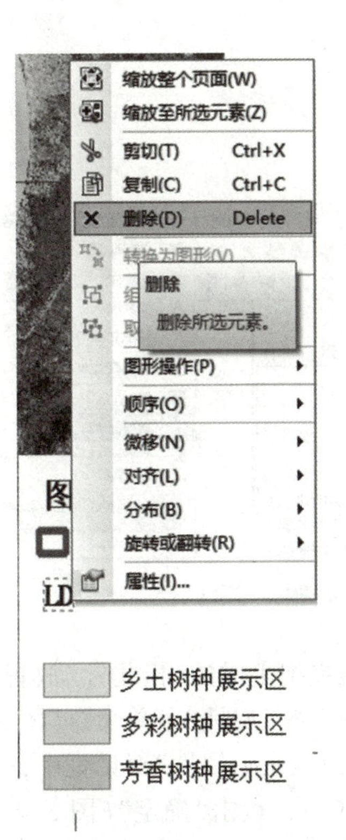

图 2-4-87　“LD”“删除”菜单命令

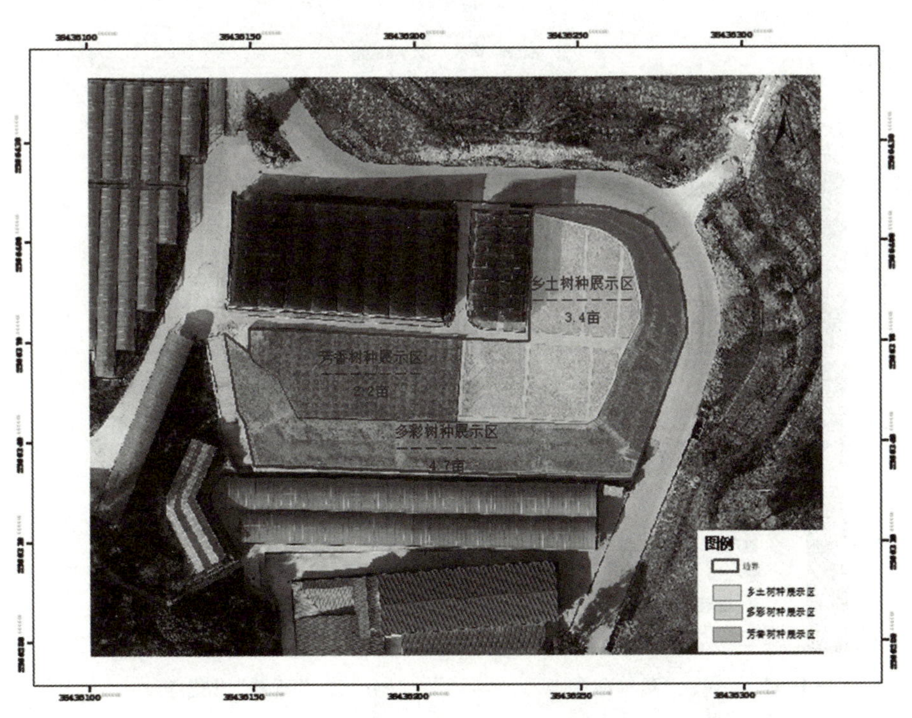

图 2-4-88　“图例”位置调整

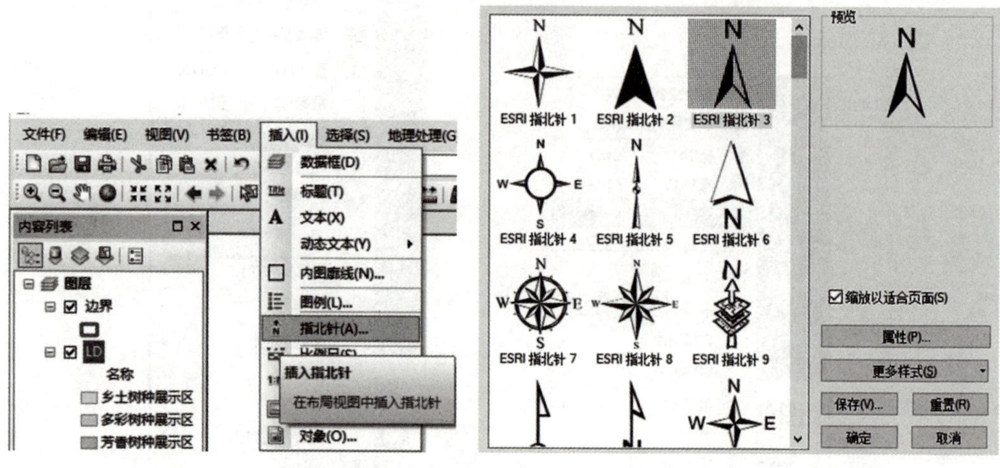

图 2-4-89　“指北针”菜单命令

图 2-4-90　指北针类型选择

③通过拖曳把生成的“指北针”放置在地图的右上角，右键点击“指北针”框，在弹出的快捷菜单中选择“属性”菜单命令(图 2-4-91)。

④在“North Arrow 属性”对话框中，点击“框架”标签，点击“背景”下拉列表，选择“白色”(图 2-4-92)，点击“确定”(图 2-4-93)。

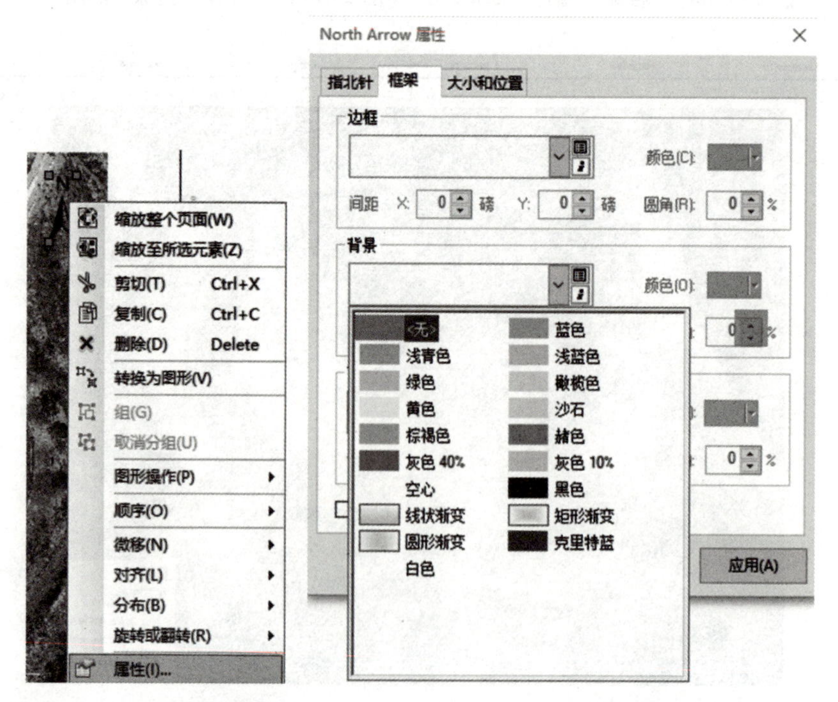

图 2-4-91　“属性”菜单命令

图 2-4-92　“背景”设置

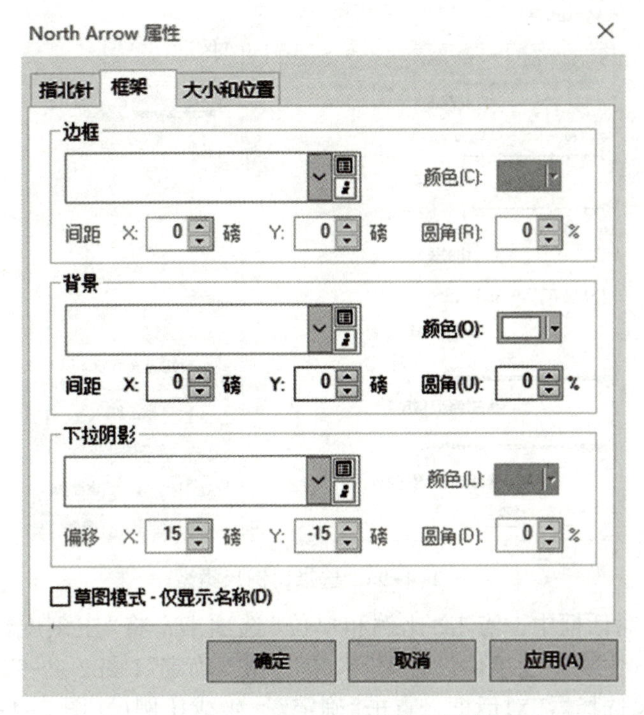

图 2-4-93　“North Arrow 属性”设置完成

9) 设置比例尺

①在标准工具栏中的“比例尺”下拉列表中选择“1∶1000”，按“Enter”键确定(图 2-4-94)。

②点击菜单栏上的“插入”按钮，在下拉菜单中点击“比例尺”菜单命令(图 2-4-95)。

③在“比例尺选择器”对话框中，选择“比例线 1”，点击“属性”(图 2-4-96)。

图 2-4-94　比例尺选择

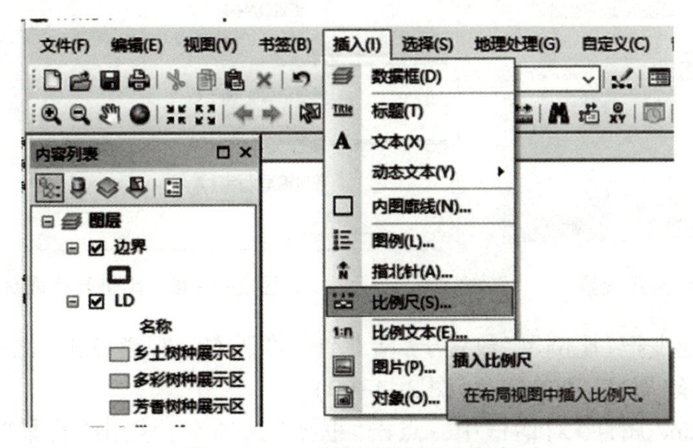

图 2-4-95　“比例尺”菜单命令

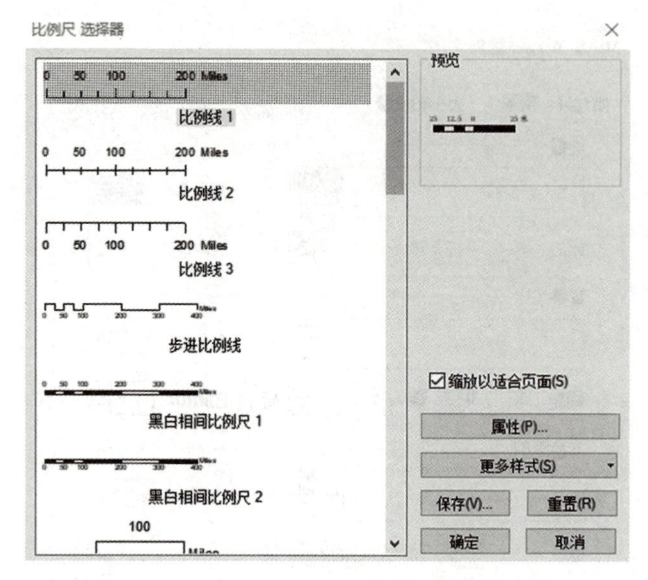

图 2-4-96　选择比例尺类型

④在“比例尺”对话框中，点击“比例和单位”选项卡，将“主刻度数”设置为“1”，分刻度数设置为“0”，主要刻度单位设置为“米”，点击“确定”(图 2-4-97)。

⑤返回“比例尺选择器”对话框，点击“确定”，生成比例尺(图 2-4-98)。

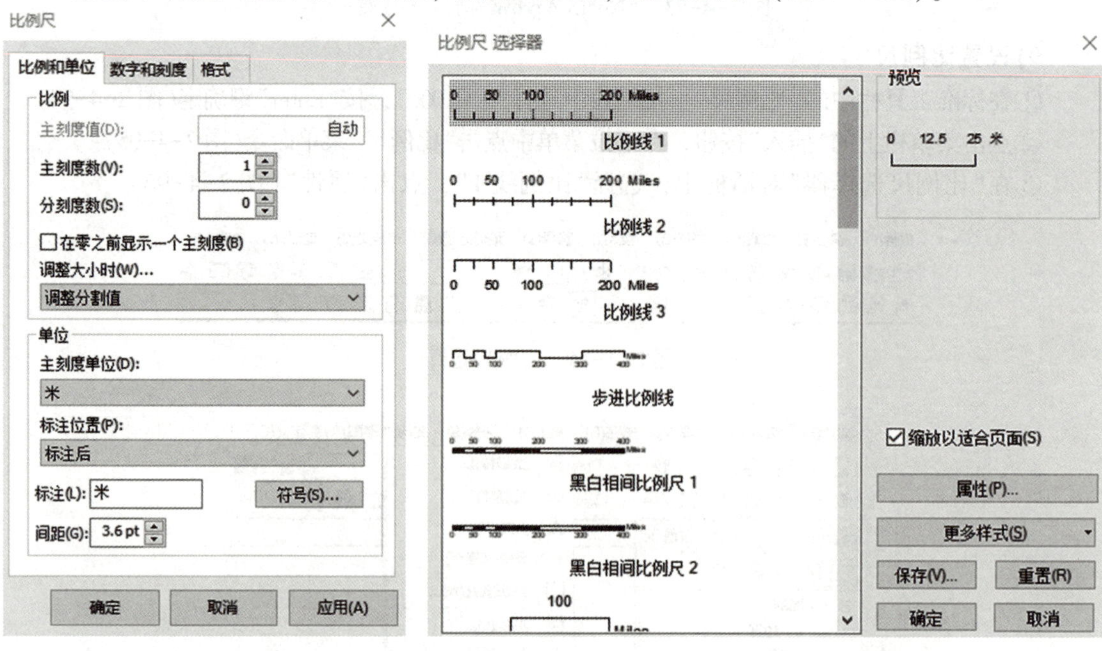

图 2-4-97　比例尺设置　　　　图 2-4-98　比例尺生成确定

⑥通过鼠标拖曳把“比例尺”放置于“指北针”的下方，右键点击“比例尺”框，在弹出的快捷菜单中选择“属性”菜单命令(图 2-4-99)。

⑦在“Scale Line 属性”对话框中，点击“框架”选项卡，点击“背景”下拉列表，选择“白色”(图 2-4-100)，点击“确定”(图 2-4-101)。

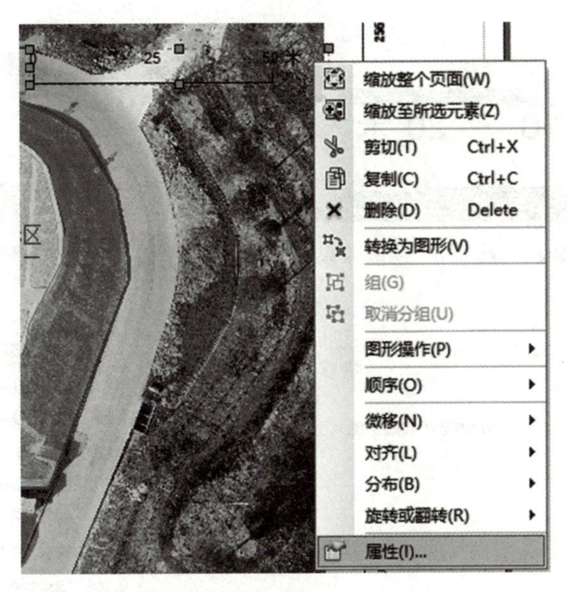

图 2-4-99　“属性”菜单命令

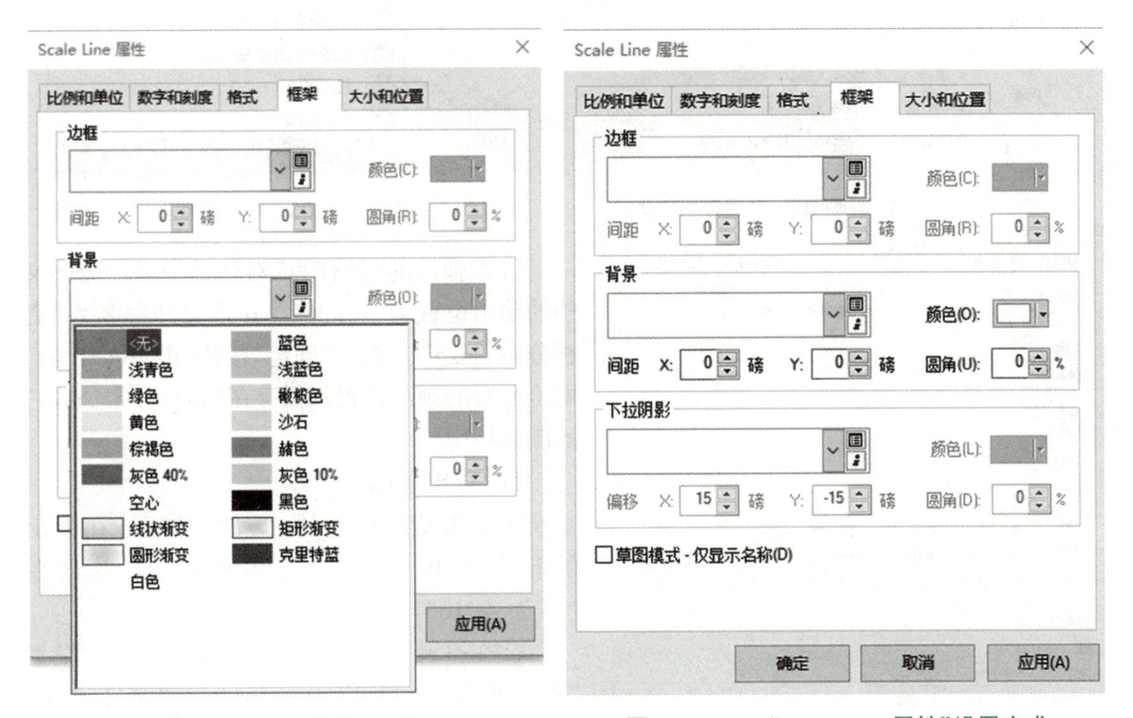

图 2-4-100　“背景”设置

图 2-4-101　“Scale Line 属性”设置完成

⑧生成的“比例尺”效果，如图 2-4-102 所示。

10) 保存地图文档

①点击菜单栏上的“文件”按钮，在弹出的下拉菜单中点击“另存为”菜单命令（图 2-4-103）。

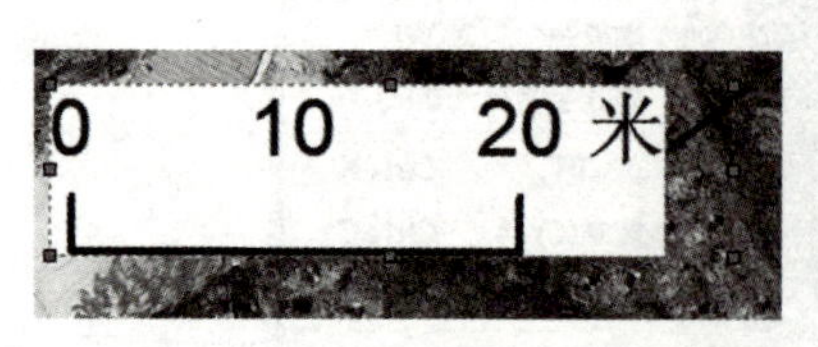

图 2-4-102 “比例尺”生成效果

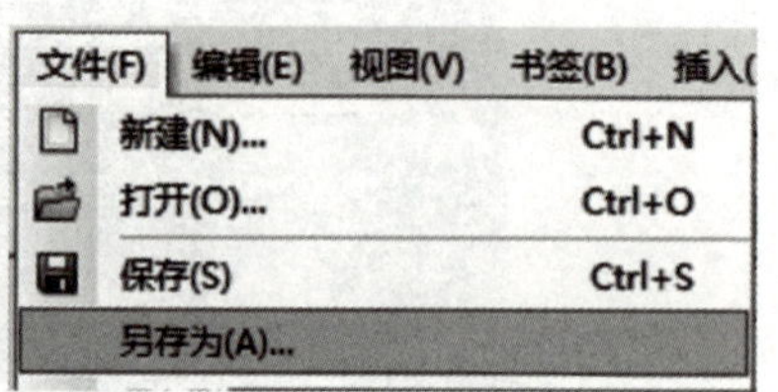

图 2-4-103 “另存为”菜单命令

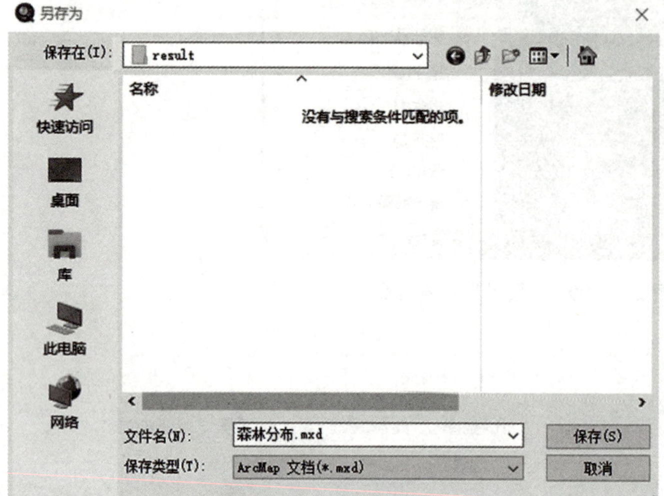

图 2-4-104 “另存为”设置

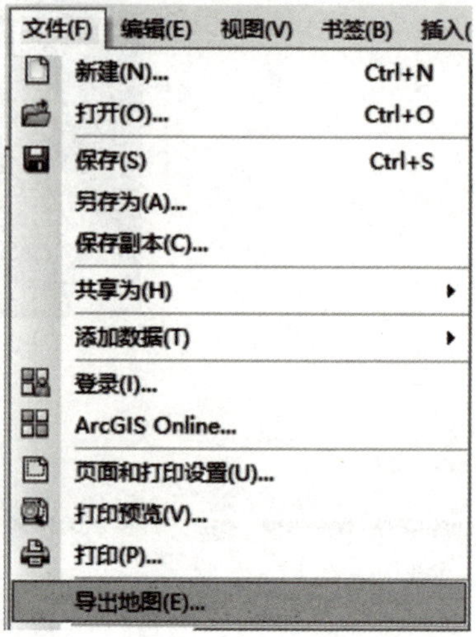

图 2-4-105 “导出地图”菜单命令

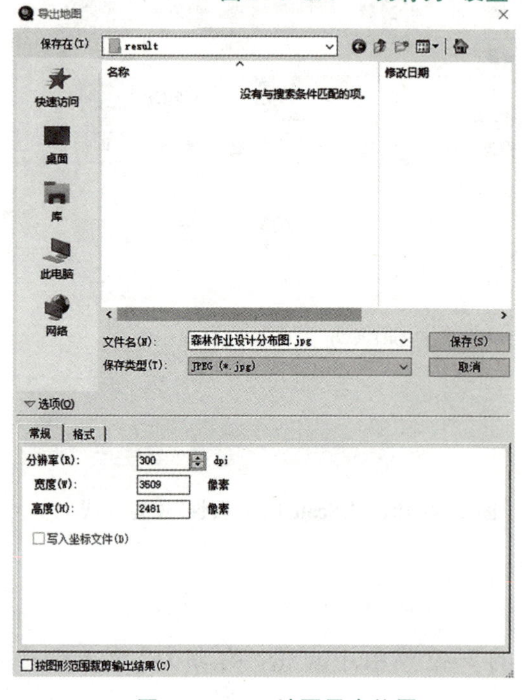

图 2-4-106 地图导出位置

②在弹出的“另存为”对话框中指定地图文档的输出位置为“result”，并将文件命名为“森林分布 . mxd”，点击“确定”按钮(图 2-4-104)，即将所有的制图设置都保存在“森林分布 . mxd”地图文档中。

11) 导出地图

①点击菜单栏上的“文件”按钮，在弹出的下拉菜单中点击“导出地图”菜单命令(图 2-4-105)。

②在打开的“导出地图”对话框中，设置“保存类型”为“JPEG(* . jpg)”，“文件名称”为“森林作业设计分布图”，指定输出位置为“result”文件夹；点击“选项”按钮，设置分辨率为“300”；点击“保存”按钮(图 2-4-106)，即可导出地图。

③打开制作完成的地图，最终展示效果如图 2-4-107 所示。

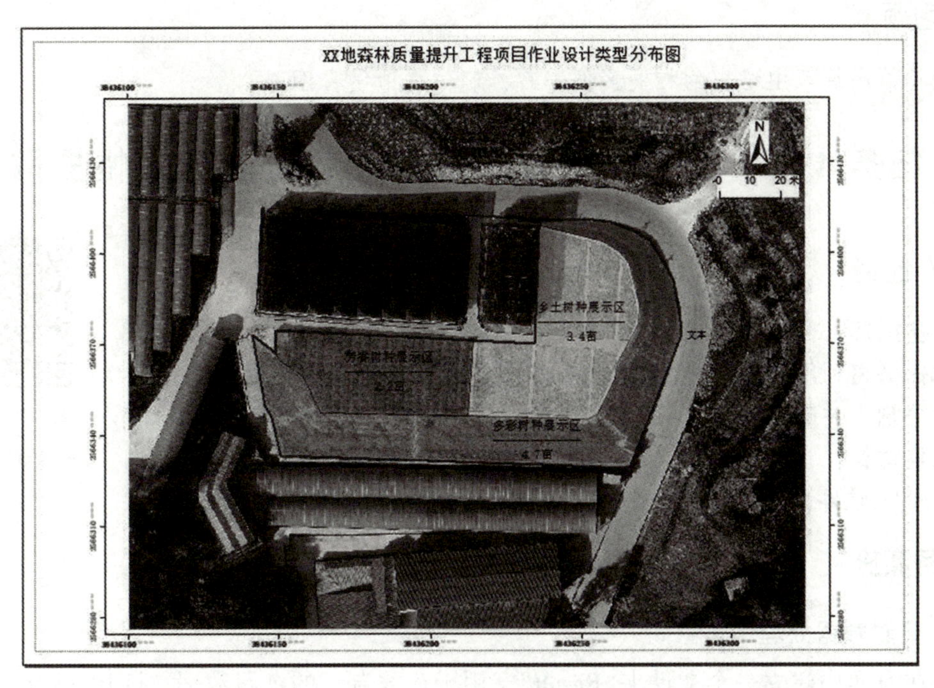

图 2-4-107　地图窗口展示效果

考核评价

姓名：		班级：	学号：		
课程任务：完成基于无人机影像的林区规划			完成时间：		
评价项目	评价标准	分值	评价分数		
			自评	互评	师评
专业能力	1. 熟练掌握裁剪无人机影像	10			
	2. 掌握林区规划的方法	20			
	3. 掌握制作林区规划专题图的具体方法	10			
方法能力	1. 充分利用网络、期刊等资源查找资料	5			
	2. 能按照计划完成任务	5			
职业素养	1. 态度端正，不无故迟到、早退	5			
	2. 能做到安全生产、保护环境、爱护公物	5			
工作成果	基于无人机影像完成林区规划	40			
合计		100			
总评分数			教师签名：		
总结与反思： 年　　月　　日					

练习题

根据前序练习中给出的相关影像资料，制作林地侵占图。

任务 4-2 基于正射影像进行单木分割与冠幅提取

工作任务

基于正射影像进行单木分割与冠幅提取

任务描述：

本任务将利用 ArcGIS 软件，借助由无人机影像生成的正射影像，完成单木分割，并最终计算出单木冠幅。

工具材料：

ArcGIS 软件，无人机正射影像。

任务实施

1. 设置数据处理工作空间

①在 D 盘中建立一个文件夹“Result”，用于存放自己的练习数据。打开 ArcMap 软件，点击菜单栏上的“地理处理”按钮，在弹出的下拉菜单中选择“环境”菜单命令（图 2-4-108）。

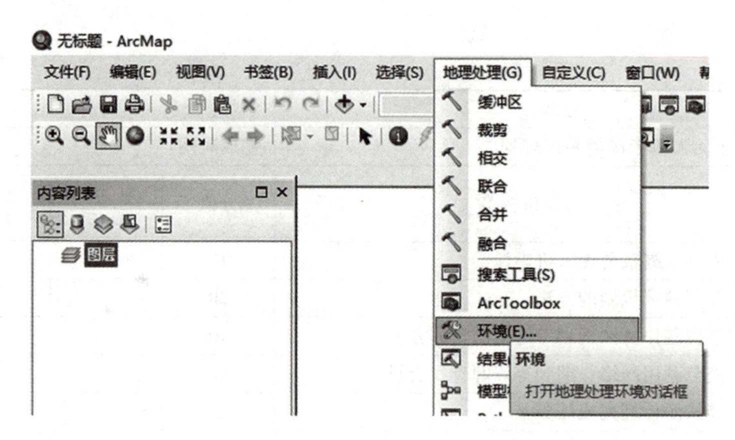

图 2-4-108 “环境”菜单命令

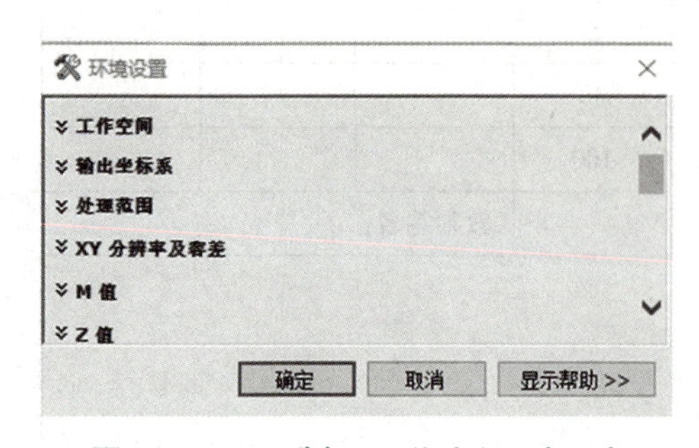

图 2-4-109 选择“工作空间”选项卡

②打开“环境设置”对话框，点击“工作空间”左侧的按钮（图 2-4-109）。

③在打开的“工作空间”选项卡中，点击“当前工作空间”下的按钮（图 2-4-110）。

④在打开的“当前工作空间”对话框中，点击按钮（连接到文件夹）（图 2-4-111）。

⑤在“连接到文件夹”对话框中，点击“此电

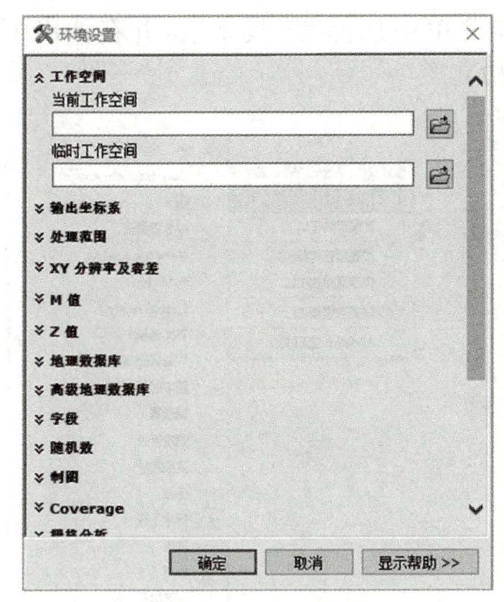

图 2-4-110　打开“当前工作空间”设置

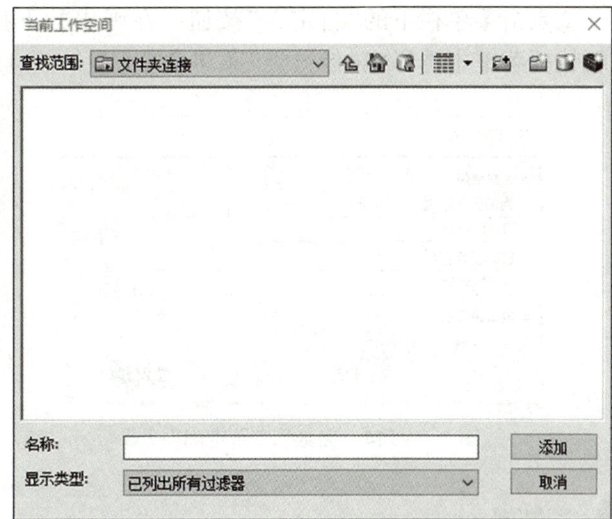

图 2-4-111　连接到文件夹按钮

脑”→“软件(D:)”，点击“确定”(图 2-4-112)。

⑥在“当前工作空间”对话框中，选择“Result”，点击“确定”(图 2-4-113)。

图 2-4-112　选择要连接的文件夹位置　　图 2-4-113　添加当前工作空间

⑦按照以上设置“当前工作空间”的方法设置“临时工作空间”，设置完成后点击“确定”(图 2-4-114)。

2. 影像分类

①点击标准工具栏上的按钮 (添加数据)(图 2-4-115)，在“添加数据”对话框中点

击按钮(连接到文件夹)，打开文件夹“DM”，选择“DMGF. tif”文件(图 2-4-116)。

②点击菜单栏下的“自定义”按钮，在弹出的下拉菜单中选择“工具条”，并在弹出下一级快捷菜单中选择“影像分类”菜单命令(图 2-4-117)。

图 2-4-114 完成“工作空间”设置

图 2-4-115 “添加数据”图标

图 2-4-116 数据添加

图 2-4-117 “影像分类”菜单命令

③点击“影像分类”工具栏中的按钮(绘制多边形)(图 2-4-118)。

④在地图窗口中，点击树冠所在的位置，进行树冠样本多边形绘制，双击鼠标左键完成绘制。绘制样本应不少于 6 个，均匀分布，并注意选择地图上不同颜色的树冠(图 2-4-119)。

⑤点击“影像分类”工具栏中的按钮(样本管理器)(图 2-4-120)。

⑥在打开的“训练样本管理器”中，点击第 1 行样本，并按住键盘上的“Shift”键，再点击最后 1 个样本，则所有样本被选中，最后点击按钮(合并样本)(图 2-4-121)，则所有样本合并为一类，结果如图 2-4-122 所示。

⑦在“训练样本管理器”中，点击“Class1”，更改类名称为“树木”(图 2-4-123)，更改后采集树冠样本结果如图 2-4-124 所示。

图 2-4-118　“绘制多边形”按钮

图 2-4-120　样本管理器按钮

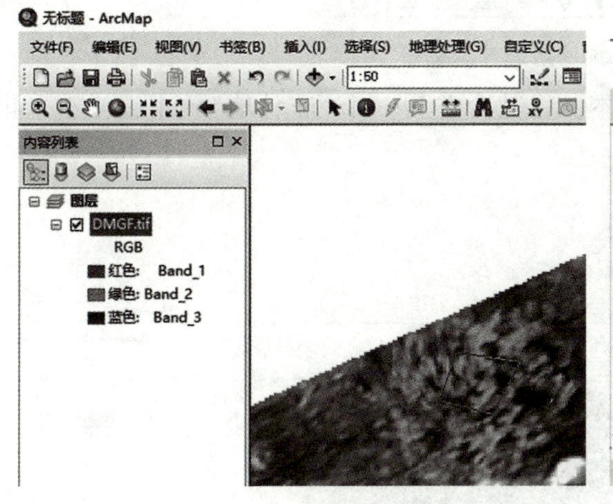

图 2-4-119　采集树冠样本位置

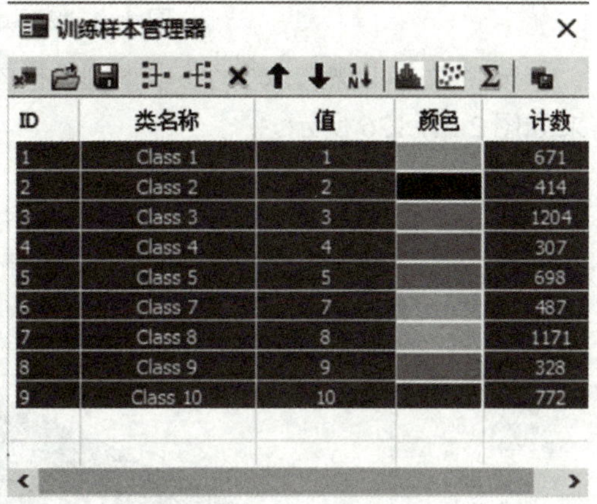
训练样本管理器

ID	类名称	值	颜色	计数
1	Class 1	1		671
2	Class 2	2		414
3	Class 3	3		1204
4	Class 4	4		307
5	Class 5	5		698
6	Class 7	7		487
7	Class 8	8		1171
8	Class 9	9		328
9	Class 10	10		772

图 2-4-121　合并样本

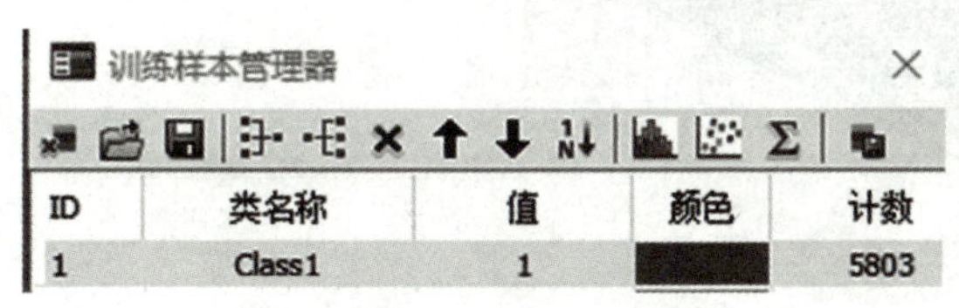
训练样本管理器

ID	类名称	值	颜色	计数
1	Class1	1		5803

图 2-4-122　样本合并结果

训练样本管理器

ID	类名称	值	颜色	计数
1	树木	1		5803

图 2-4-123　更改“类名称”为“树木”

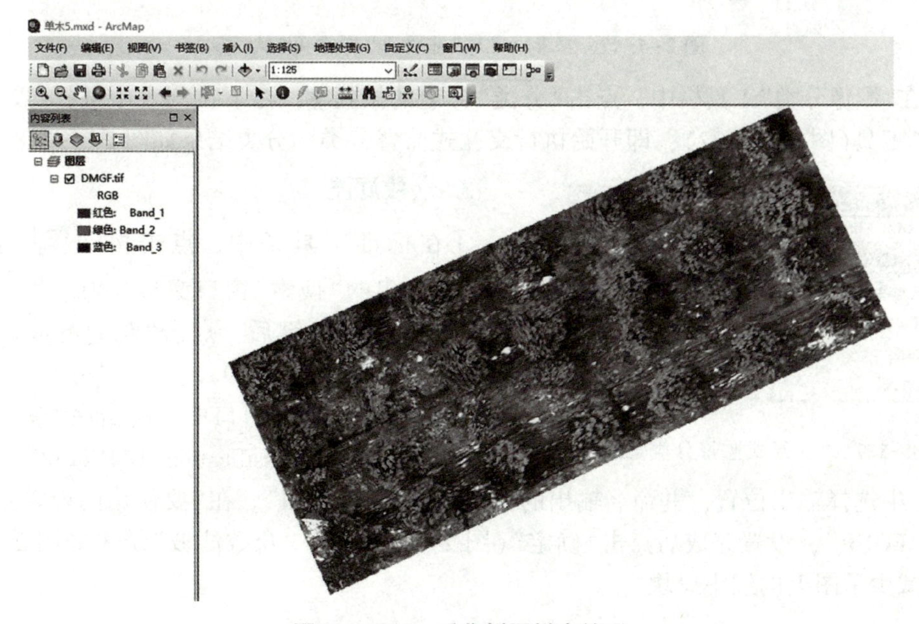

图 2-4-124　采集树冠样本结果

⑧在采集样本过程中如不慎错误选择采集样本，可以点击“训练样本管理器”中的按钮 (删除所选样本)，把错误样本删除(图 2-4-125)。

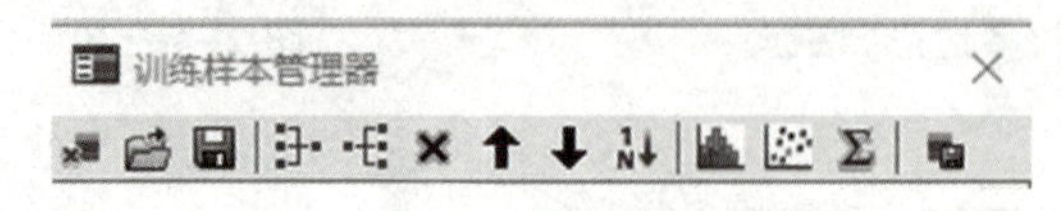

图 2-4-125　删除所选样本按钮

⑨按照以上步骤选取多个“非林地”样本，将其合并为一个“非林地”样本，样本采集结果如图 2-4-126 所示。

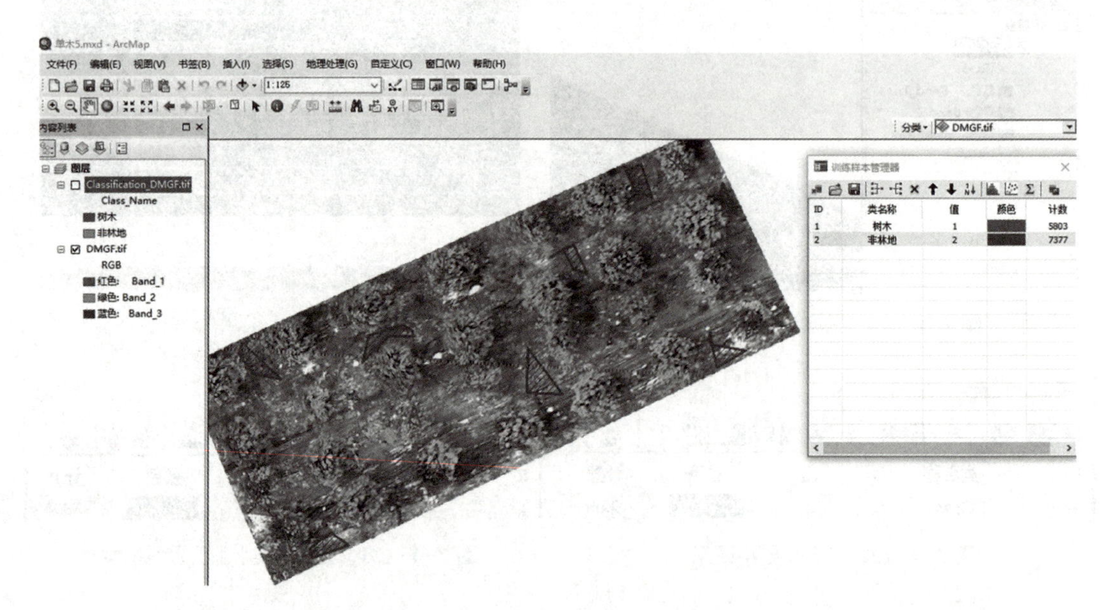

图 2-4-126　“树木”与“非林地”样本采集结果

⑨在“影像分类”工具栏中，点击“分类”旁边的按钮，在下拉列表中选择“交互式监督分类”工具(图 2-4-127)，即开始执行交互式监督分类，分类结果如图 2-4-128 所示。

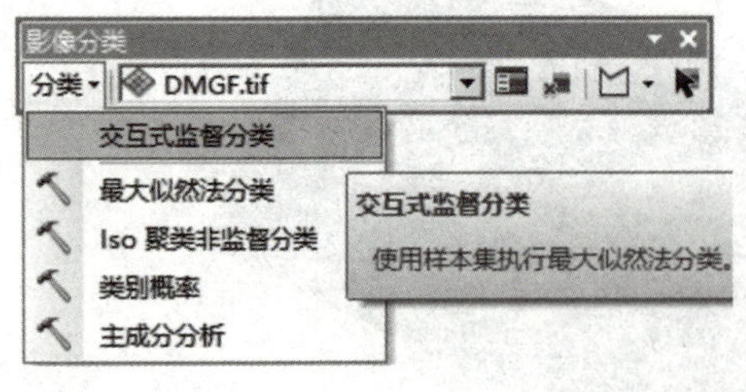

图 2-4-127　“交互式监督分类”工具

3. 众数滤波

①在标准工具条中，点击按钮 (查找工具)，在弹出的“搜索”窗口文本框内输入“众数滤波”，按下“Enter”键后，点击“众数滤波(空间分析)(工具)”(图 2-4-129)。

②在“众数滤波”窗口中，点击在“输入栅格”下拉列表，选择“Classification_DMGF. tif”，在“输出栅格”中选择输出位置，并命名输出的栅格名为“Zhongshu”。在“要使用的相邻要素数”中选择“FOUR”，设置完成后点击“确定”(图 2-4-130)。“众数滤波”结果如图 2-4-131 所示，减少了图上的细小斑块。

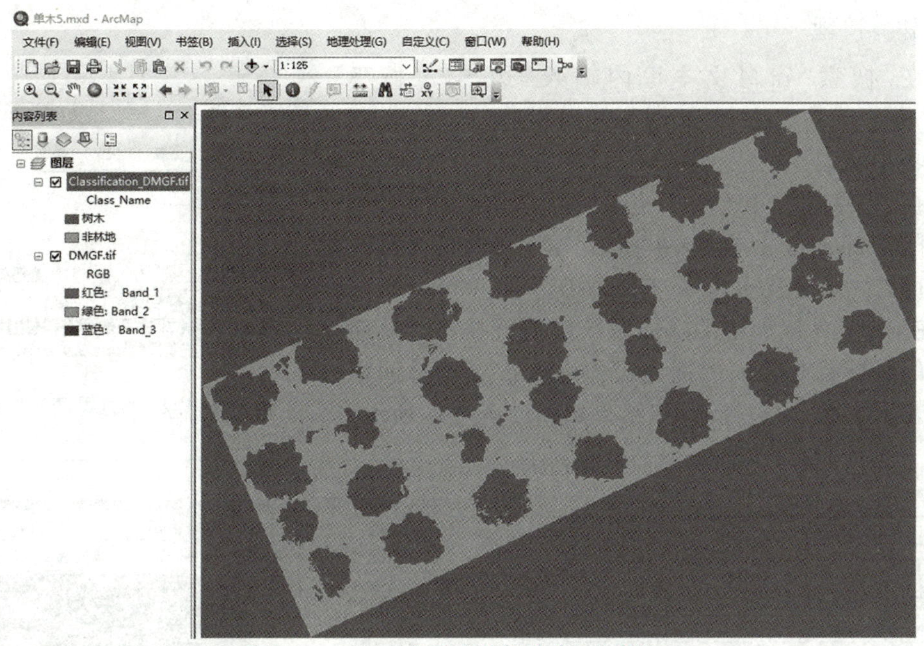

图 2-4-128　“交互式监督分类”分类结果

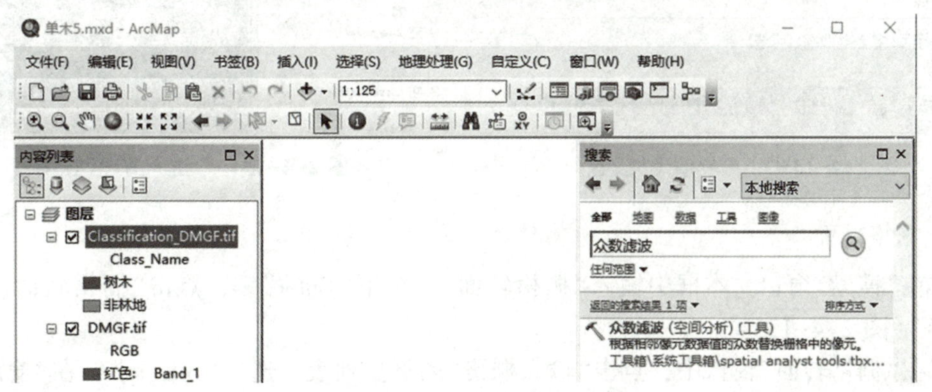

图 2-4-129　“众数滤波”工具

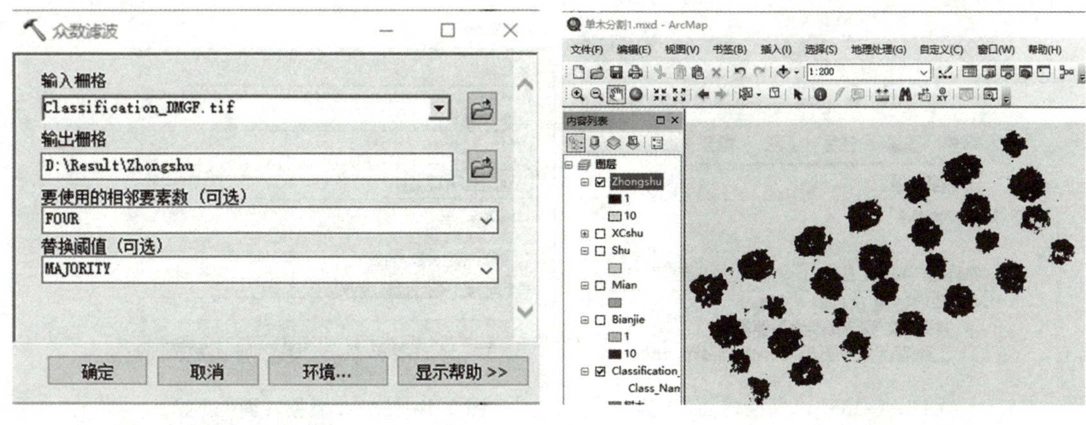

图 2-4-130　“众数滤波”设置

图 2-4-131　“众数滤波”结果

4. 边界清理

①在“搜索”窗口文本框内输入“边界”，按下“Enter”键，点击“边界清理(空间分析)(工具)”(图 2-4-132)。

②在“边界清理”窗口中，点击“输入栅格”的下拉列表，选择“Zhongshu”，在“输出栅格”框中将文件名称改为“Bianjie”，排序技术选择“DESCND”(图 2-4-133)，“DESCEND”表示以大小的降序对区域进行排序。总面积较大的区域具有较高的优先级，可以扩展到总面积较小的若干区域，“边界清理”结果如图 2-4-134 所示。

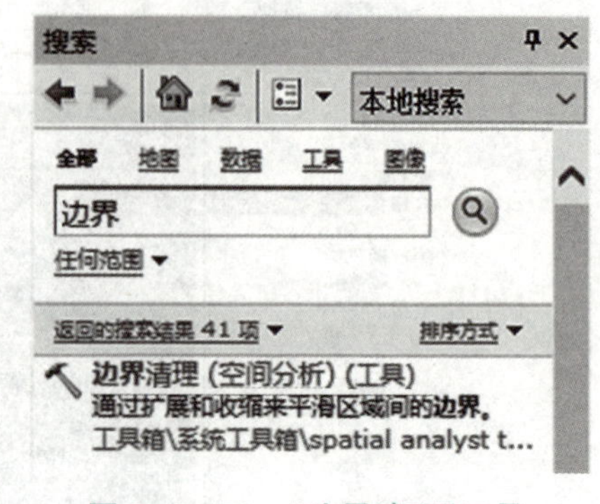

图 2-4-132 “边界清理”工具

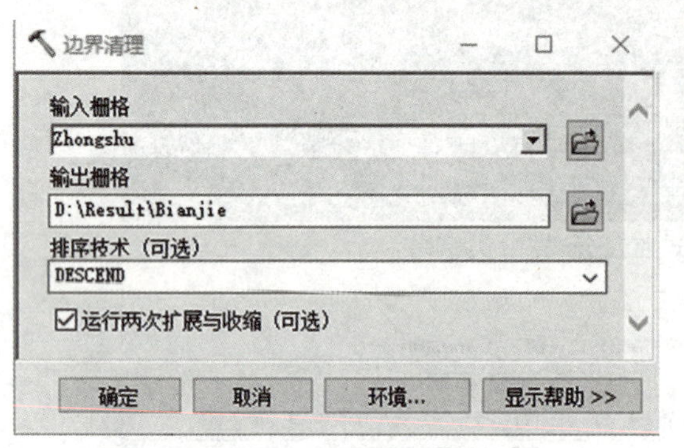

图 2-4-133 “边界清理”设置

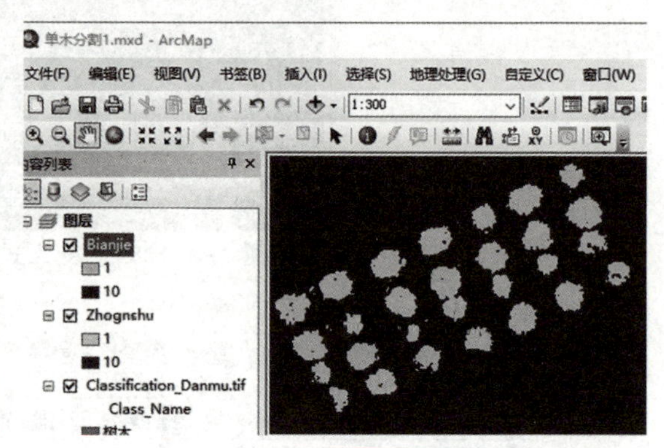

图 2-4-134 “边界清理”结果

5. 栅格转面

①在“搜索”窗口文本框中输入“栅格转面”，按下“Enter”键，点击“栅格转面(转换)(工具)”(图 2-4-135)。

②在“栅格转面”窗口中，点击“输入栅格”的下拉列表，选择“Bianjie”，在“输出面要素”框中将文件命名为“Mian. shp”，其他选项保持默认，点击“确定”按钮(图 2-4-136)。

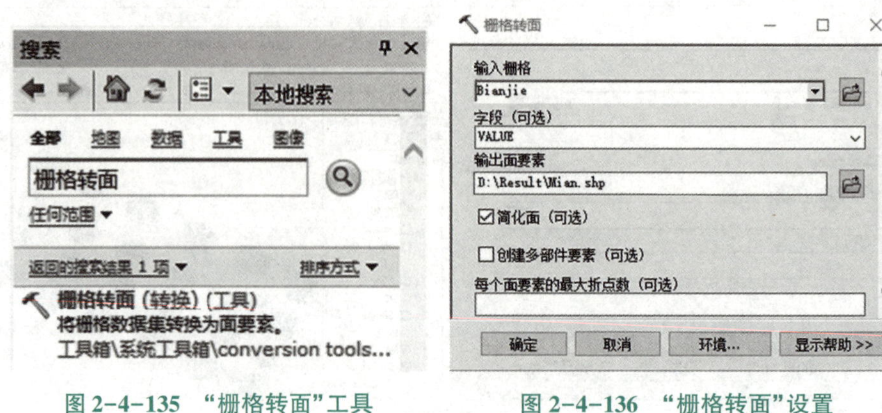

图 2-4-135 “栅格转面”工具　　图 2-4-136 “栅格转面”设置

6. 提取树木图层

①在“内容列表”中，鼠标右键点击“Bianjie”图层，在弹出的快捷菜单中点击“打开属性表”菜单命令(图 2-4-137)。

②在“表”窗口中，点击按钮▼，在弹出的快捷菜单中点击“按属性选择”菜单命令(图 2-4-138)。

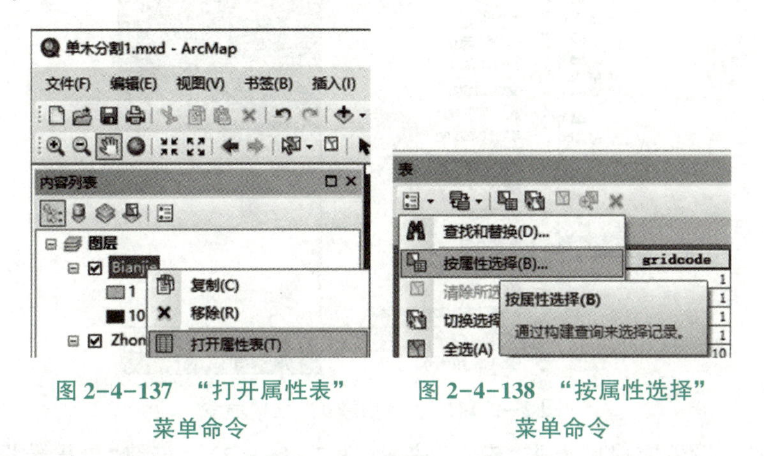

图 2-4-137　“打开属性表”菜单命令　　图 2-4-138　“按属性选择”菜单命令

③在弹出的“按属性选择”对话框中，用鼠标左键双击“方法”框中的“gridcode”，再双击“=”后，点击“获取唯一值”；在右侧的唯一值框中，双击“1”；设置完成后点击“应用”按钮(图 2-4-139)。在如图 2-4-140 所示的“按属性选择”结果界面中，有树木的面会处于高亮状态。

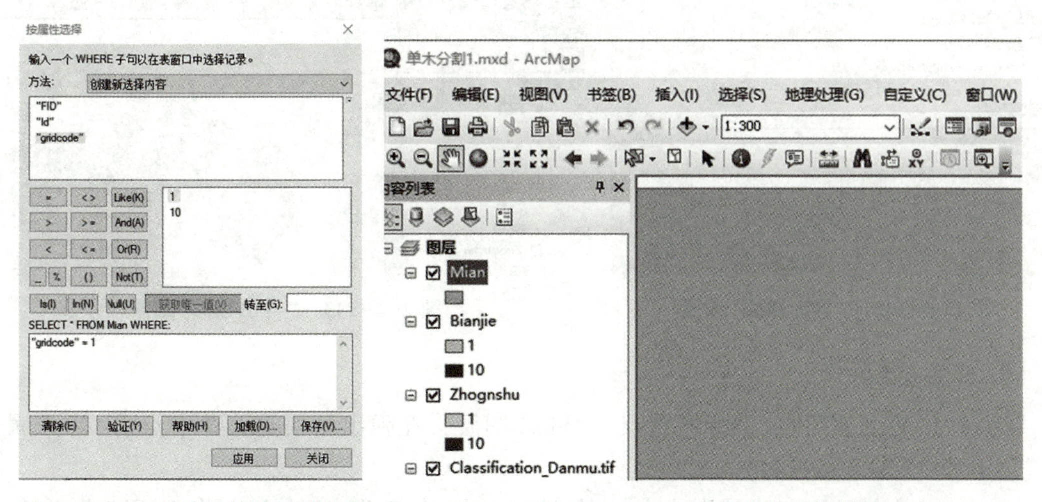

图 2-4-139　“按属性选择”设置　　图 2-4-140　“按属性选择”结果

④在“内容列表”中，鼠标右键点击“Mian”图层，在弹出的快捷菜单中点击“数据”，在弹出的下一级菜单中点击“导出数据”菜单命令(图 2-4-141)。

⑤“导出数据”对话框中，在“导出”框中选择“所选要素”；在“使用与以下选项相同的坐标系”下的单选框中勾选“此图层的源数据”；在“输出要素类”框中修改输出文件名

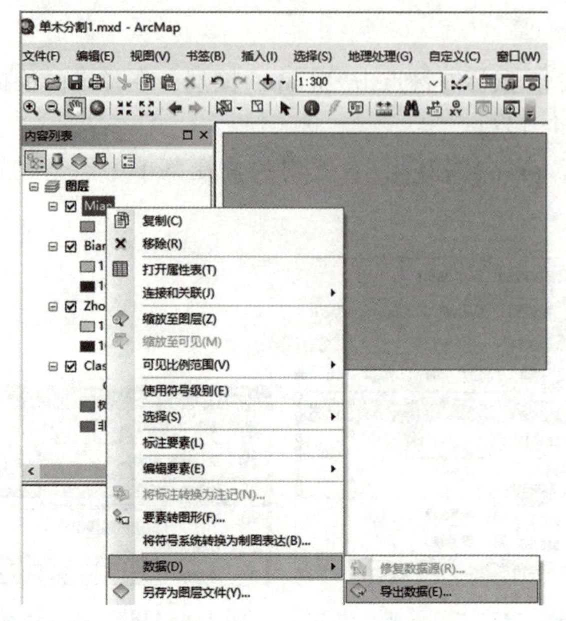

图 2-4-141 “导出数据”菜单命令

称为“Shu. shp”，设置完成后点击“确定”按钮(图 2-4-142)。最终“导出数据”结果界面如图 2-4-143 所示。

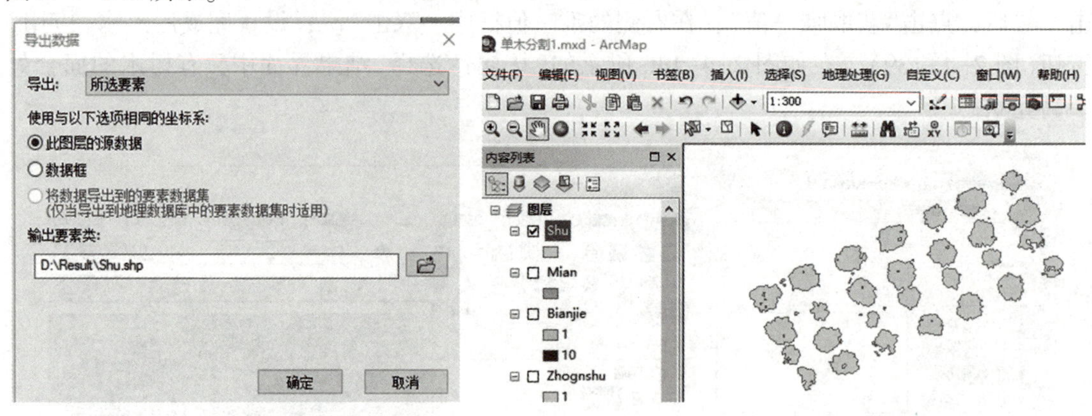

图 2-4-142 “导出数据”设置

图 2-4-143 “导出数据”结果

7. 计算面积

①在“内容列表”中，鼠标右键点击“Shu”图层，在弹出的快捷菜单中点击“打开属性表”菜单命令(图 2-4-144)。

②在“表”窗口中，点击按钮▾，在弹出的快捷菜单中选择“添加字段”菜单命令(图 2-4-145)。

③在“添加字段”对话框中，输入名称“Area”，选择“类型”为“浮点型”，设置完成后点击“确定”按钮(图 2-4-146)。

④在“表”窗口中，鼠标右键点击“Area”，在弹出的快捷菜单中选择“计算几何”菜单命令(图 2-4-147)。

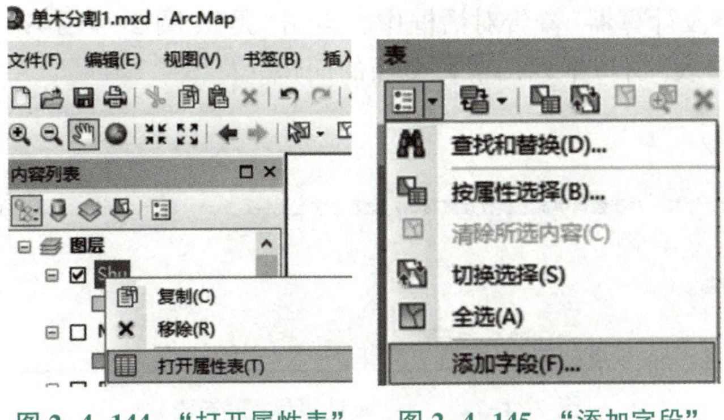

图 2-4-144　“打开属性表”菜单命令

图 2-4-145　“添加字段”菜单命令

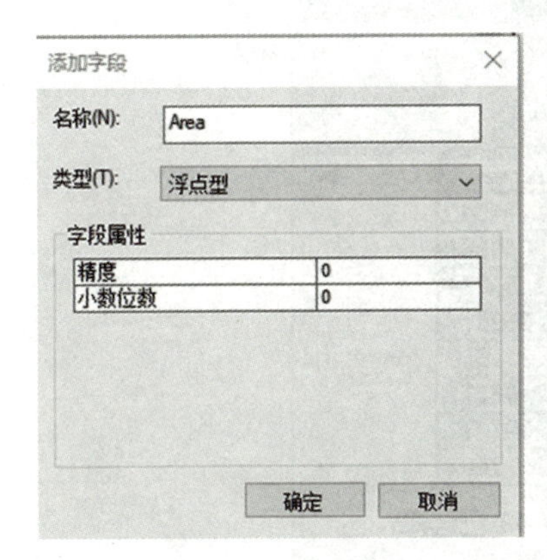

图 2-4-146　“添加字段”设置

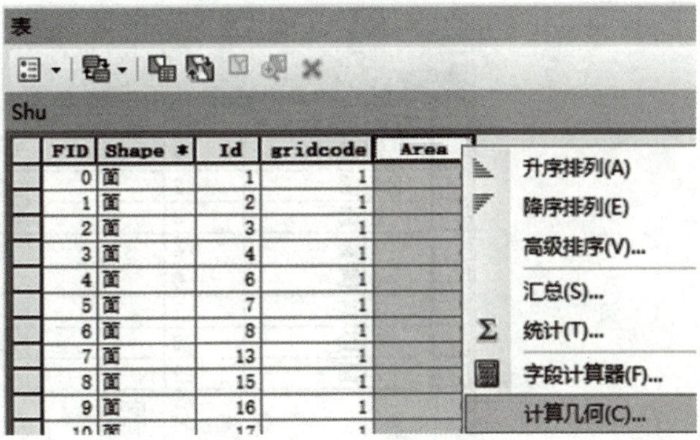

图 2-4-147　“计算几何”菜单命令

⑤在“计算几何”对话框中，选择“属性”下拉列表中的“面积”，在“单位”的下拉列表中选择“平方米”，点击“确定”按钮(图 2-4-148)。

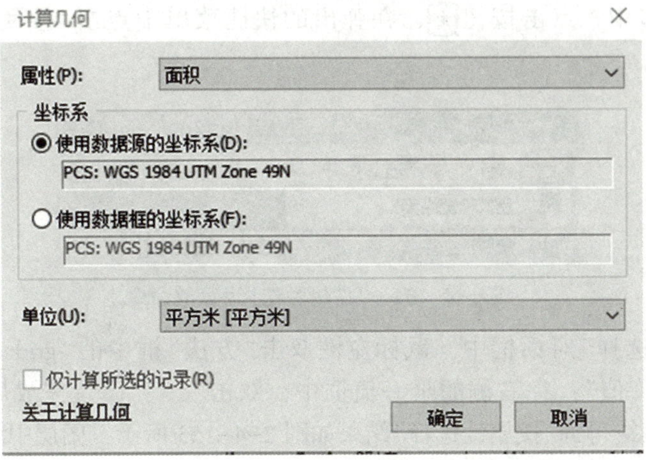

图 2-4-148　“计算几何”设置

⑥在出现的“字段计算器”警告对话框中，点击“是”(图 2-4-149)，面积计算结果如图 2-4-150 所示，“表”窗口中列出了每个面的面积。

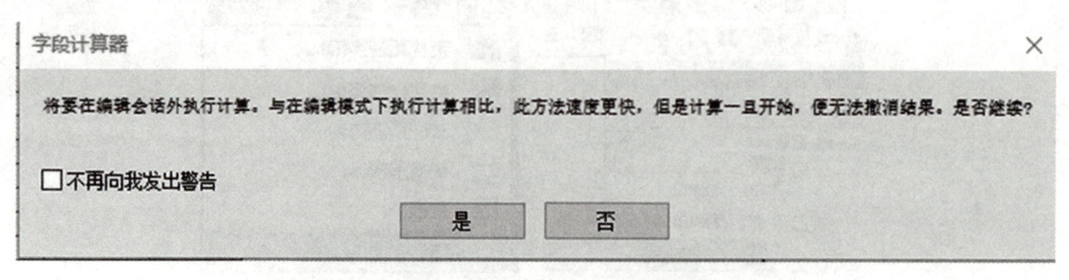

图 2-4-149 “字段计算器”警告确认

表

Shu

FID	Shape *	Id	gridcode	Area
0	面	1	1	1.74846
1	面	2	1	0.010861
2	面	3	1	3.59234
3	面	4	1	0.009877
4	面	6	1	3.7516
5	面	7	1	2.06271
6	面	8	1	0.021017
7	面	13	1	3.12464

0 (0 / 43 已选择)

Shu

图 2-4-150 面积计算结果

8. 消除细小面

①在“表”窗口中，点击按钮▾，在弹出的快捷菜单中点击“按属性选择”菜单命令(图 2-4-151)。

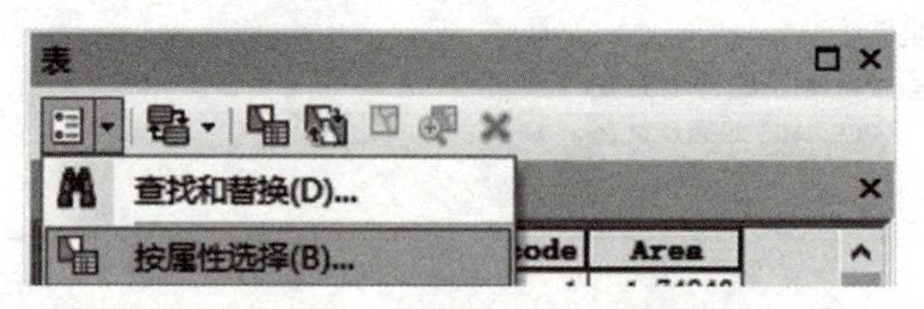

图 2-4-151 “按属性选择”菜单命令

②在“按属性选择”对话框中，鼠标左键双击“方法”框中的“gridcode”，再双击“=”后，点击“获取唯一值”；在右侧的唯一值框中，双击“1”；设置完成后点击“应用”按钮(图 2-4-152)，最终得到“按属性选择”结果如图 2-4-153 所示，图层中所有树木的面高亮。

③在“搜索”窗口文本框中输入“消除”，按下“Enter”键，点击“消除”(图 2-4-154)。

④“消除”窗口中，在“输入图层”框中选择“Shu”，在“输出要素类”中将文件名称修改为“XCshu. shp”，设置完成后点击“确定”按钮(图 2-4-155)，“消除”结果如图 2-4-156 所示。

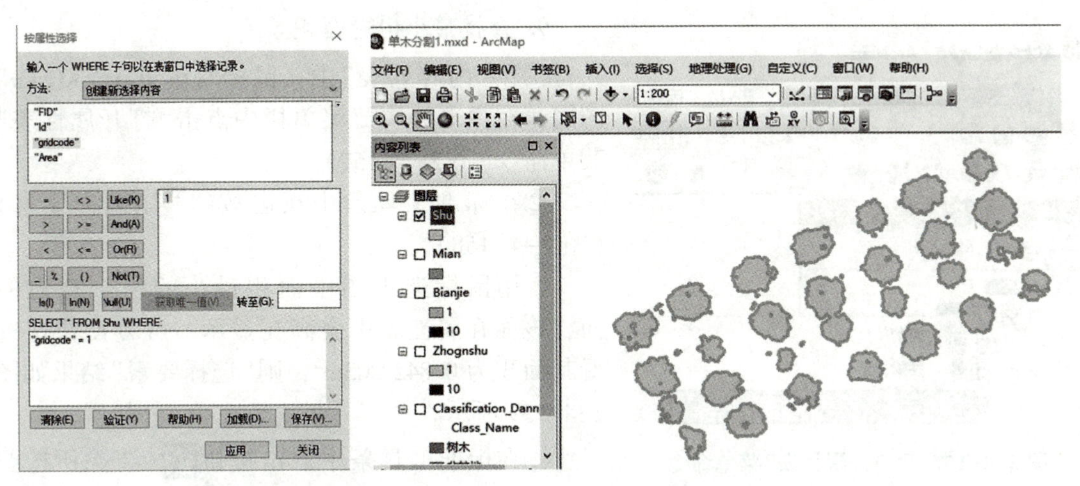

图 2-4-152　“按属性选择”设置　　　　图 2-4-153　“按属性选择”结果

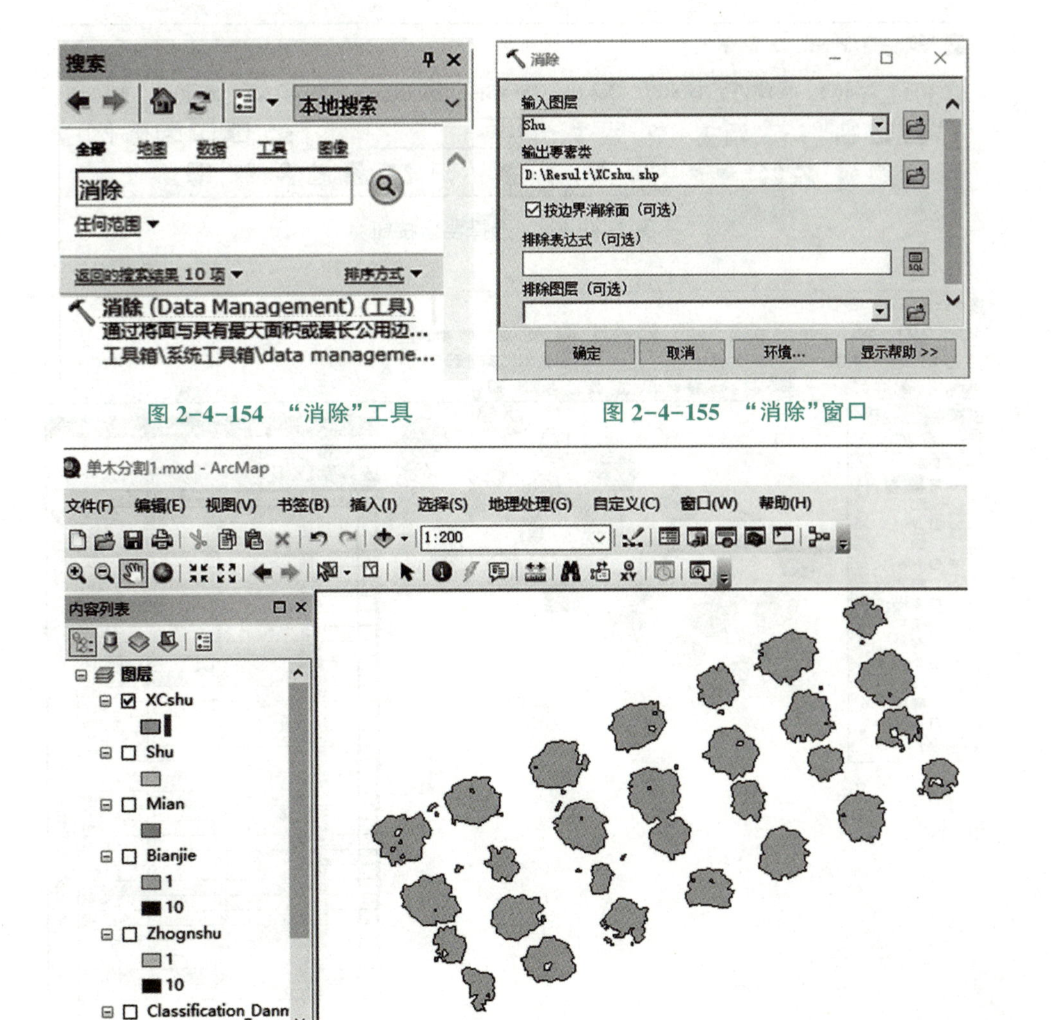

图 2-4-154　“消除”工具　　　　图 2-4-155　“消除”窗口

图 2-4-156　“消除”结果

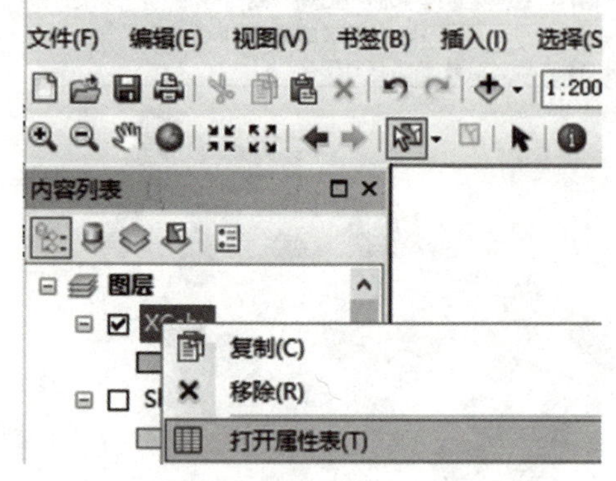

图 2-4-157 "打开属性表"菜单命令

9. 查找最小树冠面积

①在"内容列表"中，鼠标右键点击"XCshu"图层，在弹出的快捷菜单栏中点击"打开属性表"菜单命令(图 2-4-157)。

②在标准工具条中点击按钮(选择要素)(图 2-4-158)。

③用鼠标选中图中面积最小的一个树冠的面，该面在属性表中会高亮显示，可方便快速查看其面积为 0.842 303m²，则"选择要素"结果如图 2-4-159 所示。

④在标准工具条中点击按钮(清除所选要素)，可取消选择当前所选要素(图 2-4-160)。

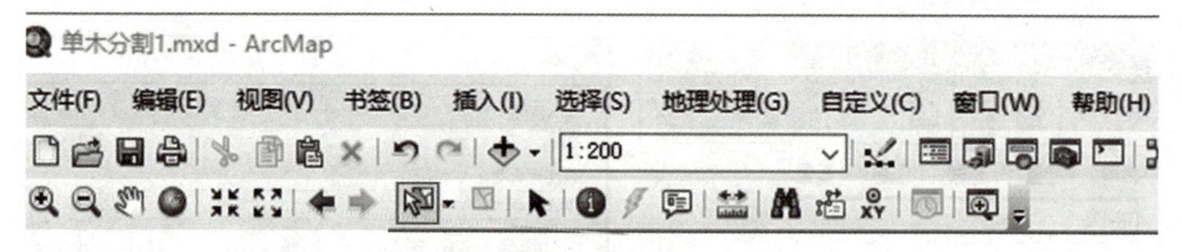

图 2-4-158 选择要素按钮

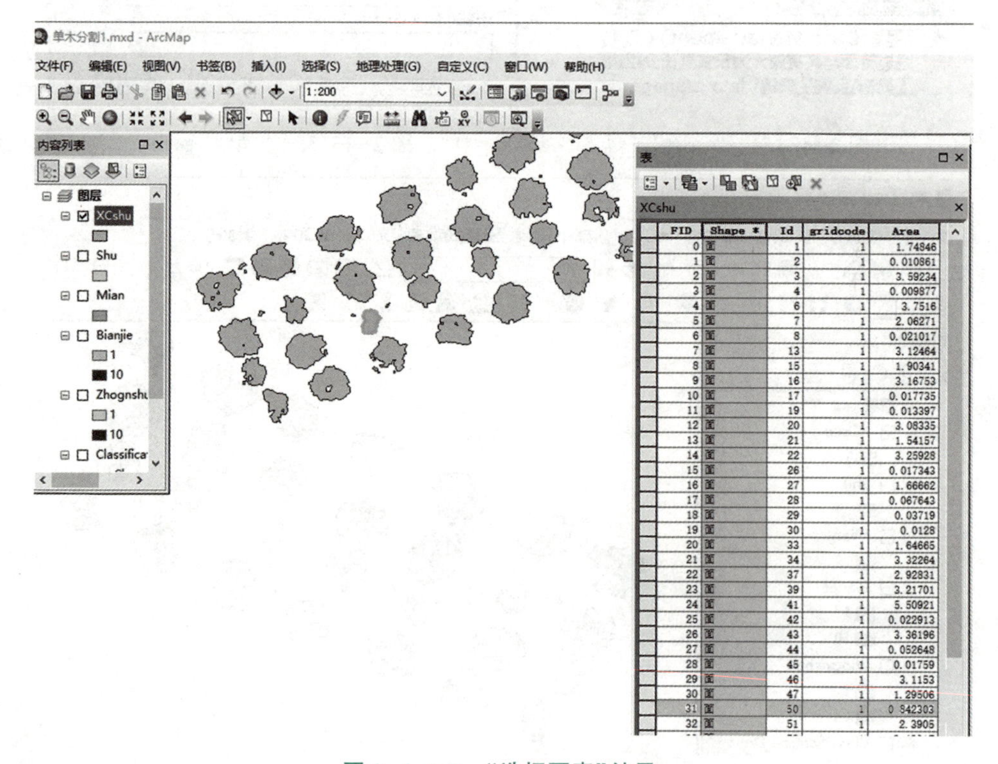

图 2-4-159 "选择要素"结果

图 2-4-160　清除所选要素按钮

10. 消除面部件

①在“内容列表”中，鼠标右键点击“XCshu”图层，在弹出的快捷菜单中点击“打开属性表”菜单命令(图 2-4-161)。

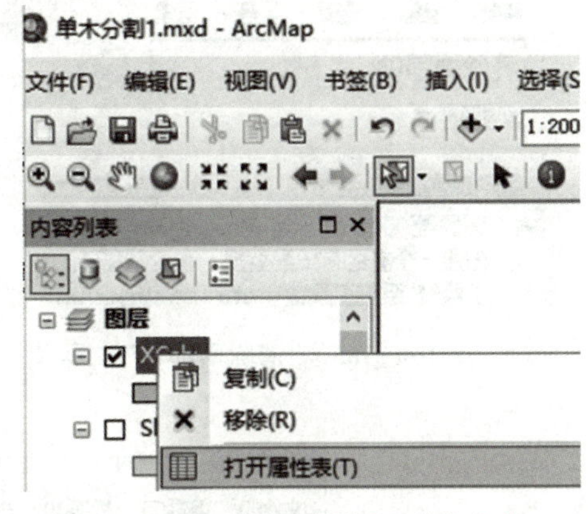

图 2-4-161　“打开属性表”菜单命令

②在“表”窗口中，点击按钮▾，在弹出的快捷菜单中点击“按属性选择”菜单命令(图 2-4-162)。

图 2-4-162　“按属性选择”菜单命令

③在“按属性选择”对话框中，鼠标左键双击“方法”框中的“gridcode”，再双击“=”后，点击“获取唯一值”；在唯一值框中，双击“1”；设置完成后单击“应用”按钮(图 2-4-163)，最终得到“按属性选择”结果如图 2-4-164 所示，图层中所有树木的面高亮显示。

④在“搜索”窗口中的文本框中，输入“消除面部件”，按下“Enter”键点击“消除面部件”(图 2-4-165)。

⑤“消除面部件”窗口中，在“输入要素”框中选择“XCshu”在“输出要素类”中将文件名称修改为“XCMShu. shp”，“条件”选择“AREA”，“面积”输入“0. 8”，“单位”选择“平方米”，取消勾选“仅消除包含的部件”项，完成设置后点击“确定”按钮(图 2-4-166)，最终“消除面部件”结果如图 2-4-167 所示。

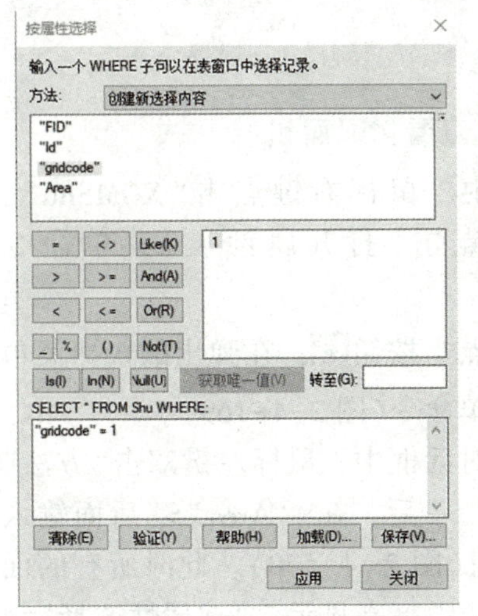

图 2-4-163　“按属性选择”设置

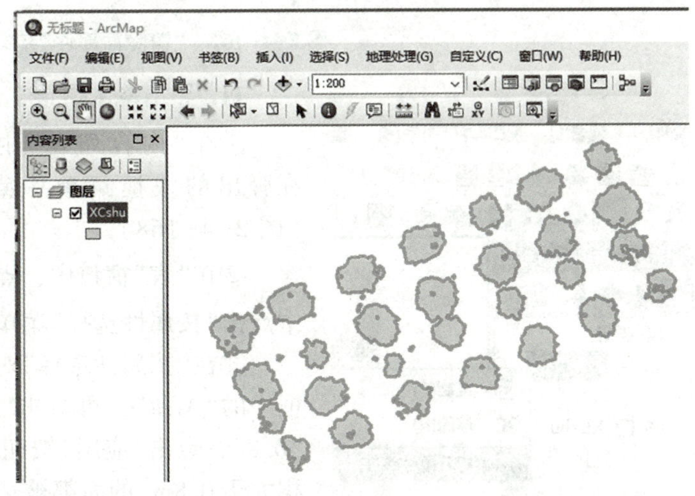

图 2-4-164　“按属性选择”结果

图 2-4-165 “消除面部件”工具

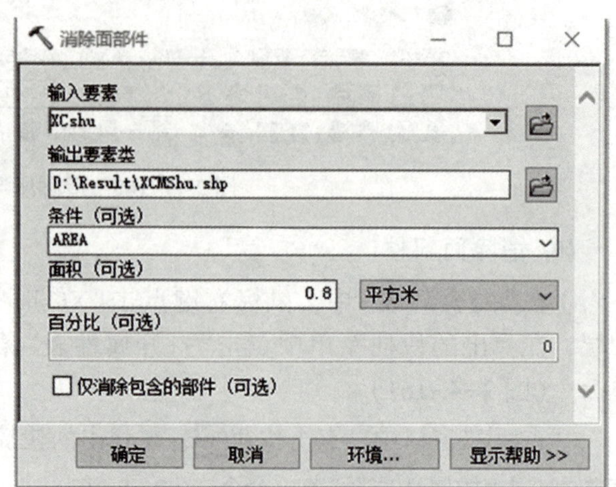

图 2-4-166 “消除面部件”设置

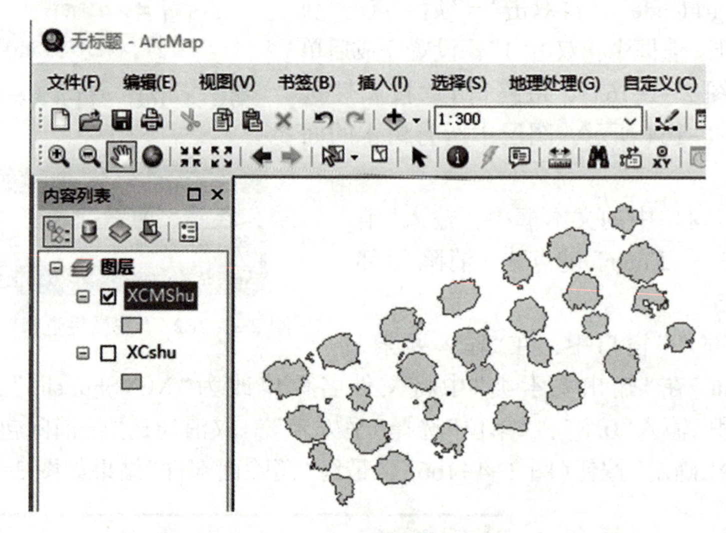

图 2-4-167 “消除面部件”结果

11. 导出单木图层，查看树冠面积

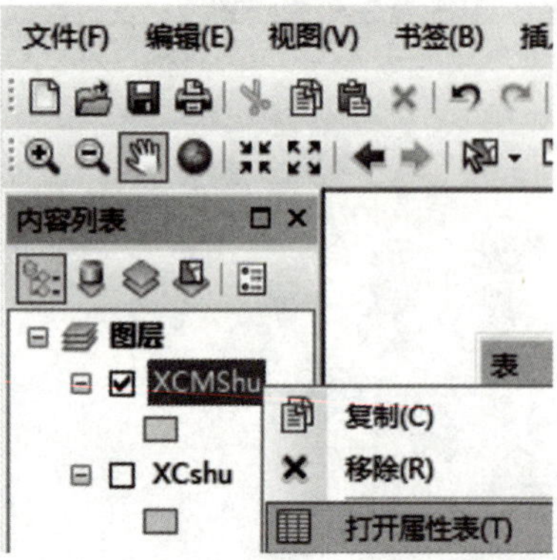

①在“内容列表”中，鼠标右键点击“XCMShu”，在弹出的快捷菜单中点击“打开属性表”菜单命令(图 2-4-168)。

图 2-4-168 “打开属性表”菜单命令

②在“表”窗口中，点击按钮▾，在弹出的快捷菜单中点击“按属性选择”菜单命令(图 2-4-169)。

③在“按属性选择”对话框中，鼠标左键双击“方法”框中的“Area”，再双击“>”后，在“‘Area’>”后面输入“0.8”，点击“应用”按钮(图 2-4-170)。此时所有的面积大于 0.8m^2 的面都被选中高亮显示，“按属性选择”结果如图 2-4-171 所示。

④在“内容列表”中，鼠标右键点击“XCMShu”图层，在弹出的快捷菜单中点击“数据”，在弹出的下一级菜单中点击“导出数据”菜单命令(图 2-4-172)。

⑤“导出数据”对话框中，在“导出框”中选择“所选要素”，将“输出要素类”名称更改为“DMfg. shp”，点击“确定”按钮(图 2-4-173)，最终得到“导出数据”后的冠幅分割结果如图 2-4-174 所示。

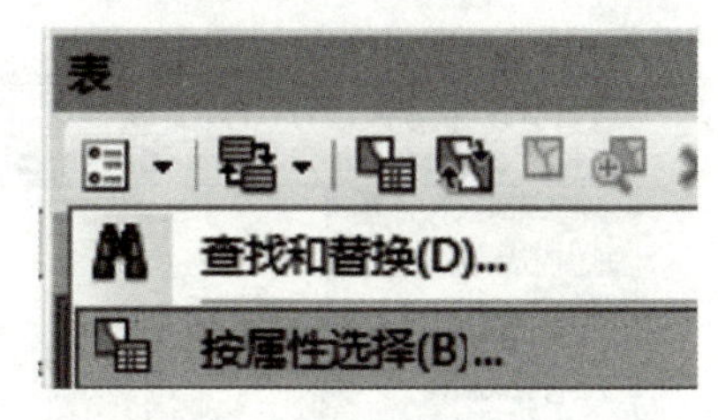

图 2-4-169 “按属性选择”菜单命令

⑥在“内容列表”中，鼠标右键点击“DMfg”图层，在弹出的快捷菜单中点击“打开属性表”菜单命令(图 2-4-175)。

⑦在“表”窗口中(图 2-4-176)，“Area”列表示树冠面积，在该属性表中有 27 个面可见，与正射影像中的 28 棵树相比少了一个，这是因为有 2 棵树的树冠出现重叠，被分类成了一棵树。则本任务中单木分割精度为 96.4%，能满足林业生产单位对株数宏观调查的精度要求。

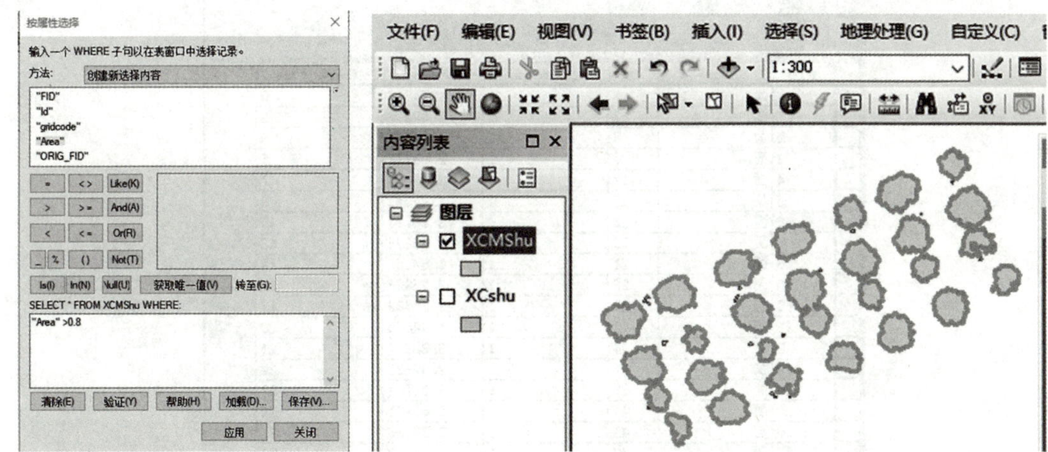

图 2-4-170 “按属性选择”设置　　图 2-4-171 “按属性选择”结果

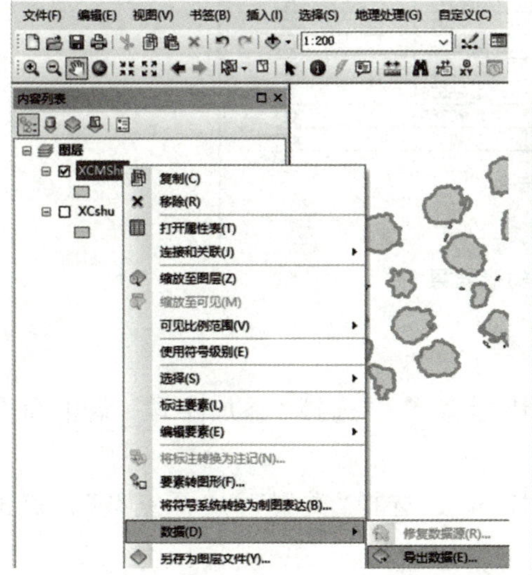

图 2-4-172 “导出数据”菜单命令

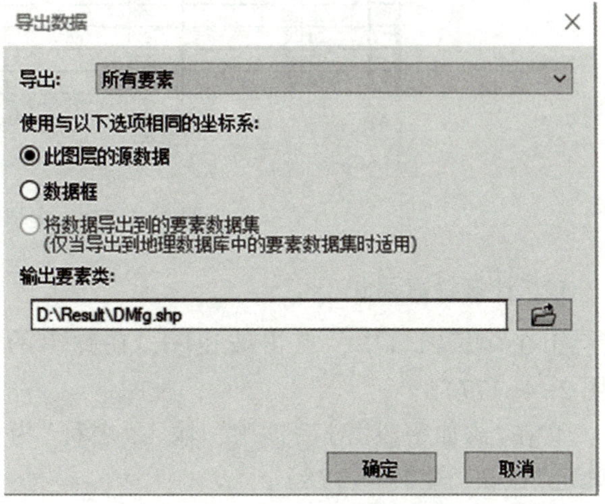

图 2-4-173 “导出数据”窗口

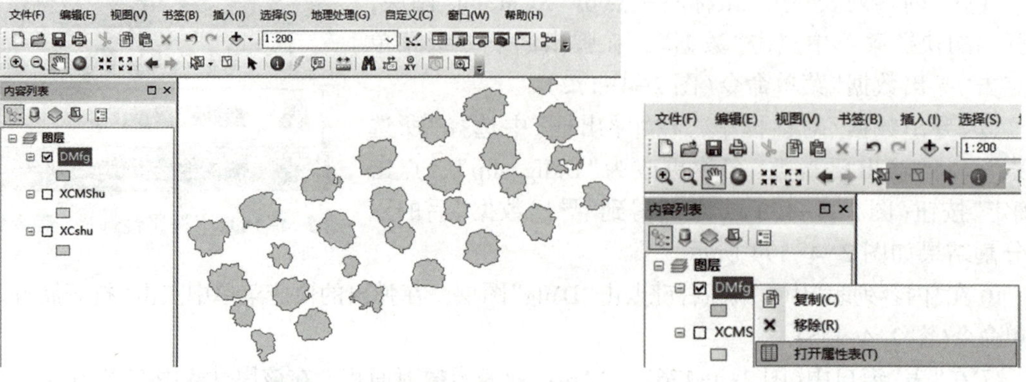

图 2-4-174 “导出数据”后的冠幅分割结果　　图 2-4-175 “打开属性表”菜单命令

表

DMfg

FID	Shape *	Id	gridcode	Area	ORIG_FID
0	面	1	1	1.74846	0
1	面	3	1	3.59234	2
2	面	6	1	3.7516	4
3	面	7	1	2.06271	5
4	面	13	1	3.12464	7
5	面	15	1	1.90341	8
6	面	16	1	3.16753	9
7	面	20	1	3.08335	12
8	面	21	1	1.54157	13
9	面	22	1	3.25928	14
10	面	27	1	1.66662	16
11	面	33	1	1.64665	20
12	面	34	1	3.32264	21
13	面	37	1	2.92831	22
14	面	39	1	3.21701	23
15	面	41	1	5.50921	24
16	面	43	1	3.36196	26
17	面	46	1	3.1153	29
18	面	47	1	1.29506	30
19	面	50	1	0.842303	31
20	面	51	1	2.3905	32
21	面	53	1	3.43017	33
22	面	54	1	2.91939	34
23	面	56	1	2.01831	36
24	面	61	1	1.36578	40
25	面	63	1	2.78268	41
26	面	65	1	1.40881	42

1 (0 / 27 已选择)

DMfg

图 2-4-176 提取树冠结果

12. 计算树冠周长

①在“表”窗口中，点击按钮▾，在弹出的快捷菜单中选择“添加字段”菜单命令(图 2-4-177)。

②在“添加字段”对话框中，输入“名称”为“Len”，选择“类型”为“浮点型”，点击“确定”按钮(图 2-4-178)。

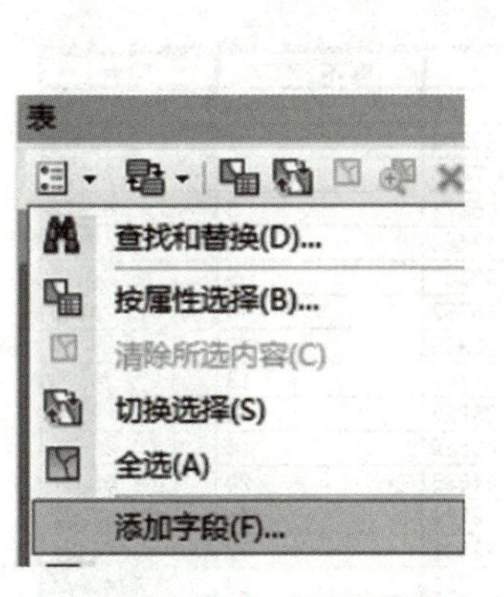

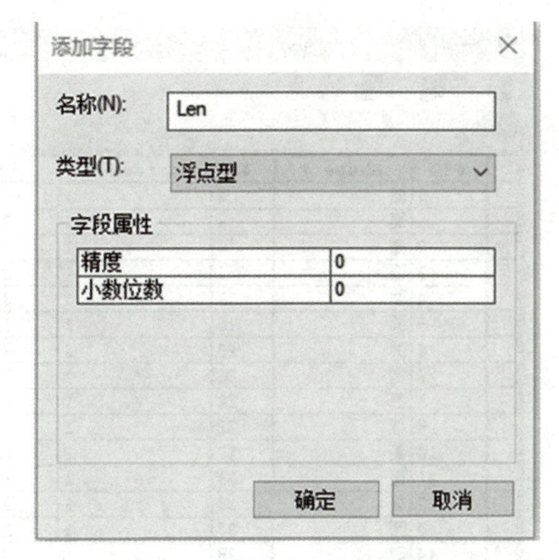

图 2-4-177　“添加字段”菜单命令　　　　图 2-4-178　“添加字段”设置

③在“表”窗口中，鼠标右键点击“Len”，在弹出的快捷菜单中选择“计算几何”菜单命令(图 2-4-179)。

表

DMfg

FID	Shape *	Id	gridcode	Area	ORIG_FID	Len
0	面	1	1	1.74846	0	
1	面	3	1	3.59234	2	
2	面	6	1	3.7516	4	
3	面	7	1	2.06271	5	
4	面	13	1	3.12464	7	
5	面	15	1	1.90341	8	
6	面	16	1	3.16753	9	
7	面	20	1	3.08335	12	
8	面	21	1	1.54157	13	
9	面	22	1	3.25928	14	
10	面	27	1	1.66662	16	

升序排列(A)
降序排列(E)
高级排序(V)...
汇总(S)...
统计(T)...
字段计算器(F)...
计算几何(C)...

图 2-4-179　“计算几何”菜单命令

④“计算几何”对话框中，在“属性”框中选择“周长”，在“单位”框中选择“米”，点击“确定”按钮(图 2-4-180)，在弹出的“计算几何”警告对话框中选择“是”(图 2-4-181)。

⑤在“表”窗口中，“Len”列表示每个树冠的周长(图 2-4-182)。

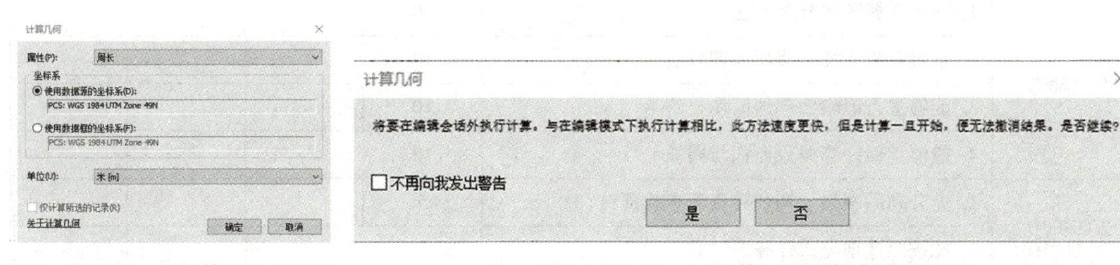

图 2-4-180　“计算几何”设置　　　　图 2-4-181　“计算几何”警告对话框

表

DMfg

FID	Shape *	Id	gridcode	Area	ORIG_FID	Len
0	面	1	1	1.74846	0	6.07447
1	面	3	1	3.59234	2	8.98359
2	面	6	1	3.7516	4	8.37918
3	面	7	1	2.06271	5	6.52375
4	面	13	1	3.12464	7	8.18148
5	面	15	1	1.90341	8	9.84431
6	面	16	1	3.16753	9	7.64422
7	面	20	1	3.08335	12	7.58783
8	面	21	1	1.54157	13	5.28805
9	面	22	1	3.25928	14	8.59248
10	面	27	1	1.66662	16	6.68742
11	面	33	1	1.64665	20	5.68506
12	面	34	1	3.32264	21	8.09827
13	面	37	1	2.92831	22	7.63456
14	面	39	1	3.21701	23	7.45944
15	面	41	1	5.50921	24	12.8805
16	面	43	1	3.36196	26	8.46914
17	面	46	1	3.1153	29	7.6212
18	面	47	1	1.29506	30	5.69597
19	面	50	1	0.842303	31	3.83239
20	面	51	1	2.3905	32	6.75585
21	面	53	1	3.43017	33	8.22739
22	面	54	1	2.91939	34	7.62446
23	面	56	1	2.01831	36	8.33704
24	面	61	1	1.36578	40	5.43954
25	面	63	1	2.78268	41	7.21841
26	面	65	1	1.40881	42	6.07338

0 (0 / 27 已选择)

DMfg

图 2-4-182 树冠周长计算结果

考核评价

<table>
<tr><td colspan="2">姓名：</td><td>班级：</td><td colspan="4">学号：</td></tr>
<tr><td colspan="3">课程任务：完成基于正射影像的单木分割与冠幅提取</td><td colspan="4">完成时间：</td></tr>
<tr><td rowspan="2">评价项目</td><td rowspan="2" colspan="2">评价标准</td><td rowspan="2">分值</td><td colspan="3">评价分数</td></tr>
<tr><td>自评</td><td>互评</td><td>师评</td></tr>
<tr><td rowspan="4">专业能力</td><td colspan="2">1. 熟练掌握影像分类方法</td><td>10</td><td></td><td></td><td></td></tr>
<tr><td colspan="2">2. 掌握众数滤波、边界清理方法</td><td>10</td><td></td><td></td><td></td></tr>
<tr><td colspan="2">3. 能够进行消除面部件操作</td><td>10</td><td></td><td></td><td></td></tr>
<tr><td colspan="2">4. 能够正确计算树冠面积与周长</td><td>10</td><td></td><td></td><td></td></tr>
<tr><td rowspan="2">方法能力</td><td colspan="2">1. 充分利用网络、期刊等资源查找资料</td><td>5</td><td></td><td></td><td></td></tr>
<tr><td colspan="2">2. 能按照计划完成任务</td><td>5</td><td></td><td></td><td></td></tr>
<tr><td rowspan="2">职业素养</td><td colspan="2">1. 态度端正，不无故迟到、早退</td><td>5</td><td></td><td></td><td></td></tr>
<tr><td colspan="2">2. 能做到安全生产、保护环境、爱护公物</td><td>5</td><td></td><td></td><td></td></tr>
</table>

（续）

评价项目	评价标准	分值	评价分数		
			自评	互评	师评
工作成果	基于正射影像完成单木分割与冠幅提取	40			
合计		100			
总评分数			教师签名：		
总结与反思： 年　月　日					

练习题

对基于前序练习中所给出的影像资料进行单木分割。

项目5 林草无人机倾斜摄影三维模型应用

学习目标

知识目标：

1. 掌握基于倾斜摄影三维模型制作等高线的处理方法。
2. 掌握无人机搭载机载激光雷达采集测区林地点云数据的方法。
3. 掌握获取林地点云模型中的树木坐标、树高、树木数量等数据的方法。

技能目标：

1. 能够使用 CASS 软件利用测区范围内的倾斜摄影三维模型制作等高线。
2. 能利用无人机机载激光雷达采集测区林地点云数据。
3. 能通过导入采集的点云数据，应用模型处理软件生成点云模型。
4. 会使用点云模型处理软件，提取林地点云模型中的树高、胸径、树木数量等数据。

素质目标：

培养学生团队协作、脚踏实地、吃苦耐劳的精神。

任务5-1　基于倾斜摄影三维模型制作等高线

工作任务

基于倾斜摄影三维模型制作等高线

任务描述：

本任务将利用 CASS 3D 软件打开基于无人机航拍的某地区的倾斜摄影三维模型，并通过给模型添加高程命令、绘制高程点、建立三角网、标注等高线高程等步骤，完成等高线制作。

工具材料：

CASS 3D 软件、CASS 软件、某地区倾斜摄影三维模型。

○ 任务实施

1. 打开三维模型

①在 Cass 3D 软件中，点击左上角的“3D”按钮(图 2-5-1)。

②在弹出的“打开”对话框中，通过文件路径找到“medata. xml”文件，点击打开(图 2-5-2)，文件打开后窗口如图 2-5-3 所示。

图 2-5-1　“3D”按钮

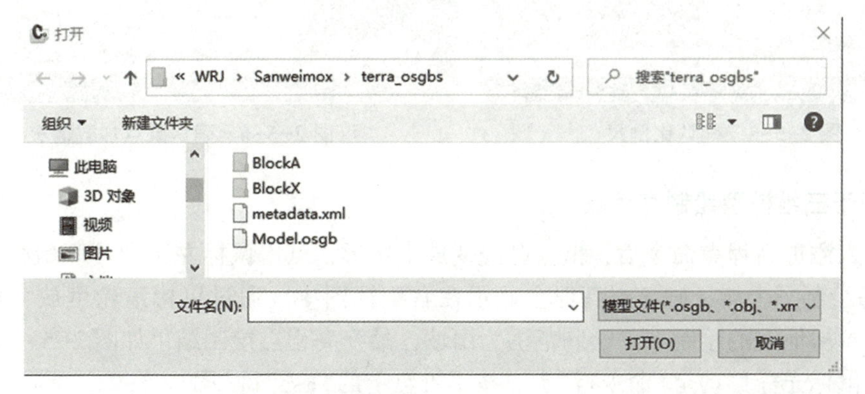

图 2-5-2　打开文件

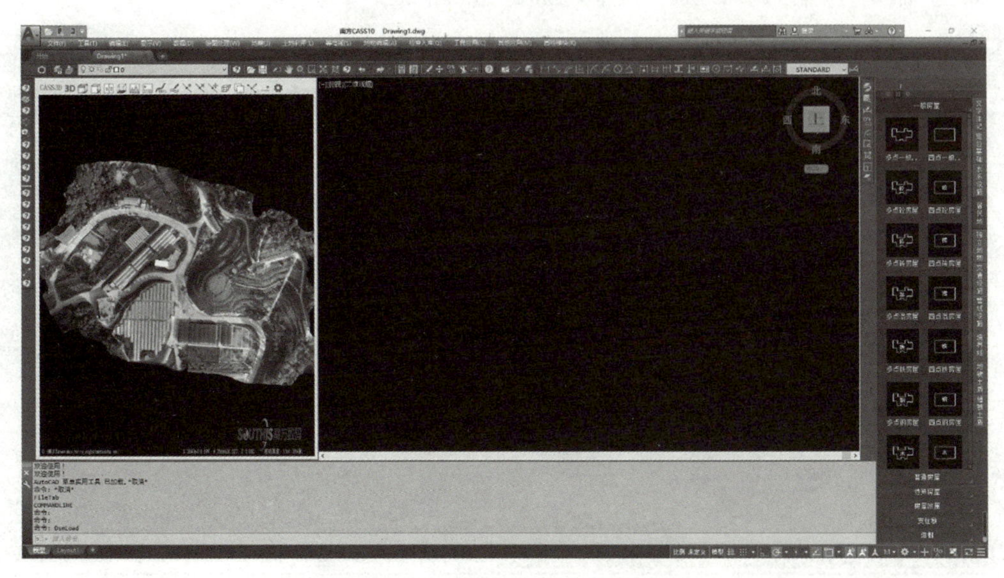

图 2-5-3　文件打开后的窗口界面

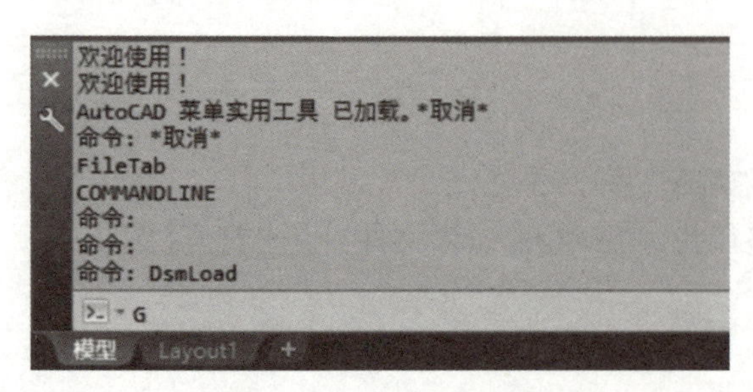

图 2-5-4 输入命令“G”

2. 添加高程点命令

①在软件左下角“命令行”中输入“G”并按下“Enter”键(图 2-5-4)。

②在“命令行”窗口中，“命令行”询问“绘图比例尺 1：<500>”时，按下“Enter”键确认(图 2-5-5)。

③命令行询问“是否加载到数据文件中?”时，继续按下“Enter”键(图 2-5-6)，此时则表示选择“(1)否”。

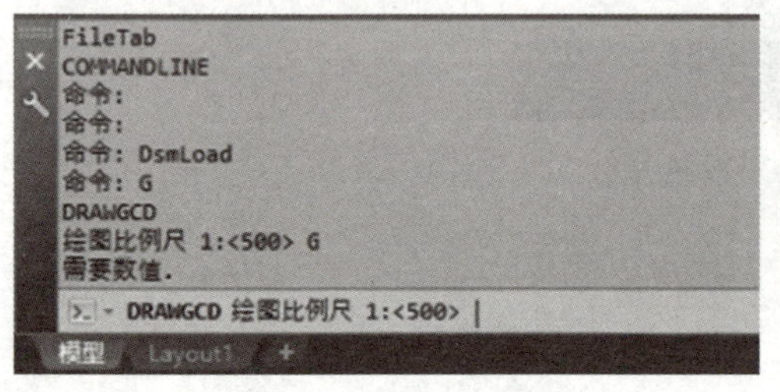

图 2-5-5 确认比例尺

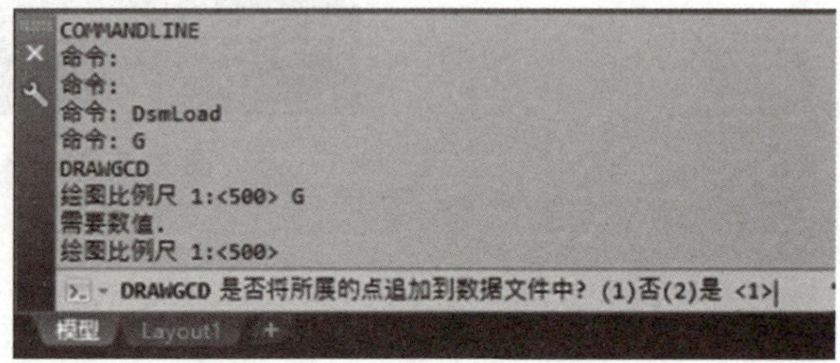

图 2-5-6 确认展点加载情况

3. 基于三维模型绘制高程点

①输入添加高程点命令后，鼠标已经变成十字形，点击鼠标左键即可开始绘制(图 2-5-7)。每绘制一个点，则该点高程会显示在右侧视图中。通过鼠标滚轮可放大地图，在地图上找到裸地上的绘制点，绘制范围为山坡，最终高程点绘制结果如图 2-5-8 所示。

②将鼠标光标移动至“命令行”上，按下键盘上的“Esc”键(图 2-5-9)。

③在“命令行”输入“PL”后，按下“Enter”键(图 2-5-10)。

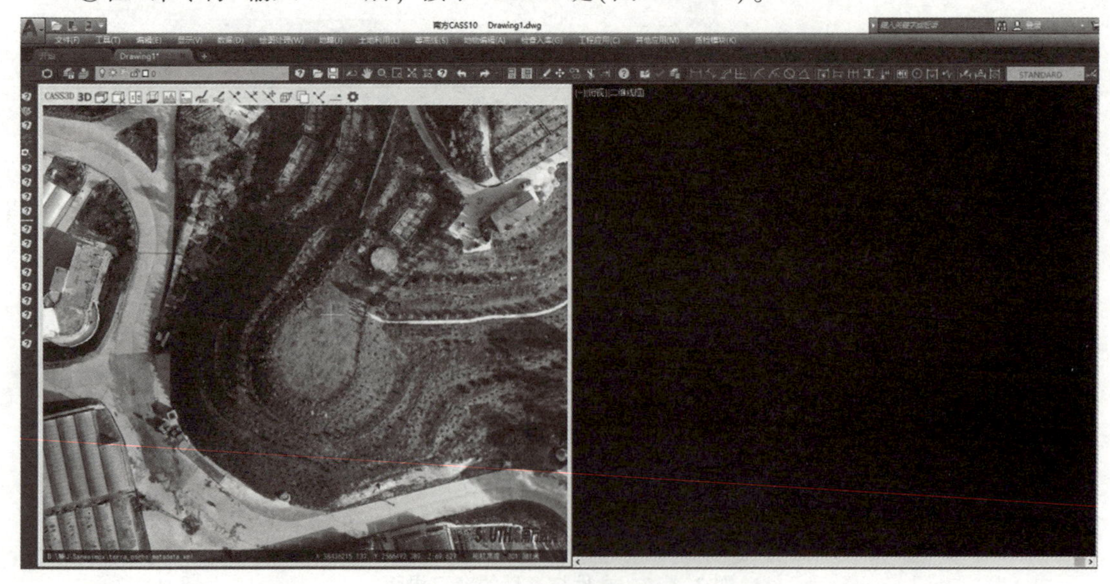

图 2-5-7 开始绘制高程点

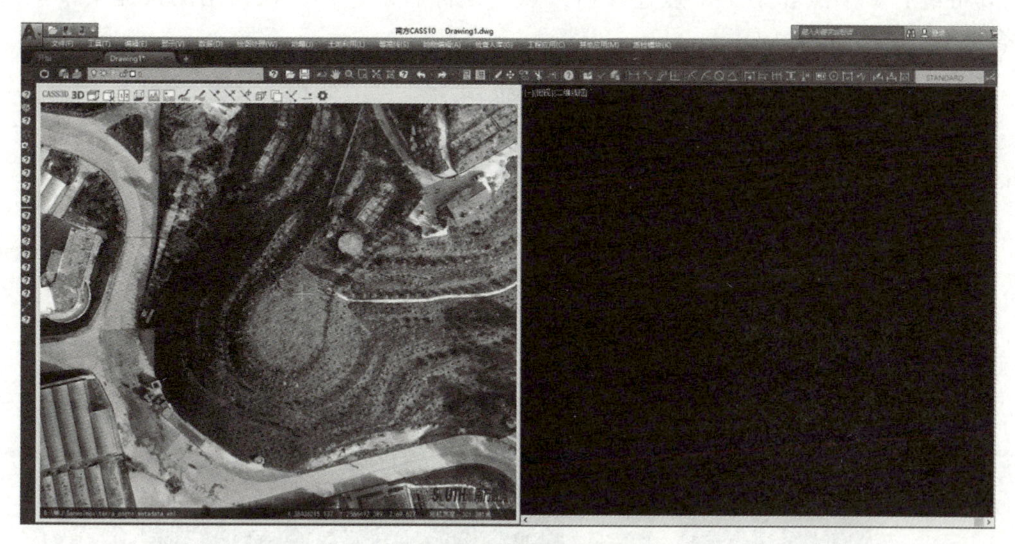

图 2-5-8　高程点绘制结果

图 2-5-9　重置“命令行”

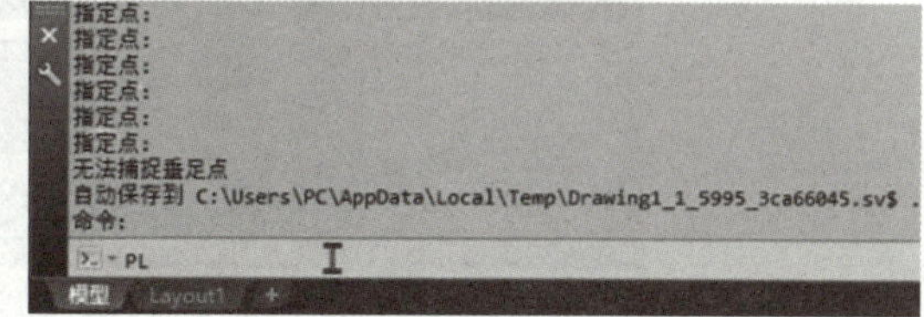

图 2-5-10　输入命令“PL”

④在右侧视图中，鼠标变成十字丝，用鼠标将外圈的点连接起来，包围图中所有的点（图 2-5-11）。

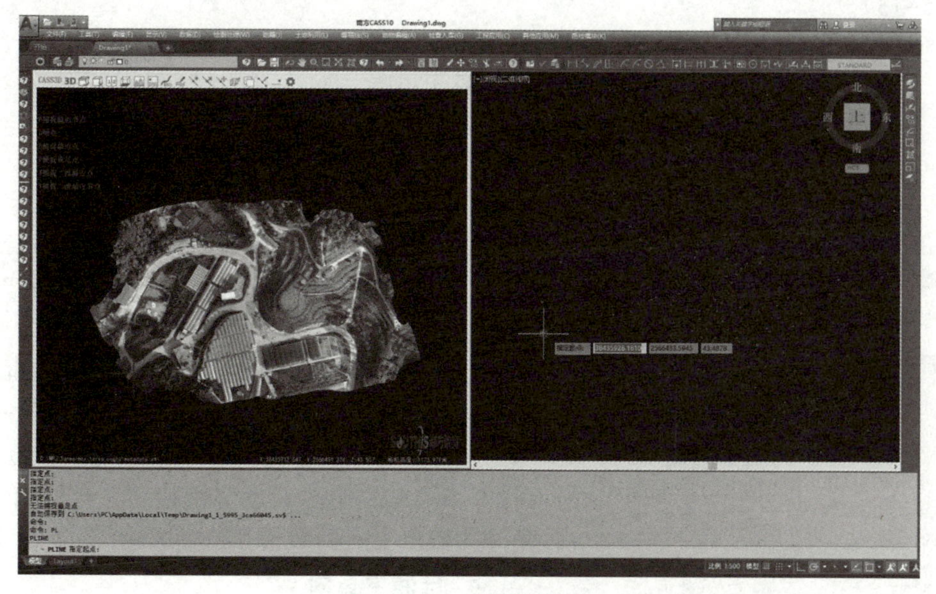

图 2-5-11　连接高程点

⑤将最后 1 个点和第 1 个点连接后，点击鼠标右键选择，在弹出的快捷菜单中选择“闭合”(图 2-5-12)。

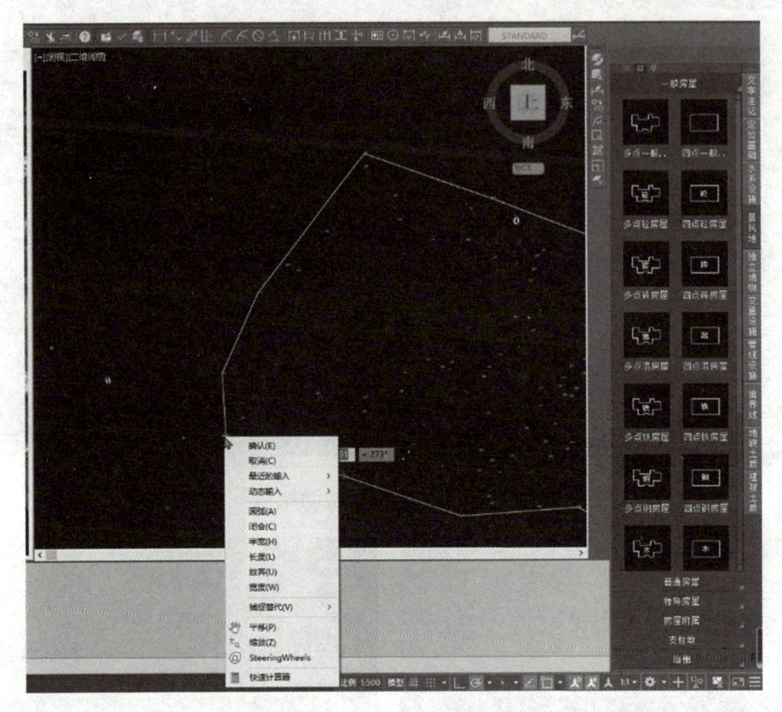

图 2-5-12 “闭合”菜单命令

4. 建立三角网

①点击菜单栏上的“等高线”按钮，在弹出的快捷菜单中选择“建立三角网”菜单命令(图 2-5-13)。

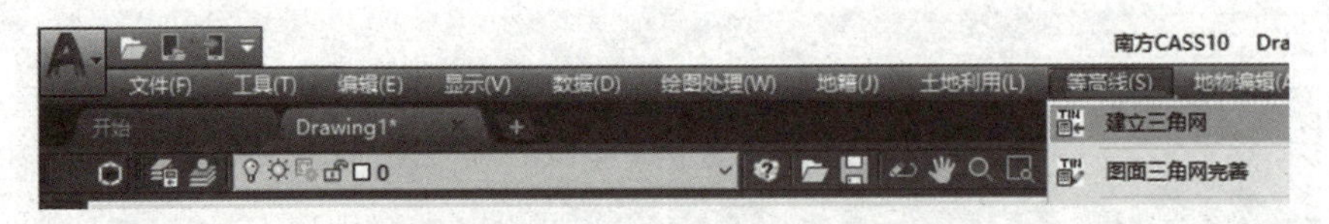

图 2-5-13 “建立三角网”菜单命令

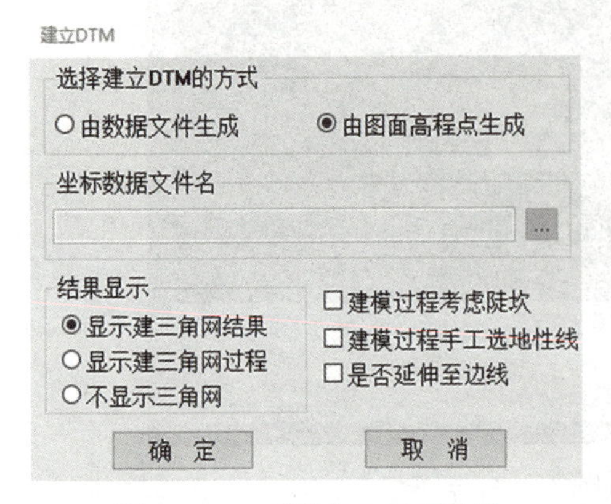

图 2-5-14 “建立 DTM”设置

②在弹出的“建立 DTM”对话框中，选择“由图面高程点生成”单选框，点击“确定”按钮(图 2-5-14)。

③将光标移动至“命令行”上，按下“Enter”键，即确认选择“(1)选取高程点的范围”(图 2-5-15)。

④在右侧视图中，点击选择范围线(图 2-5-16)；软件自动显示建立三角网结果，三角网的数量受点的数量和位置影响(图 2-5-17)。

5. 过滤三角网

①点击菜单栏上的“等高线”按钮，在弹出的快

```
指定下一点或 [圆弧(A)/闭合(C)/半宽(H)/长度(L)/放弃(U)/宽度(W)]:
指定下一点或 [圆弧(A)/闭合(C)/半宽(H)/长度(L)/放弃(U)/宽度(W)]:
指定下一点或 [圆弧(A)/闭合(C)/半宽(H)/长度(L)/放弃(U)/宽度(W)]:
指定下一点或 [圆弧(A)/闭合(C)/半宽(H)/长度(L)/放弃(U)/宽度(W)]:
指定下一点或 [圆弧(A)/闭合(C)/半宽(H)/长度(L)/放弃(U)/宽度(W)]:
指定下一点或 [圆弧(A)/闭合(C)/半宽(H)/长度(L)/放弃(U)/宽度(W)]: C
命令:
命令:
命令:
LINKSJX 请选择:(1)选取高程点的范围 (2)直接选取高程点或控制点<1>
```

图 2-5-15　确认高程点选取方法

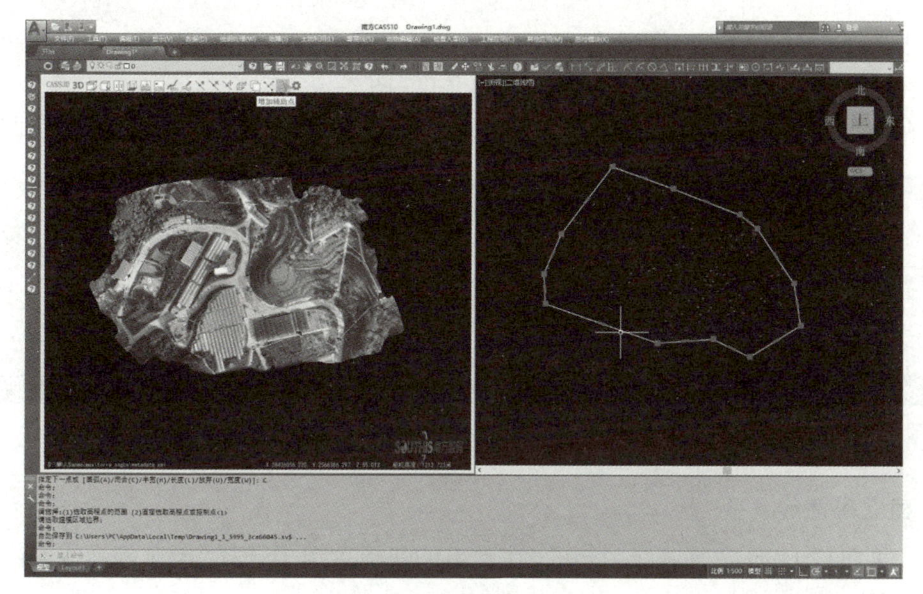

图 2-5-16　选择范围线

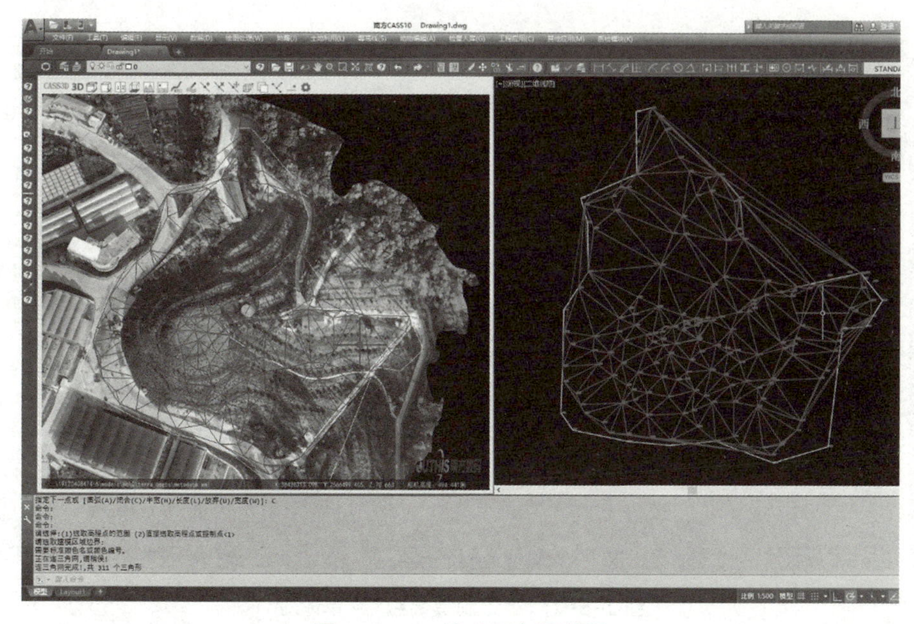

图 2-5-17　建立三角网结果

南方CASS10 Drawing1.dwg
文件(F) 工具(T) 编辑(E) 显示(V) 数据(D) 绘图处理(W) 地籍(J) 土地利用(L) 等高线(S) 地物编辑(A)
Drawing1*
CASS3D 3D
建立三角网
图面三角网完善
绘制地性线
生成坎底地性线
修改三维线高程
删除三角形
过滤三角形

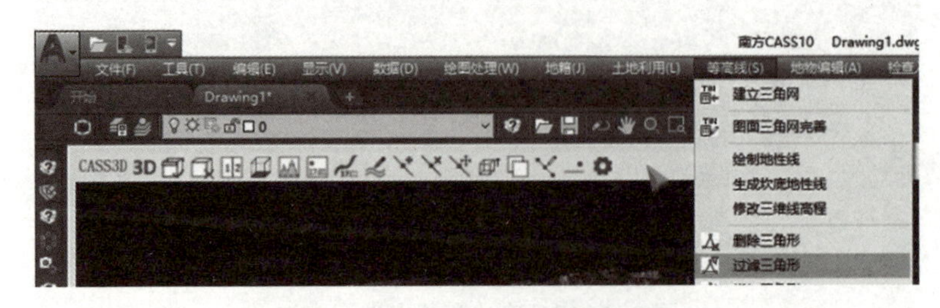

图 2-5-18 “过滤三角网”菜单命令

捷菜单中选择“过滤三角网”菜单命令(图 2-5-18)。

②在“命令行”中，按下“Enter”键，确认角度(图 2-5-19)。

③在“命令行”中，按下“Enter”键确认倍数(图 2-5-20)，即可完成三角网的过滤。

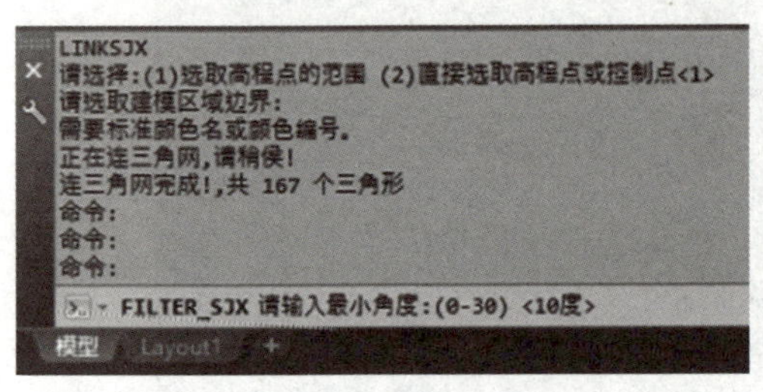

LINKSJX
请选择:(1)选取高程点的范围 (2)直接选取高程点或控制点<1>
请选取建模区域边界:
需要标准颜色名或颜色编号。
正在连三角网,请稍侯!
连三角网完成!,共 167 个三角形
命令:
命令:
命令:
FILTER_SJX 请输入最小角度:(0-30) <10度>
模型 Layout1

图 2-5-19 确认角度

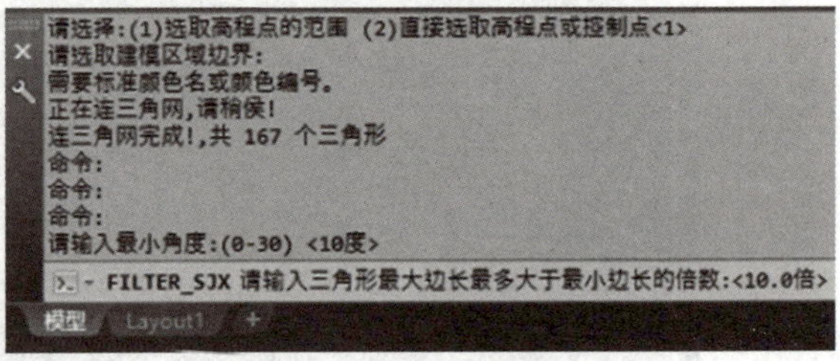

请选择:(1)选取高程点的范围 (2)直接选取高程点或控制点<1>
请选取建模区域边界:
需要标准颜色名或颜色编号。
正在连三角网,请稍侯!
连三角网完成!,共 167 个三角形
命令:
命令:
命令:
请输入最小角度:(0-30) <10度>
FILTER_SJX 请输入三角形最大边长最多大于最小边长的倍数:<10.0倍>
模型 Layout1

图 2-5-20 确认倍数

6. 建立等高线

①在菜单栏上点击“等高线”按钮，在弹出的快捷菜单中选择“绘制等高线”菜单命令(图 2-5-21)。

南方CASS10 Drawing1.dw
文件(F) 工具(T) 编辑(E) 显示(V) 数据(D) 绘图处理(W) 地籍(J) 土地利用(L) 等高线(S) 地物编辑(A)
开始 Drawing1*
CASS3D 3D
建立三角网
图面三角网完善
绘制地性线
生成坎底地性线
修改三维线高程
删除三角形
过滤三角形
增加三角形
三角形内插点
删三角形顶点
重组三角形
加入地性线
删三角网
三角网存取
修改结果存盘
绘制等高线

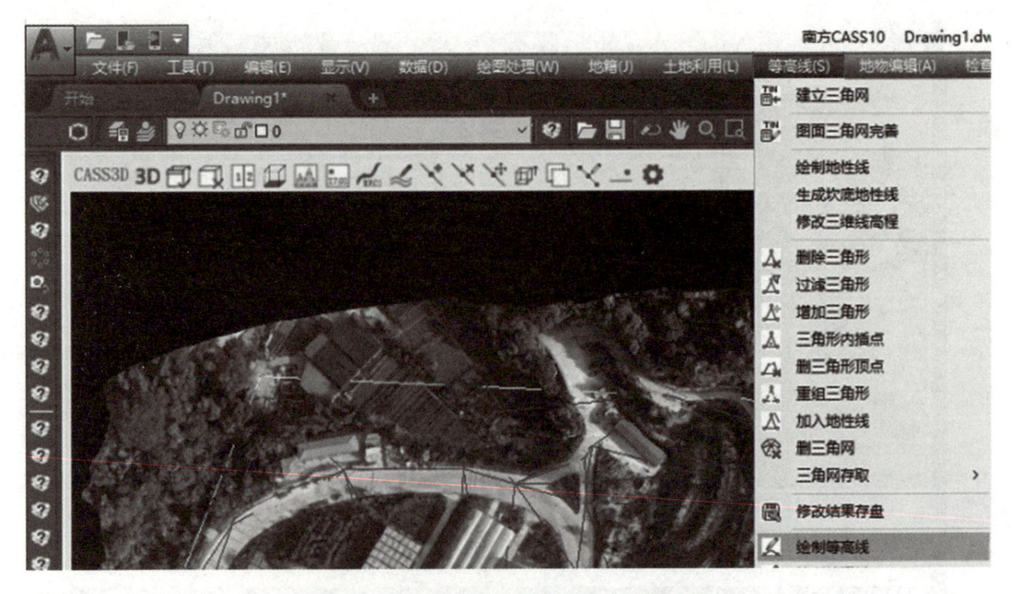

图 2-5-21 “绘制等高线”菜单命令

②在弹出的“绘制等值线”对话框中，修改“等高距”为 0.5m，点击“确定”按钮(图 2-5-22)。

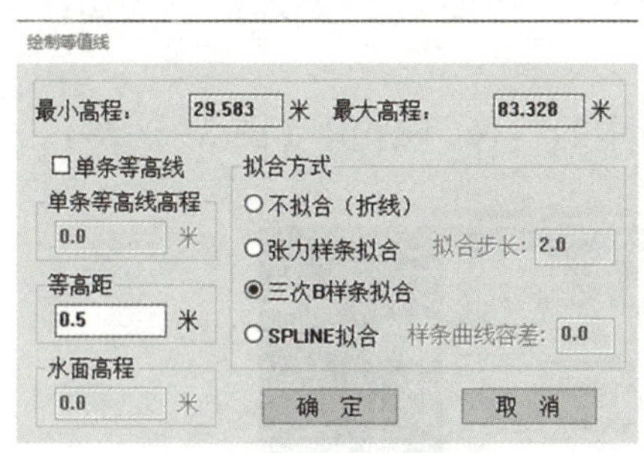

图 2-5-22　“绘制等值线”设置

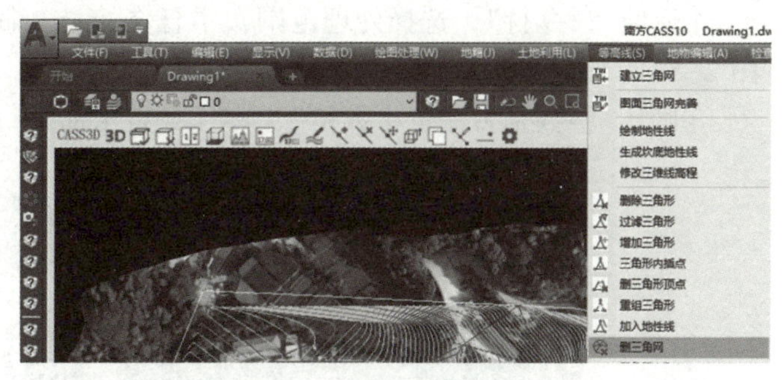

图 2-5-23　“删三角网”菜单命令

7. 删除三角网

点击菜单栏上的“等高线”按钮，在弹出的快捷菜单中选择“删三角网”菜单命令(图 2-5-23)。

8. 标注等高线高程

①在“命令行”输入“PL”后，按下“Enter”键(图 2-5-24)。

②在右侧视图上绘制一条线穿过大多数等高线，绘制完成后，点击鼠标右键，在弹出的快捷菜单中选择“闭合”菜单命令(图 2-5-25)。

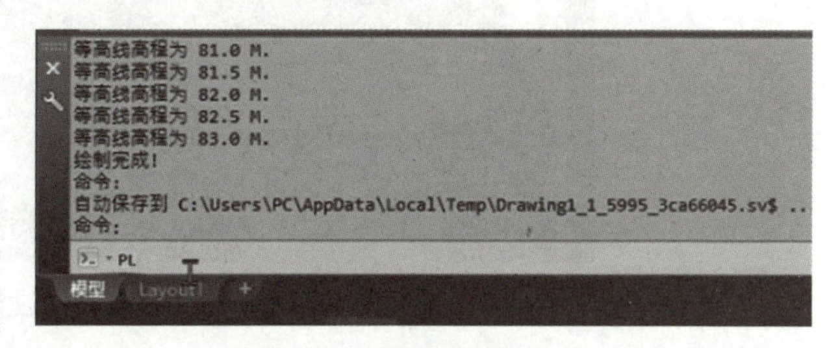

图 2-5-24　输入命令“PL”

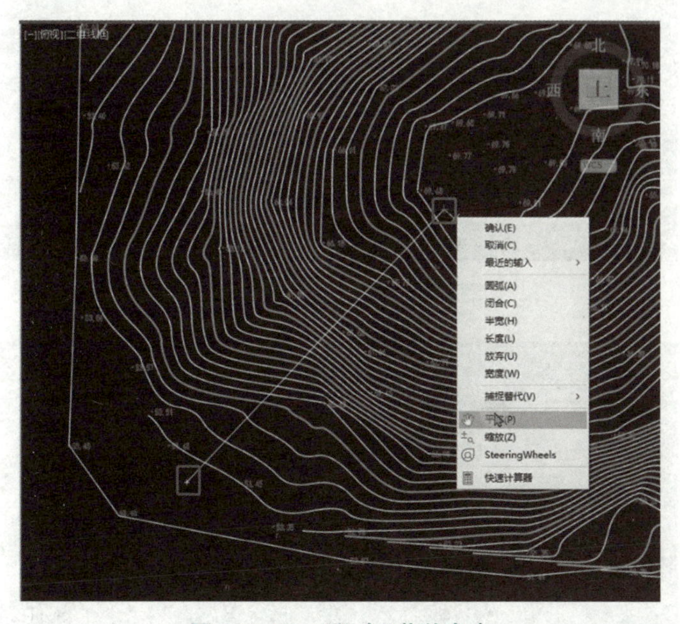

图 2-5-25　“闭合”菜单命令

③点击菜单栏上的“等高线”按钮，在弹出的快捷菜单中点击“等高线注记”，在弹出的下一级菜单中选择“沿直线高程注记”菜单命令(图 2-5-26)。

④返回“命令行”，选择处理范围，本任务点击“命令行”中的“(2)处理所有等高线”(图 2-5-27)。

⑤确认“整数是否保留小数位”，本任务点击命令行中的“(N)不保留”(图 2-5-28)。

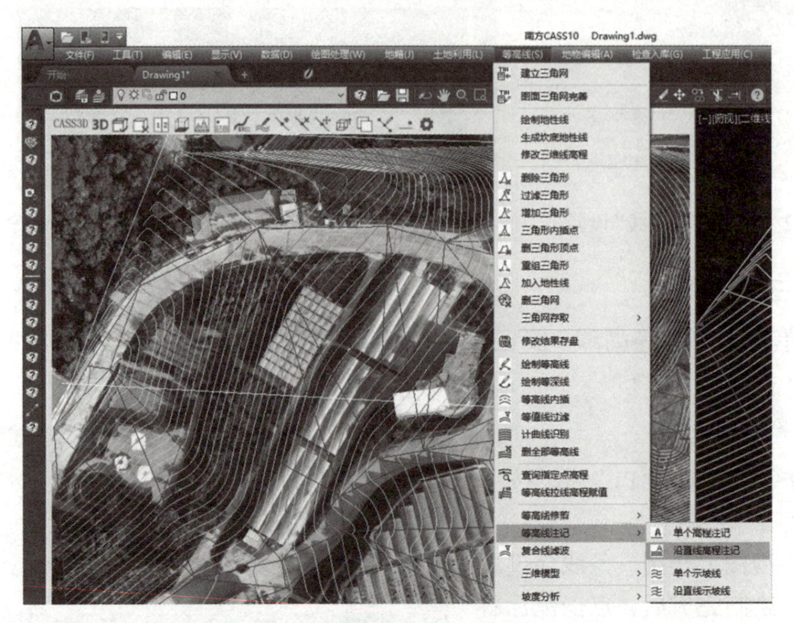

图 2-5-26 “沿直线高程注记”菜单命令

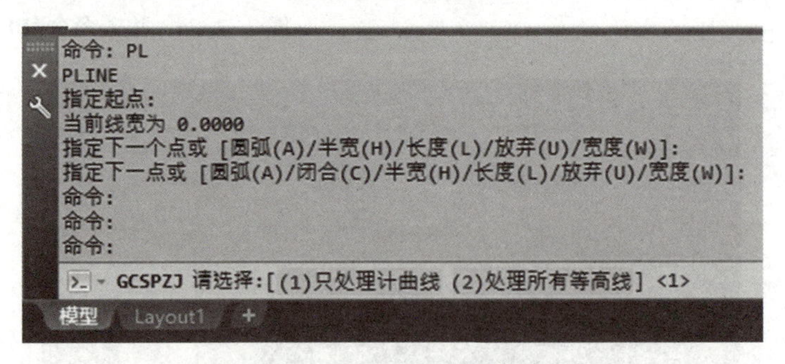

图 2-5-27 选择处理范围

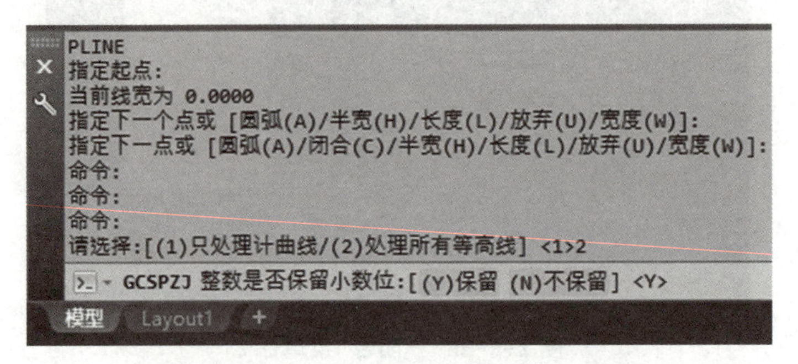

图 2-5-28 确认“整数是否保留小数位”

⑥在右侧视图中，点击选取在图上画好的穿过等高线的线(图 2-5-29)。

⑦所有等高线高程的标注结果如图 2-5-30 所示。

图 2-5-29　选择线

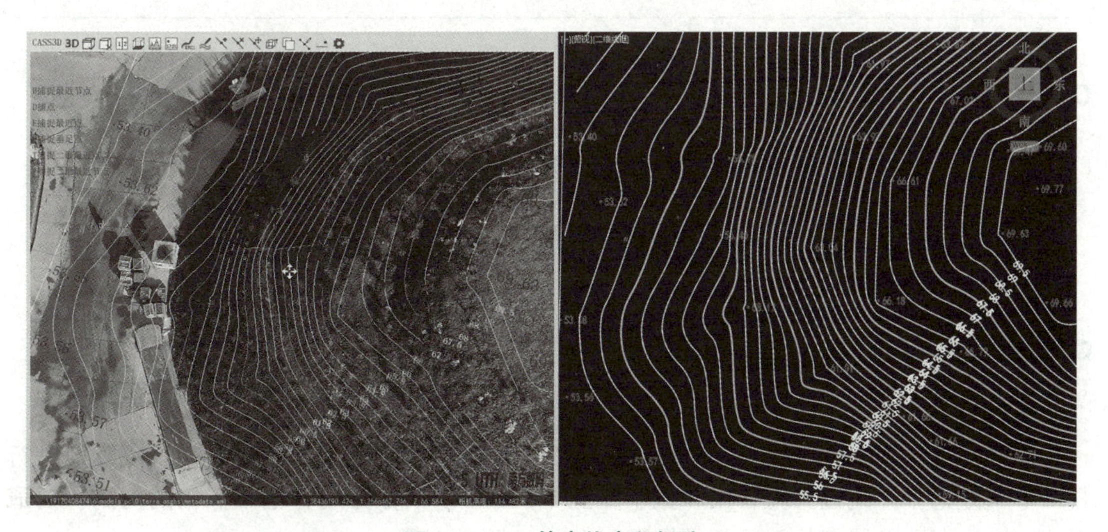

图 2-5-30　等高线高程标注

考核评价

姓名：		班级：	学号：		
课程任务：基于倾斜摄影三维模型完成等高线的制作			完成时间：		
评价项目	评价标准	分值	评价分数		
			自评	互评	师评
专业能力	1. 熟练掌握添加高程点的方法	10			
	2. 掌握正确绘制高程点的方法	10			
	3. 能够建立等高线	10			
	4. 能够标注等高线高程	10			
方法能力	1. 充分利用网络、期刊等资源查找资料	5			
	2. 能按照计划完成任务	5			
职业素养	1. 态度端正，不无故迟到、早退	5			
	2. 能做到安全生产、保护环境、爱护公物	5			
工作成果	基于倾斜摄影三维模型完成等高线制作	40			
合计		100			
总评分数			教师签名：		
总结与反思： 年　月　日					

练习题

利用前序练习中所给出的倾斜摄影三维模型制作等高线。

任务 5-2　基于激光点云模型提取林木信息

工作任务

任务描述：

本任务将利用大疆经纬 M300RTK 无人机和大疆禅思 L1 机载激光雷达对规划林地进行精准单木分割，并通过大疆智图和数字绿土 LiDAR360 软件完成林地单棵树的树高、树冠面积，以及树木数量等林木数据的提取。

工具材料：

大疆经纬 M300RTK 无人机、大疆禅思 L1 机载激光雷达、大疆智图软件、数字绿土 LiDAR360 软件。

○ 任务实施

1. 采集测区林地点云数据

①打开遥控器，开启大疆经纬 M300 RTK 无人机(图 2-5-31)，并将大疆禅思 L1 机载激光雷达(图 2-5-32)安装在无人机下置单云台上，激光雷达在进行起飞前需要开机静置预热惯导，预热时间为 3~5min(实际预热时间与当前传感器温度和环境温度等因素有关)，待听到预热完成的提示音后开始任务。

图 2-5-31 大疆经纬 M300RTK 无人机

图 2-5-32 大疆禅思 L1 机载激光雷达

②进入遥控器飞行软件 DJI Pilot 2 App，开启 RTK 功能，选择“网络 RTK”(坐标系默认 CGCS2000)，然后进入“航线飞行”界面，点击“创建航线”，选择“新建建图航拍 1”，可手动调整地图上所需扫描的任务测区(图 2-5-33)。

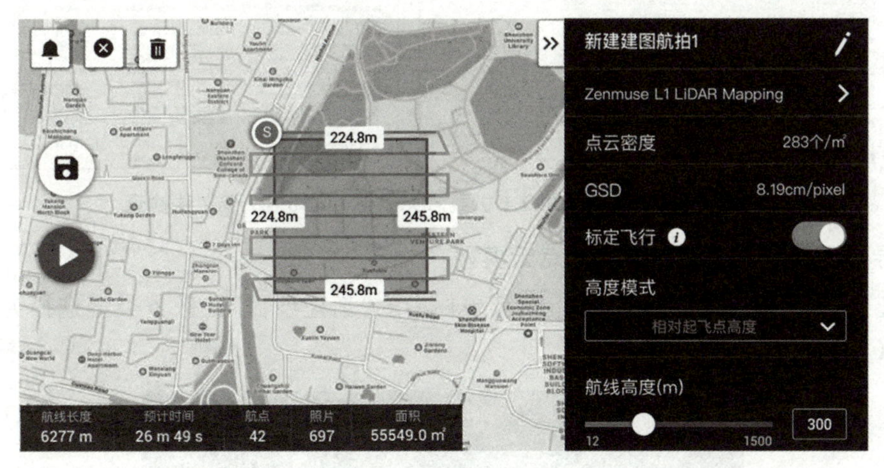

图 2-5-33 航线创建

③编辑点云测绘(LiDAR Mapping)或摄影测量(Photogrammetry)任务的参数。以执行点云测绘任务为例，选择相机为“Zenmuse L1”，然后点击“LiDAR MApping”，并完成页面各参数设置、高级设置以及负载设置。这里推荐“激光旁向重叠率(%)”为 50%以上，“扫描模式”为“重复扫描”，“航线高度(m)”为 50~100m(以实际测区最高障碍物高度为准)，“起飞速度(m/s)”为 8~12m/s，开启“惯导标定”，参数设置界面如图 2-5-34 所示。

④点击保存建图航拍任务，上传航线并执行飞行任务。飞行任务结束后关闭飞行器电源，取出大疆禅思 L1 机载激光雷达的 micro SD 卡并连接至计算机，可在“DCIM”文件夹中检

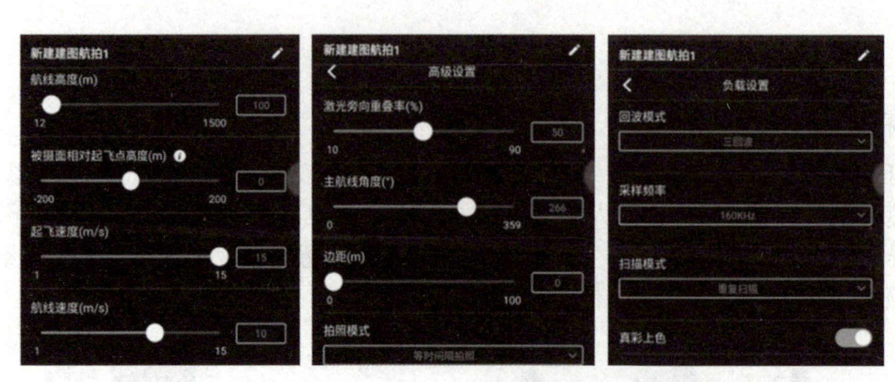

图 2-5-34　航线规划参数设置

查所录制的点云文件、所拍摄的照片以及其他文件，文件夹中应包括 CLC（雷达相机标定数据）、CLI（雷达 IMU 标定数据）、CMI（视觉标定数据）、IMU（惯导数据）、LDR（激光雷达点云原始数据）、MNF（视觉数据，若无此文件目前也无影响）、RTB（RTK 基站数据）、RTK（RTK 主天线数据）、RTS（RTK 副天线数据）、RTL（杆臂数据）及 JPG（照片数据）（图 2-5-35）。

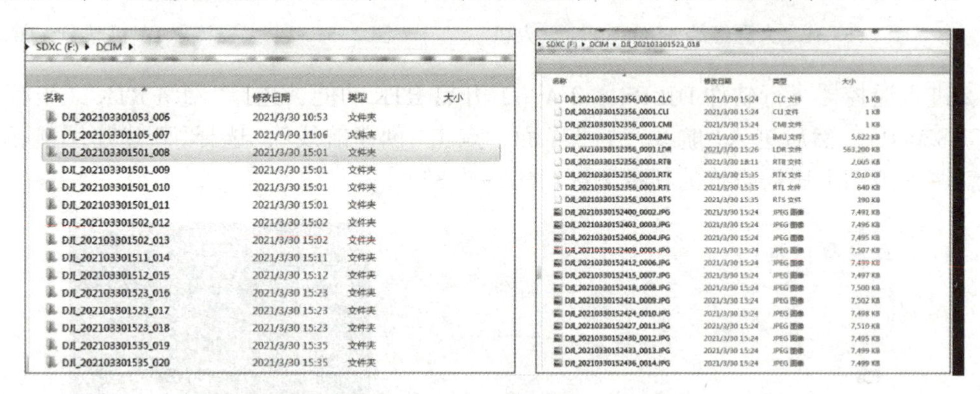

图 2-5-35　大疆禅思 L1 机载激光雷达 micro SD 卡文件检查

2. 导入采集的点云数据，生成点云模型

①打开大疆智图软件，点击左上角菜单栏中的“新建项目”，任务类型选择为“激光雷达点云”（图 2-5-36）。

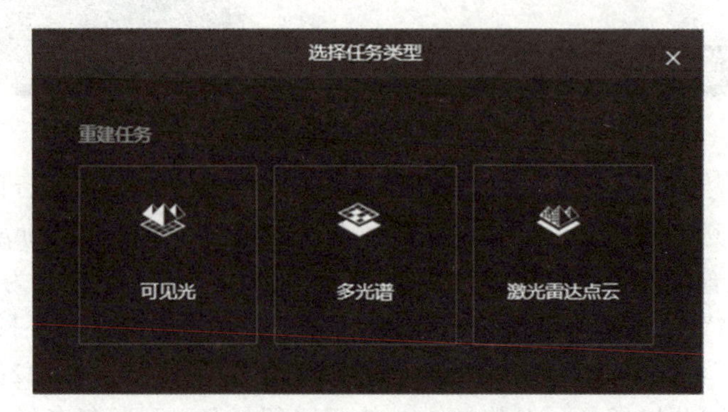

图 2-5-36　任务类型选择

②点击按钮（文件夹），以文件夹形式添加激光雷达点云数据，选择的文件夹应包括类型为 CLC、CLI、CMI、IMU、LDR、RTB、RTK、RTL 和 RTS 的文件，JPG 格式的照片为非必要数据。如果需要导入多组大疆禅思 L1 机载激光雷达的数据，可直接将多组数据放在一个文件夹内导入，即直接导入包含多组数据的大文件夹，也可分别导入多组数据的多个文件夹(图 2-5-37)。

③设置点云密度时，可选择高、中、低，分别对应点云密度 100%、25%、6.25%。点云密度只影响成果点的数量，不会对成果精度有太大影响(图 2-5-38)。

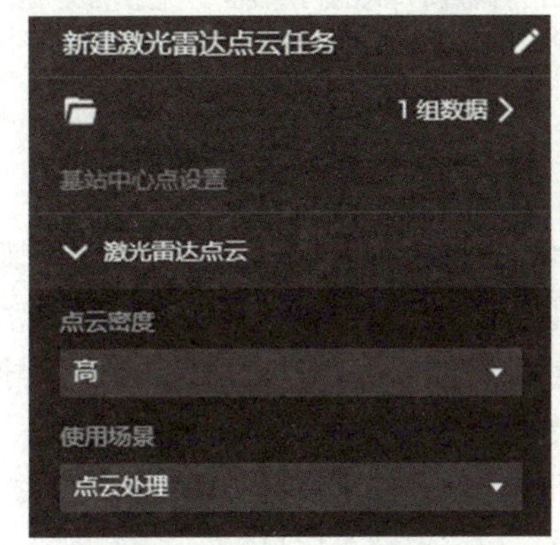

图 2-5-37　数据导入

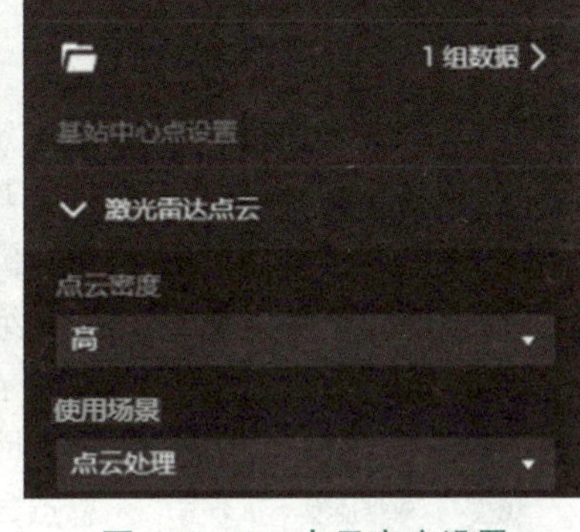

图 2-5-38　点云密度设置

④应根据最终成果要求来设置坐标系，国内大部分实际应用情况下均要求成果采用 CGCS2000 投影坐标系，3 度带。可根据测区的经度来设置坐标系，3 度带中央经线计算方法如下。

$$3\text{ 度带代号}=(\text{经度}+1.5)/3(\text{结果取整数位}) \tag{5-1}$$

$$3\text{ 度带中央经线}=3\text{ 度带代号}\times 3 \tag{5-2}$$

已知某地经度为 112.198 662 3°，则对应的 3 度带代号为(112.198 662 3+1.5)/3=37.899，取整数位为 37，所以该地的代号为 37 度带，所对应的中央经线为 37×3=111°。在大疆智图软件内搜索“CGCS2000/3-degree Gauss-KrugerCM111E”，即为该地的 3 度带 CGCS2000 投影坐标系，其对应的 EPSG 代号为 4546(图 2-5-39)。

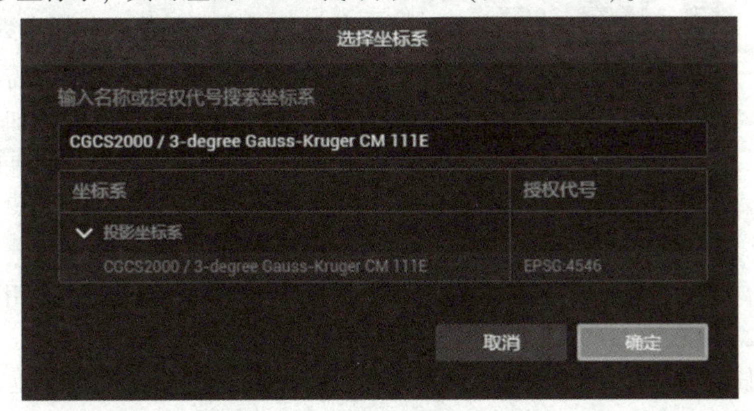

图 2-5-39　坐标系选择与设置

⑤点击“开始处理”，等待结果完成(图 2-5-40)。

⑥生成的激光点云模型可在软件中查看并导出，导出的成果文件主要包括后缀为“. las”的点云成果及后缀为“. out”的航迹文件(图 2-5-41)。

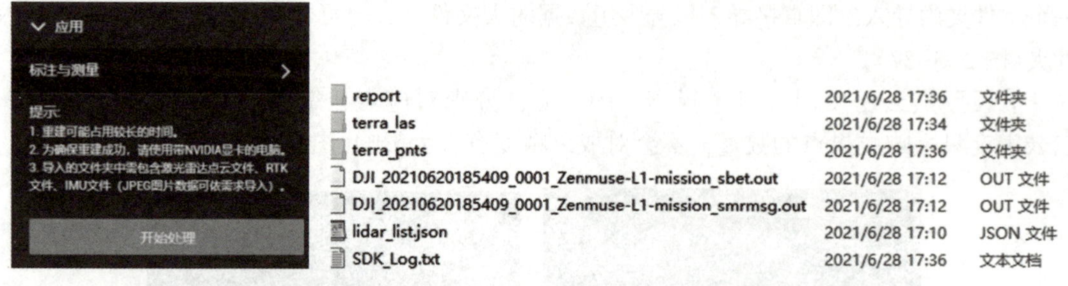

图 2-5-40　重建开始

图 2-5-41　导出的成果文件

数据项	单位	类型	字节长度
时间(GPS周内秒)	秒	双精度型	8 字节
纬度	弧度	双精度型	8 字节
经度	弧度	双精度型	8 字节
高度	米	双精度型	8 字节
body系x 轴速度	米/秒	双精度型	8 字节
body系y 轴速度	米/秒	双精度型	8 字节
body系z 轴速度	米/秒	双精度型	8 字节
横滚角	弧度	双精度型	8 字节
俯仰角	弧度	双精度型	8 字节
航向角	弧度	双精度型	8 字节
航迹角	弧度	双精度型	8 字节
body系x 轴加速度	米/秒²	双精度型	8 字节
body系y 轴加速度	米/秒²	双精度型	8 字节
body系z 轴加速度	米/秒²	双精度型	8 字节
body系x 轴角度率	弧度/秒	双精度型	8 字节
body系y 轴角度率	弧度/秒	双精度型	8 字节
body系z 轴角度率	弧度/秒	双精度型	8 字节

图 2-5-42　“_sbet. out”文件数据

数据项	单位	类型	字节长度
时间(GPS周内秒)	秒	双精度型	8 字节
北向位置 RMSE	米	双精度型	8 字节
东向位置 RMSE	米	双精度型	8 字节
高程位置 RMSE	米	双精度型	8 字节
北向速度 RMSE	米/秒	双精度型	8 字节
东向速度 RMSE	米/秒	双精度型	8 字节
高程速度 RMSE	米/秒	双精度型	8 字节
横滚角 RMSE	弧分	双精度型	8 字节
俯仰角 RMSE	弧分	双精度型	8 字节
航向角 RMSE	弧分	双精度型	8 字节

图 2-5-43　“_smrmsg. out”文件数据

其中，后缀为“. las”的文件是由大疆智图软件输出的机载雷达标准成果，采用的格式标准为 V1. 2 版本，绝大多数后端分析软件均支持直接导入。该成果中记录了三维点坐标、RGB 颜色信息、反射率、时间、回波次数、三维点属于第几次回波、每个回波的总点数、扫描角度等信息。

后缀为“. out”的文件是任务的后处理轨迹文件，该文件记录平差解算后的轨迹信息，可导入第三方软件中查看轨迹。大疆智图软件进行数据处理时，点云精度优化功能的工作原理就是做平差处理，因此无须再用第三方软件做二次平差。该文件以二进制形式存储，其数据项、单位和类型如图 2-5-42 所示。

后缀为“. out”的文件是后处理精度文件，包含了平滑处理后的位置、方向和速度的均方根误差，其数据项、单位和类型如图 2-5-43 所示。

3. 提取林地点云模型中的树木数据

①启动 LiDAR360 软件，选择需处理的点云模型，点击打开，点云数据将自动加载到“图层管理”窗口的“点云”图层。点击“数据管理”→“点云工具”→“去噪”，弹出“去噪”对话框，此处使用默认参数，点击“确定”(图 2-5-44)。

②点击“分类”→“地面点分类”，弹出“地面点分类”对话框，此处使用默认参数，点击“确定”(图 2-5-45)，分类结果如图 2-5-46 所示。

③点击“机载林业”→“归一化”→“根据地面点归一化”，在弹出的“根据地面点归一化”对话框中设置好“输出路径”，并勾选“添加原始 Z 值到附加属性”后，点击“确定”(图 2-5-47)。

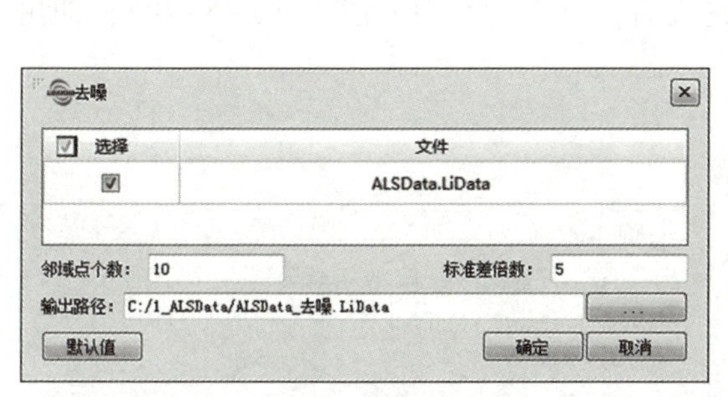

图 2-5-44　“去噪”设置

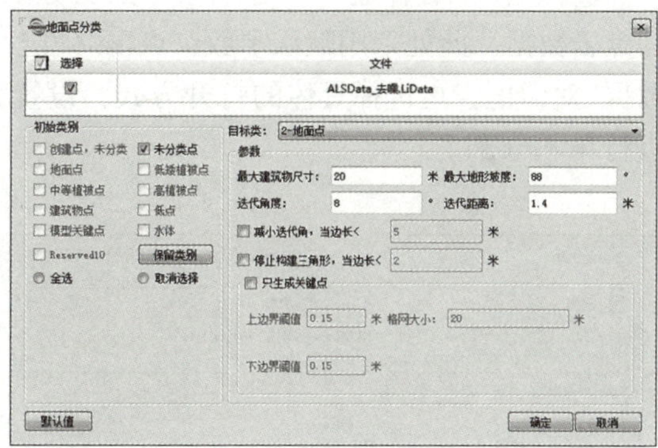

图 2-5-45　“地面点分类”设置

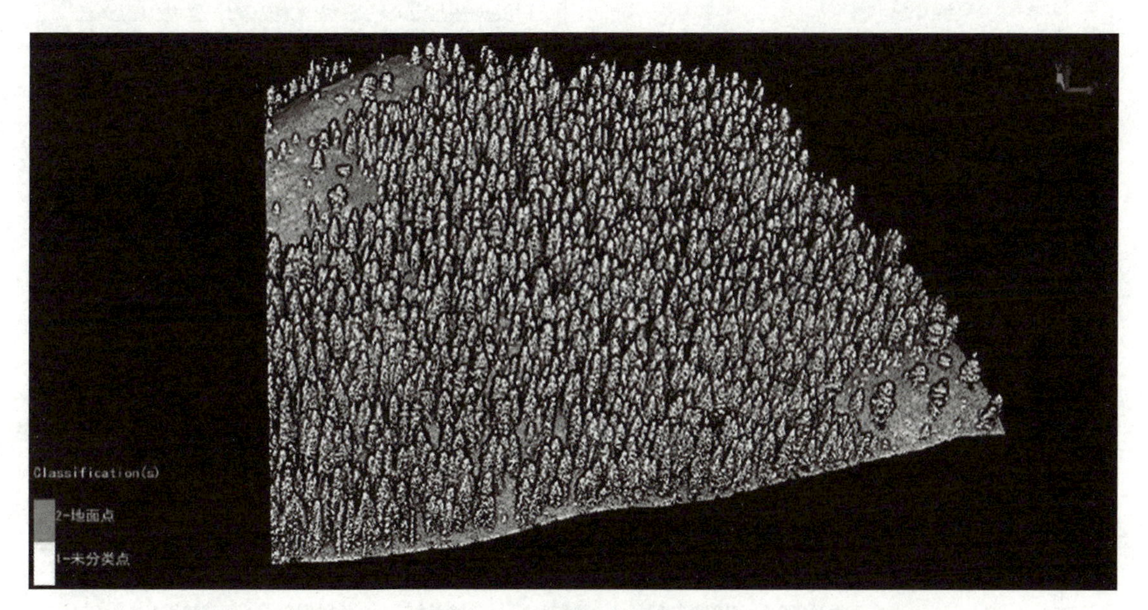

图 2-5-46　“地面点分类”结果

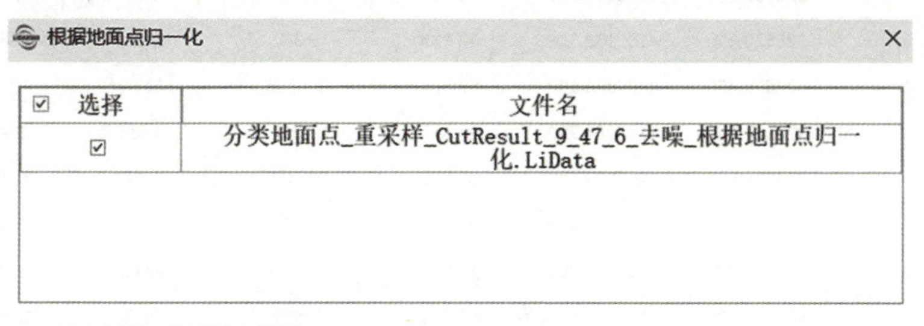

图 2-5-47　“根据地面点归一化”设置

④点击“机载林业”→“分割”→“点云分割”，在弹出的“点云分割”对话框中输入归一化的点云数据，此处采用默认参数，点击“确定”(图 2-5-48)；点云分割完成后，会弹出“打开数据”对话框，可选择具体的打开方式，设置完成后，点击“全部应用”(图 2-5-49)，即可进行单木分割。

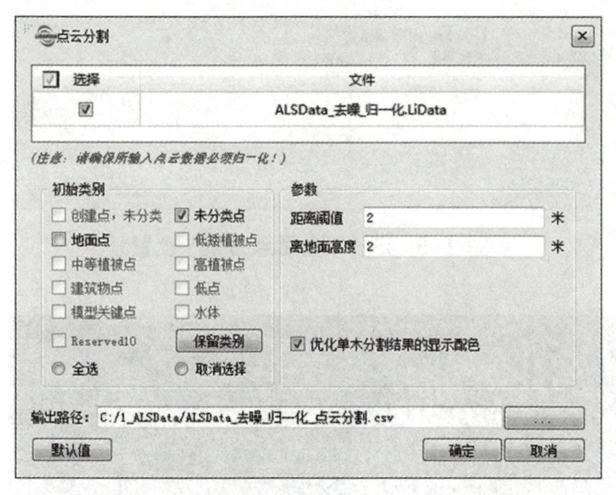

图 2-5-48　点云分割设置界面

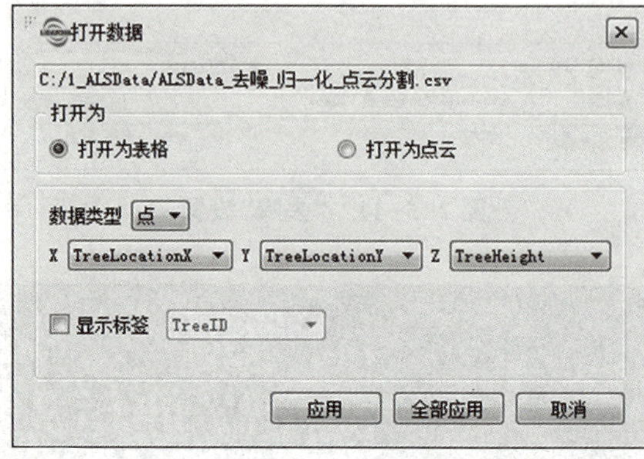

图 2-5-49　点云分割完成

⑤单木分割完成后，点云显示模式将变更为按“Tree ID”显示，若未变更，可点击菜单栏上的按钮 ID，切换为按“Tree ID”显示。此外，单木分割后将生成一个 CSV 格式文件，其中列出了分割后树木的多项数据，包括“TreeID”“TreeLocationX”(树 x 坐标)、“TreeLocationY”(树 y 坐标)、“TreeHeight”(树高)、“CrownDiameter”(树冠直径)、“CrownArea”(树冠面积)、“CrownVolume”(树冠体积)(图 2-5-50)。

C:/1_ALSData/ALSData_去噪_归一化_点云分割.csv

	TreeID	TreeLocationX	TreeLocationY	TreeHeight	CrownDiameter	CrownArea	CrownVolume
1	1	322533.990	4102053.190	50.998	8.334	54.544	1360.274
2	2	322522.530	4102143.800	52.384	8.763	60.307	1777.765
3	3	322520.650	4102152.530	52.135	9.307	68.030	1881.518
4	4	322529.420	4102073.100	53.815	13.356	140.091	4865.282
5	5	322523.190	4102069.780	50.515	3.267	8.384	204.563
6	6	322511.520	4102089.780	60.583	10.825	92.037	3242.517
7	7	322511.810	4102015.140	57.152	9.981	78.249	2659.009
8	8	322514.280	4102001.290	51.504	11.674	107.029	3322.394
9	9	322524.390	4102137.490	48.550	7.453	43.625	1300.132
10	10	322525.070	4102101.070	53.669	12.552	123.747	3119.212
11	11	[illegible]	[illegible]	[illegible]	[illegible]	[illegible]	[illegible]

图 2-5-50　分割后树木数据

考核评价

<table>
<tr><td colspan="2">姓名：</td><td>班级：</td><td colspan="4">学号：</td></tr>
<tr><td colspan="3">课程任务：利用激光点云模型完成林木信息提取</td><td colspan="4">完成时间：</td></tr>
<tr><td rowspan="2">评价项目</td><td colspan="2" rowspan="2">评价标准</td><td rowspan="2">分值</td><td colspan="3">评价分数</td></tr>
<tr><td>自评</td><td>互评</td><td>师评</td></tr>
<tr><td rowspan="3">专业能力</td><td colspan="2">1. 熟练应用无人机搭载机载激光雷达采集测区林地点云数据</td><td>10</td><td></td><td></td><td></td></tr>
<tr><td colspan="2">2. 掌握生成点云模型的方法</td><td>10</td><td></td><td></td><td></td></tr>
<tr><td colspan="2">3. 能够提取林地点云模型中的树木坐标、树高、树木数量</td><td>20</td><td></td><td></td><td></td></tr>
<tr><td rowspan="2">方法能力</td><td colspan="2">1. 充分利用网络、期刊等资源查找资料</td><td>5</td><td></td><td></td><td></td></tr>
<tr><td colspan="2">2. 能按照计划完成任务</td><td>5</td><td></td><td></td><td></td></tr>
<tr><td rowspan="2">职业素养</td><td colspan="2">1. 态度端正，不无故迟到、早退</td><td>5</td><td></td><td></td><td></td></tr>
<tr><td colspan="2">2. 能做到安全生产、保护环境、爱护公物</td><td>5</td><td></td><td></td><td></td></tr>
<tr><td>工作成果</td><td colspan="2">基于激光点云模型完成林木信息提取</td><td>40</td><td></td><td></td><td></td></tr>
<tr><td colspan="3">合计</td><td>100</td><td></td><td></td><td></td></tr>
<tr><td colspan="3">总评分数</td><td></td><td colspan="3">教师签名：</td></tr>
<tr><td colspan="7">总结与反思：

年　　月　　日</td></tr>
</table>

练习题

利用前序练习中所给出的激光点云模型完成单木分割并提取相关林木数据。

参考文献

车敏，2018. 无人机操作基础与实战[M]. 西安：西安电子科技大学出版社.

董朝阳，张文强，2020. 无人机飞行与控制[M]. 北京：北京航空航天大学出版社.

冯秀，2022. 无人机结构与系统[M]. 北京：机械工业出版社.

贾玉红，2020. 无人机系统概论[M]. 北京：北京航空航天大学出版社.

梁晓明，2021. 无人机操控技术[M]. 北京：化学工业出版社.

速云中，凌培田，2022. 无人机测绘技术[M]. 武汉：武汉大学出版社.

王凡雨，雷永杰，蒋鹏飞，等，2022. 我国林草无人机的发展研究[J]. 林业机械与木工设备，50(10)：8-12.

王靖超，2024. 无人机航空测绘及后期制作[M]. 北京：机械工业出版社.

徐军，2023. 无人机测绘技术[M]. 成都：西南交通大学出版社.

闫超，涂良辉，王聿豪，等，2022. 无人机在我国民用领域应用综述[J]. 飞行力学，40(03)：1-6+12.

于坤林，2020. 无人机技术基础与技能训练[M]. 北京：机械工业出版社.

于坤林，2022. 无人机操控技术与任务设备[M]. 北京：北京理工大学出版社.